启真馆 出品

SCIENCE AND HYPOTHESIS:
HISTORICAL ESSAYS ON SCIENTIFIC METHODOLOGY
BY LARRY LAUDAN

科学与假说:
关于科学方法论的历史论文集

[美] 拉里·劳丹 著 | 安金辉 译

ZHEJIANG UNIVERSITY PRESS
浙江大学出版社
·杭州·

图书在版编目（CIP）数据

科学与假说：关于科学方法论的历史论文集 ／（美）
拉里·劳丹著；安金辉译. -- 杭州：浙江大学出版社，
2025. 7. -- ISBN 978-7-308-26132-6

Ⅰ. G304-53

中国国家版本馆 CIP 数据核字第 2025KB0908 号

科学与假说：关于科学方法论的历史论文集

［美］拉里·劳丹 著 安金辉 译

责任编辑	谢 涛	
责任校对	汪淑芳	
装帧设计	林吴航	
出版发行	浙江大学出版社	
	（杭州市天目山路148号 邮政编码310007）	
	（网址：http://www.zjupress.com）	
排 版	北京辰轩文化传媒有限公司	
印 刷	北京天宇万达印刷有限公司	
开 本	880mm×1230mm 1/32	
印 张	11.75	
字 数	254千	
版 印 次	2025年7月第1版 2025年7月第1次印刷	
书 号	ISBN 978-7-308-26132-6	
定 价	88.00元	

致谢

此书的问世在很大程度上应归功于我的朋友罗伯特·巴茨。是他发现了我对方法论史的早期研究尚有若干可取之处，也是他从那时起就成了我的著作的极具价值的评论者。不过，还有很多其他人也增进了我对这些问题的理解。其中值得专门指出的有：格尔德·布克达尔、阿道夫·格兰巴姆、雷切尔·劳丹、皮特·马查莫、亚历克斯·迈克洛斯、约翰·尼古拉斯、汤姆·尼克尔斯、伊尔卡·尼尼洛托、韦斯利·塞尔曼、杰罗姆·施尼温德、约翰·斯特朗和沃尔弗拉姆·斯沃博达。

当代的学术研究既倚重于机构，也依赖于个人。有赖于美国学术团体协会、伦敦皇家学会、美国国家科学基金会和匹兹堡大学的慷慨资助，我前往几个相关的手稿存放地的学术旅行才得以成行。伦敦皇家学会、阿伯丁大学、日内瓦大学和剑桥大学三一学院莱恩图书馆的馆员们提供了重要帮助。

我还想感谢几种期刊和文集的出版商和编辑们，他们允许我使用那些最初由他们发表的文献。这些文献在此之前已经进行了广泛的修订，其原始出处如下：《现代方法论的源泉》，收

I

录于《逻辑、方法论和科学哲学的历史与哲学维度》（巴茨和辛迪卡编），D.雷德尔出版社，多德雷赫特，1977年，第3—19页；《钟之类比与概率论》，《科学年鉴》，泰勒—弗朗西斯出版集团，第22卷，1966年，第73—104页；《洛克关于假说的观点的性质与起源》，《思想史杂志》，第28卷，1967年，第211—223页；《始于休谟的哈金》，《认识》，第13卷，1978年，第417—435页；《托马斯·里德与英国方法论思想的牛顿式转向》，收录于《牛顿的方法论遗产》（巴茨和戴维斯编），多伦多大学出版社，多伦多，1970年，第103—131页；《媒质及其信息》，收录于《更微妙的物质形式》（康托和霍奇编），剑桥大学出版社，剑桥，1981年；《对孔德"实证主义方法"的再评价》，《科学哲学》，第38卷，1971年，第35—53页；《威廉姆·休厄尔论归纳的一致问题》，《一元论者》，第55卷，1971年，第368—391页；《发现的逻辑缘何被摒弃？》，收录于《科学发现、逻辑和理性》（T.尼科尔斯编），D.雷德尔出版社，多德雷赫特，1980年，第173—183页；《略论19世纪的归纳与概率》，收录于《逻辑、方法论和科学哲学之四》（P.苏佩斯编），北荷兰出版社，阿姆斯特丹，1973年，第429—438页；《马赫反原子论的方法论基础及其历史根源》，收录于《空间和时间：物质与运动》（马查默和特恩布尔编），俄亥俄州哥伦布市，1976年，第390—417页；以及《皮尔斯与自我校正论题的庸俗化》，收录于《19世纪科学方法论的基础》（吉雷和韦斯特福尔编），印第安纳大学出版社，布卢明顿，第275—306页。

最后，我深深感激卡罗尔·维丹诺夫在时间紧迫的情况下为如期交稿而付出的不懈努力，感谢我女儿编排索引的技巧，感谢我妻子始终坚信值得为此承受所有这些麻烦。

每个知识理论自身都受到当时的科学所采用的形式的影响，它只能从这种形式中获取知识性质的概念。原则上，知识理论无疑声称自己是所有科学的基础，但事实上它是由特定时代的科学状况所决定的。

卡尔·曼海姆

《意识形态与乌托邦》（1931 年）

目　录

第1章　绪论　　　　　　　　　　　　　　　　　　　　　　　1

第2章　现代方法论的源泉：两种变化模式　　　　　　　　　　7

第3章　关于伽利略力学的方法论意义的修正主义短文　　　　25

第4章　钟的类比和假说：笛卡尔对英国方法论思想的
　　　　影响，1650—1670年　　　　　　　　　　　　　　33

第5章　约翰·洛克论假说：将《人类理解论》置于
　　　　"科学的传统"中　　　　　　　　　　　　　　　　81

第6章　休谟（与哈金）论归纳　　　　　　　　　　　　　　101

第7章　托马斯·里德与英国方法论思想的牛顿式转向　　　121

第8章　关于光的认识论：在精微流体之争中的一些方
　　　　法论论题　　　　　　　　　　　　　　　　　　　157

第9章　对孔德"实证主义方法"的再评价　　　　　　　　198

第10章　威廉姆·休厄尔论归纳的一致问题　　　　　　　　228

第11章　发现的逻辑缘何被摒弃？　　　　　　　　　　　　254

第12章　略论19世纪的归纳与概率　　　　　　　　　　　269

第 13 章　恩斯特·马赫对原子论的反对　　　　　　　281

第 14 章　皮尔斯与自我校正论题的庸俗化　　　　　　315

文献注记　　　　　　　351

人名索引　　　　　　　353

第 1 章　绪论

本书由我在 1965 年至 1981 年间所写的文章汇集而成。其中一部分曾发表于别处，其他则是在此首次发表。尽管所讨论的是不同的人物和不同的时代，但它们仍有一个共同的主题：致力于考察假说法怎样在科学哲学中取得了支配性的正统地位，怎样成了科学共同体中准官方的方法论。

本来很可能是另一番景象。就在三百年前，假说演绎法还既得不到赞成，又处于混乱之中。众多互相竞争的科学研究方法——包括排除归纳法、枚举归纳法、类推法和从第一原理出发的推导法，都得到了广泛的吹捧。人们自古熟知的假说法，在 1700 年到 1850 年间找不到几个提倡者。当然，在 20 世纪，形势彻底改观——假说法（通常被叙述成"假说演绎法"或"猜想与反驳"）成了 20 世纪的正统科学研究方法，尽管其弱点得到了几乎普遍的承认。

在假说法的兴衰背后，隐藏着其命运的变迁，这里有一个迷人的故事可供讲述。这个故事构成了现代科学及其哲学的一个必要组成部分。本书并不打算讲述这一故事，这本书过于零散和简短，难以担此重任。但它确实探索了这个概念和历史之谜的很多部分。它试图鉴别出那些反复出现的、与就假说法展开的争论相联系的论题，并试图讨论导致假说法命运变迁的某些特定原因。

在一个非常不同的层面上，本书通过举例说明了重新考虑一些关于科学哲学性质的无孔不入的陈腐观念的必要性。在绝大多数学术研究中，科学哲学的历史仅被当作哲学史的一部分。实际上，很多著者都是这样着手讲述科学哲学史的。他们问一些诸如此类的问题：那些伟大的哲学家们就科学说了些什么？当然这是个有趣的问题，但它模糊了人们的历史理解，因为科学哲学内部决定性的深刻变动来自一些置身于主流哲学之外的思想家，无论他们是科学家还是哲学家。更明确的是，科学哲学，正如这个短语的语源所表明的那样，**与科学自身**发展的联系的紧密性远超出很多学者的认识。正如我试图在后文表明的那样，假说法命运的几次迂回曲折只有在与之同时代的科学争论的范围和背景之下才能得到理解。如果本书在叙述了一小部分科学哲学史以外还令人有所启迪的话，那就是我们应当改变以往已经习惯的思考科学哲学与哲学的科学之间关系的方式。这二者在传统上一直存在于一种历史性的共生关系之中，而这种共生关系与它们如今关系的特点颇为不同。本书用历史当探针，探索科学哲学曾经是什么，可能将会再度成为什么。

当把这些论文（其中很多文章最初发表在一些相当不起眼的地方）汇集成书时，对于它们显露出的很多不足我心知肚明。如果我重新撰写的话，我将做很多改动，并将用提炼和限制的方式做更多的注解。自从后面的一些章节最初面世后，我又发表了一些新的学术著作，这些著作已经说明了一些与这里所讨论的材料有密切关系的文本与论题。但我仍然坚信，这里所提出的绝大多数重要论题是接近目标的，而且我所提供的说明仍然是所知的解释中比较有说服力的。

最应着重强调的是，即使我已经对这些文章进行了广泛的改写，这点仍然是真的：在科学哲学的历史中，我们对甚至最为重要的主题的知识的认知都是高度片面和尝试性的。我很痛苦地意识到这些随之而来的知识的探索性和可错性。但是，考虑到我们关于这些主题的历史知识的状况，对它们进行权威性的研究我们恐怕力有不逮。我们仍旧无法肯定该怎样区分树木与森林，这些文章更多的仅是森林经营方面的一个尝试，而非树木类型的分类学。

然而，一些最初的"植物研究"或许能指出目前这些文章符合我们关于事物的总规划的哪一部分。从最广泛的方式来考虑，它讨论科学哲学的历史。这个学科有两个互相区别且互不联系的部分。科学哲学的一个重要部分——本书未加以关注的部分——可以被称作"科学的概念基础"。物理学哲学或生物学哲学将是典型的例子。致力于概念基础意味着探索特定科学理论的本体论和认识论的含义与预设。就其本性来说，概念基础的研究的内容具有很强的特殊性。当科学理论发生变化时，我们关于科学基础的观点也发生了戏剧性的变化。科学哲学中的这个部分，过去和现在一直都与科学紧密联系在一起，致力于概念基础就是同时研究科学和哲学。

科学哲学的第二个主要分支通常被称作"科学方法论的理论"。这里所关心的是理解科学理论是如何在**总体**上得到评价和验证的。由于科学方法论是用来**在**竞争的科学理论**间**进行评判的，它们不像科学的概念基础那样内容是高度特化的。然而很不幸，科学方法论这种对于专门科学的确定性命题的相对独立性导致很多热心的方法论家和方法论的史学家得出结论说：方法论的发展过去一直，而且也应该在很大程度上独立于科学史。人们通常认为概念性的基础在时间上晚于并依赖于科学中所发生的事件，而方法论却被认为在逻辑上先于并独立于科学。我认为这种方法论观点是一种长期的误解，并试图在后面的章节中指明它的一些缺陷。

已经有了这种划分，我们就可以说本书主要研究方法论史而非概念性基础。但即使是在方法论自身之中，仍需做一些至关重要的区分。第一个说法是，科学方法论包含两个有区别的组成部分：启发法和确证法。在我们的时代，后一项几乎无需说明，远比前一项为人们所熟悉。尽管科学哲学家就支配检验和验证理论的特定原则反复发生分歧，但某些这样的原则是需要的，而理论确证的结构是方法论的重要组成部分，这两点还是有广泛共识的。一般地，这部分的方法论导向与**认识论相关**，它所关心的是确定在何种情况下我们可以合理地认为一个理论是真的、假的、可能的、似真的或接近于真理的。（检验的原则无需是认识论的，例如我们的评价可以是注重实效的，但这一选择完全处于当前的哲学主流之外。）通常从一个确证理论所得到的就是一组规则，4 它决定在何种情况下我们可以有把握地**接受**或**拒绝**科学理论。关于确认的说明可以是**比较**或**非比较**的。

方法论的另一分支——启发法，则更难以简要刻画其特征。定义启发法的一种有用方式是说它关心识别那些将会加速科学进步的战术与策略。问一问我们怎样拓宽关于一个特定领域的可行理论的范围，或问一问何种经验规则有助于发现新理论，这就是在提出启发法的而非确证的问题。在确证理论的提倡者倾向于关注真理、谬误和认识论的地方，启发法理论家的行话里更多地点缀着诸如"科学的进步"和"知识的增长"这类术语。

方法论的这两个分支，尽管在导向上截然不同，但并非人们必须做出抉择的两极。确实，确证法的某些提倡者认为启发法毫无作用，一些有启发法倾向的方法论家则反对确证理论所暗含的"基础主义"。但绝大多数科学哲学家，无论过去还是现在，都把启发法和确证法看作全面的科学方法论中互补的、同等重要的组成部分。

正如本书所做的那样，想要讨论科学方法论史，我们需要同时关注启发法的和确证法的题材。实际上，整个故事中有趣的部分之一就是讨论启发法的问题和确证法的问题是以何种方式逐渐相互区别开来的。正如较早期的方法论家倾向于混淆认识的和实践的论题，他们也倾向于混淆启发法与确证法的问题。（实际上，没能分清这些区别甚至给当代科学哲学持续造成了很多危害。）

假说法（其历史将成为本书随后的焦点）在科学方法论的启发法和确证法的讨论中都占有重要地位。至少从培根时代以来，在促进科学进步中，假说和猜想就已经至少代替了启发法的地位。甚至很多不愿在确证理论中给假说法一席之地的思想家都愿意给予该方法类似启发法的地位。

关于假说法一直存在着分歧，而且我相信这些分歧多年来一直处于科学哲学的中心地带，它们主要集中在该方法的认识论

5　和有效性的重要意义上。简而言之，假说问题是这样：如果我们有一个假说（或理论），其经过充分检验的结果都是真的，那么，若真有什么推论的话，我们能否有把握地确认该假说为真，或确认其可能性和逼真度？简单的答案（什么都不能）是与那些相信假说法是伪方法的人联系在一起的。但若答案是肯定的，即一个假说的"有效的"例子确实构成了其真理地位的证据，那么所需要的就是对这种有效实例的证据的真实性而非虚假性认识的分析。正是对这种证据理论的表述构成了假说法历史很大的一部分。

　　我以前曾说过，假说法在确证法理论和启发法理论中都具有重要地位。如果说本书有什么偏向的话，它更倾向于讨论确证法的历史而非启发法。这一不平衡既体现了时代的偏爱也体现了作者的偏爱。如果在另一时代写作的话，在确证法的历史和启发法之间的平衡可能会颇为不同。这样说倒不是为这种强调道歉，人们在写历史时难免要带上自己所处的时代的成见。我们的责任就
6　是承认这一事实并保证没有严重地歪曲历史事实。

第2章　现代方法论的源泉：两种变化模式

对该问题的总体描述

从最一般的形式来讲，对本章主题的简洁描述如下：我们已经给有关方法论史的著作带入了某些先入之见，这些偏见结合起来，使得理解这个主题的演变已经几乎不可能。这些偏见既涉及哲学的性质，又涉及历史的目标。我敢说，只有这些概念被改变之后，方法论的历史才值得被认真关注。我想讨论这一组相关的哲学—历史概念，用一些明确的例子来说明这一问题并强调其尖锐性。

从广义上来讲，绝大多数人都是地理学家查尔斯·莱伊尔所称的"均变论者"。当然，对莱伊尔本人来说，均变论者意味着相信地球以前的历史在所有重要方面与我们今天所发现的是一样的。从我将要采用的这个词的更广泛的意义上来说，均变论者倾向于假定**人类**历史——无论是社会史还是智力史——与我们今天所发现的相当一致。很少会有现代学者承认自己是均变论者，因为他们都认识到信念、习惯、制度和社会风俗都可以随时间发生戏剧性变化。然而，尽管有这一认识，均变论的假定仍然很难被忽视。它仍以各种各样难以捉摸的形式对我们关于过去的观点施

7

加了有力影响。在关于我们哲学史的观点中，这一影响最为明显。尤其是当涉及科学哲学时，有一种倾向认为当代科学哲学的某些特点符合均变论的定义。

这种均变论，不是以粗糙的形式表明前人与我们抱有同样信念，而是基于这样一种假设，即我们时代的学科的元素被认为与一直以来形成这些学科的元素在实质上是一样的。更明确的是：科学哲学家和多数科学哲学史家都假设了科学方法论的**纯粹主义模式**。这个模式有几个突出特点：（1）除偶然情况外，它基本上把科学方法论当成一项哲学活动，而不是一项科学活动；（2）它倾向于通过查找"伟大哲学家"的著作来确定科学方法论的历史演变中的中心问题，而只对寥寥几位科学家的方法论贡献说几句好听的空话；（3）它倾向于设想，每当方法论的信条发生变化时（它们常常如此），这些变化一定植根于某些早先的形而上学和认识论的转向。这里的预设是：只有"哲学的"考虑才是与对方法论立场的合理接受或拒斥相关的考虑。

毫无疑问，这种纯粹主义模式已经激励了这个领域中绝大多数的学术研究，甚至绝大多数最好的史学研究。[1] 例如，可以看看两本这个领域中最有名的并得到相应尊重的著作。一本是格尔德·布克达尔的《形而上学和科学哲学》，其所有努力都是在强调物理学对科学哲学的重要性，其内容几乎只集中于 17 世纪和 18 世纪重要的哲学家：笛卡尔、洛克、贝克莱、休谟、莱布尼茨和康德。布克达尔要讲的故事是很迷人的，但就科学哲学而言，其导向完全偏移到了哲学家那里，只对当时绝大多数科学家（即自然哲学家）稍加提及。或者看一个稍早的例子，布莱克、迪卡色和梅登合著的《从文艺复兴到 19 世纪的科学方法论理论》，除了关于牛顿的象征性的一章以外，他们所讨论的人物所享有的哲学家的声誉远高于其作为科学家的声誉。

　　纯粹主义的历史编纂，把方法论史主要看作应用认识论家之间的哲学对话，这对这门学问如今的状况是个清晰的描述。总体而言，在我们的时代，方法论论题的复杂讨论主要是由哲学家们在哲学系内进行的。最近五十年里科学方法论的主要理论家们——如卡尔纳普、波普尔、内格尔和亨普尔——无论从学科上讲还是从智识上讲，与哲学的距离都比与科学更近一些。几乎没有哪位最近五十年的科学家被列入杰出的方法论理论家的名单。上文所述的纯粹主义模式极好地抓住了当代方法论的狭隘性。但这仅是纯粹主义模式严重走入歧途时的情形，它并非总是如此。赫歇尔、伯纳德、马赫、亥姆霍兹、彭加勒和迪昂（仅提这么几位）是那些对方法论的贡献使同时代的哲学家们黯然失色的杰出科学家。

　　这件事的实情是，科学哲学在传统上与科学和与哲学的关系 8 是和我们现在所熟悉的关系截然不同的。这种差异使得我们不能以最近讨论时使用的术语来说明方法论的历史演变。我想宣布，将现代科学哲学的某些性质过分简单化地投射到过去，已经使得理解或说明科学认识论中一些标志性的发展成为不可能，而这些发展应当成为历史学家的关注焦点。我将进一步断言，如果我们不能认识到早先的科学哲学家们探究的雄心与动机在总体上不同于他们在现代的同道中人，那么（即使在最肤浅的层面上）理解历史将是我们力所不逮的。（这里我应该附加一个忠告：纯粹主义编年史学在认定哲学是方法论思想的一个丰富源泉这点上并没有错，这点毋庸赘言。纯粹主义纲领的害处在于它强调方法论的哲学根源的排他性和首要性。）

为了使这些主张产生说服力，我的策略将是：我将以提出有关科学哲学的历史特点的几篇总括性论文为开端，这些文章意味着简要勾勒出纯粹主义编年史学的一个可能的替代选择；然后我将转向对一个特定历史案例的长篇讨论，我希望这个案例能够成为评价两种历史模式的相对丰富性的检验性实例；后面的章节将提供进一步的机会来检验这种竞争的模式。

首先来看看这些总括性论文，我将提出一种实用的、共生的方法论史的模式。其核心宗旨如下：

（1）哲学家和实干的科学家对方法论的发展在开创性和贡献上是并驾齐驱的（如果在科学家和哲学家之间可以做出清晰的历史区分的话）。

（2）一个划时代的认识论理论常常寄生在这个新时代的科学哲学之中，而非相反，实干的科学家的方法论思想常常是主要认识理论的源泉。

（3）科学哲学家的传统角色一直主要是描述性、解释性和辩护性的，而非说明性和规范性的；其公开目标就是阐发已经暗含在最好的科学实例中的东西，而不是去改革现存最好的科学实践。

（4）方法论学说能否被接受——甚至被"伟大的"哲学家接受——主要取决于这些学说使一个首要的科学理论合法化的能力，而非其确实的哲学上的优点。与此相关，当方法论被拒斥时，常常是因为它们不能使那些通过直觉判断其为模范的科学实践合理化。

换言之，新的或创新性的方法论思想通常并不是作为互相竞争的哲学立场或学派内部辩论性对比的结果而出现，旧思想也并非因此而被放弃；方法论学说的兴衰也不能被简单地归因为其在认识论上的依据。更准确地说，主要是**科学**信念的转向导致了科学哲学内部学说的转向。

本书能够也将会讨论方法论的这一实用性模式。但对我们来说，上述这些评论已经足够让我们开始通过科学哲学史上的一些重要事件来检验两种模式的历史起源。

启蒙时代的假说法

很早以前人们就知道，在牛顿到穆勒之间的这段时间里，科学哲学家们关于科学推理之性质的看法在一些方面经历了深刻转变。最显著的可能就是假说演绎法（或者用当时的比较简洁的说法，"假说法"）的命运。简言之，假说法相当于宣称可以通过确定一个假说的全部检验过的推论是否为真来论证一个假说。这种推理的逻辑结构采用了如下形式：

H 推出 C_1，C_2，$\cdots$，C_n。
C_1，C_2，$\cdots$，C_j 经过检验都是真的。

因此 H 有可能是真的。

在 17 世纪中叶得到笛卡尔、波义耳、胡克、惠更斯及波尔·罗亚尔逻辑学家支持的假说法，在 18 世纪 20 年代和 30 年代却 10 失去了众人的信任。极少数科学家和科学哲学家曾经运用过假说推理。充分了解了肯定后件推理的可错性及其所包含的假说法站不住脚的含义，绝大多数科学家和认识论家都接受了培根—牛顿式的观点：科学事业唯一合理的方法就是运用缓慢而小心的归纳法来获得逐渐积累的一般法则。事实上，这一时期每部重要的科学著作的序言中都包含了对假说的谴责和对归纳的颂扬。布尔哈夫、穆森布罗克、斯格拉维桑德、开尔、彭伯顿、伏尔泰、麦克劳林、普里斯特利、达朗贝尔、欧拉和莫佩尔蒂，这些人仅仅是那些主张科学可以离开假说，无需因实验结果的确证而向前进的自然哲学家中的几个，而这种确证自古就是假说法的特征。正如一位当时的人物所注意到的那样，"当前的〔自然〕哲学家们对假说毫无尊重"。[2] 而科学哲学家和认识论家则更热心地谴责假说推理。不管我们是否研究里德的《按常识原理探究人类心灵》，休谟的《人性论》，孔狄亚克的《体系论》，狄德罗的《大百科全书编者绪论》，甚至是康德的《纯粹理性批判》，哲学家们总是众口一词：假说法有很多困难；有可供选择的科学推理方法，一般认为是归纳法或类比法，仅靠它们就能产生可靠的知识。正如托马斯·里德在 1785 年所说："在哲学的每个领域，这个世界都被假说愚弄了那么久，其最深远的结果就是……〔对〕真正的知识进步〔来说〕只能轻蔑地对待它们……"[3] 18 世纪的认识论家批判假说法和支持牛顿归纳法的热情本质上是科学的原型对认识论的影响的证明。第 6 章是对这部分历史的说明，在此我将不讨论这个问题。我更感兴趣的是这段历史稍后的一段，仍是这个在 18 世纪饱受认识论家和科学哲学家诟病的假说法，在三代以后得到了复兴并代替了被文艺复兴时期的哲学家和科学家们如此重视的归纳法。假如我们跳到 19 世纪三四十年代，孔德、伯纳德、赫歇尔、阿佩尔特、休厄尔、斯图亚特，甚至连穆勒这样的方法论家都打算承认假说法在科学推理中占有重要地位。而且除穆勒以外，所有这些思想家都打算承认假说法实际上在很多形式的科学研究中比枚举归纳法或排除归纳法重要得多。

　　如我们所知，这一转向有力地促进了科学哲学的出现，很显 11 然具有重大的历史意义。说明假说演绎法为何以及如何再次取得优势地位（这一方法在 18 世纪遭到了全面批判），这大概会成为科学哲学史家研究的核心问题之一。就我所知，还没有哪位学者愿意正面对待这个问题。尽管已经有几个人注意到了这个过程，但尚无人对之做过详细说明。对这个历史之谜的回避不会仅仅是因为不关心。假说法在 1720 年到 1840 年间的兴衰已经被普遍认识到了。人们只能猜测，这个谜团没有得到认真对待是因为绝大多数哲学史家的工作领域不允许人们提出什么令人信服的答案。回想一下，我所说的纯粹主义编年史模式仅仅允许人们根据新的哲学学说和论点的出现来说明方法论史的变化。就目前的情况来看，这种说明是无效的，因为斯图亚特、赫歇尔和休厄尔为复兴假说法所做的逻辑和认识论的论证与假说法在 17 世纪的拥护者们所做的那种论述并无实质性差别。实际上，在 19 世纪，对归纳法的批评在总体上不过是在 17 世纪和 18 世纪就已众所周知的对归纳推理的批评的变种而已。既然在说明假说法的再现和对枚举归纳法和排除归纳法的贬低时找不到什么新的哲学论证，纯粹主义历史学家们想要对这一决定性事件进行理性重建就没有什么办法可指望。

然而，如果我们愿意弃用这个纯粹主义模式的话，对于所讨论的这个时期的对假说法的哲学态度的变化，我们就能够为之做出有意义的说明了。尽管我们必须到哲学之外去寻找答案，这个答案却会告诉我们一些非常重要的有关哲学自身的事情，即哲学信念是怎样由科学中的变化形成的。

哲学家们对假说演绎方法论的态度转变主要是因为**此前的**某些科学家对假说法的态度转变。而科学家们态度的转变则是由于物理学理论自身处于变化中，以及科学理论化的新模式与在 18 世纪的科学家和科学哲学家中处于优势地位的正统归纳法之间所产生的张力。我打算比较详细地叙述这个过程。

在牛顿的《自然哲学的数学原理》声名大噪之后约半个世纪，科学家和哲学家们都试图从牛顿的成功中得出一些恰当的借鉴。在牛顿最直接的传人看来，其成功依赖于对假说推理的避免以及严格坚持从实验数据中进行归纳概括。不管我们是否注意黑尔斯、布尔哈夫或柯特斯的著作，我们都会看到其试图建构一种纯粹观察性的物理学、化学和生物学，这些学科的本体论可以直接同实验数据联系起来。

到了 18 世纪 40 年代和 50 年代，科学家们发现很多领域的研究并不能轻易采用这种方法。因此，一些科学家和哲学家开始发展一些理论，就当时的情形来看，这些理论是不可能通过列举归纳法令人信服地获得的。富兰克林的电流体理论和热振动理论、布丰的有机分子理论以及燃素化学，仅仅是18世纪中期处于发展中的理论的一些例子，它们假定了不可观察的实体来说明可观察的过程。在这些理论中最富争议的是乔治·勒萨热的化学和重力理论、戴维·哈特利的神经生理学以及罗吉尔·博斯科维奇的一般物质理论。尽管这三位思想家完全彼此独立地工作，并且在很多实质性问题上有着差别，但他们却有着一个重要的共同点：他们很快就意识到他们所宣扬的这种理论在归纳主义科学哲学的框架下是不可能得到证明的。他们都发现其科学理论一经公布就招致广泛批评，但并非由于其科学上的缺点，而是由于其在认识论和方法论上的不足。

反对哈特利的人说，他的神经系统中的以太流体理论仅仅是诸多假说中的一个，而在这些假说中只能做出武断的选择。[4] 反对博斯科维奇的人说，他无法得到直接证据来证明，在微观距离内（即接触、凝聚和化学变化发生的范围内），粒子周围的力会交替呈现吸引和排斥作用。反对勒萨热的批评者们说，他的"超微粒子"理论（这些微粒的运动和碰撞解释了万有引力）无法通过实验归纳推理出来。

很显然，这些科学家们所面对的是关于科学推论的公认标准 13 与他们所建构的科学理论之间显而易见的冲突。完全没有办法使归纳主义方法论和感觉主义认识论同这种关于微观结构的高度猜测性的理论调和起来。他们的选择非常艰难：要么放弃其微观理论（正如其归纳主义的反对者所坚持的那样），要么建立一种替代性的科学认识论和方法论来为那些缺乏归纳证明的理论提供哲学上的合法性。这三个人都选择了后者。博斯科维奇坚持认为假说法是"最适合物理学的方法"，而且在很多情形下，只有通过先猜想、后证明的方式"我们才能猜出或推测出真理之路"。[5] 哈特利在其《人之观察：他的结构、责任及期望》中的一个很长的关于方法论的章节中主张，如果我们想要加速知识积累，那就必须用各种假说法来补充归纳法。[6]

对假说法最直率的辩护来自乔治·勒萨热，其理论曾遭到严厉抨击。[7] 例如，欧拉就曾说过，谈到勒萨热的物理学，最好是保持无知，"而不是诉诸这种奇怪的假设"。[8] 法国天文学家贝利曾经以很不错的归纳主义方式主张，科学应当把自己限制在那些"她向我们展示的定律"[9] 中，并应避免就那些我们无法直接观察的事物进行猜想。勒萨热悲叹道，存在着"几乎是普遍的偏见"，认为从可观察事物到不可观察事物的假说推理是不可能的，归纳和类比是通往真理的唯一合法路线。[10] 他指出其理论遭到广泛拒斥是因为"我的解释只能是假说"。[11]

面对这种攻击，勒萨热被迫扮演起认识论家的角色。在其后来的几部著作中，尤其是在一篇较早的为法文版《百科全书》所写的关于假说法的论文中，勒萨热开始了反击。简而言之，他的策略是双向的：首先，确立假说法的认识论资格；其次，强调处于优势地位的归纳和类比解释的一些弱点。长话短说，勒萨热同意其批评者说的，其理论实际上就是个假说；但他不像这些人，他试图证明这并不坏。

他紧接着承认假说法及随后的证明很少能确立任何一般结

论的正确性。但他又指出，归纳和类比也是非结论性的。我们必 14
须以高概率为目标。接着，勒萨热指出了在哪些情况下我们有权
利充满信心地坚持得到良好确证的假说。他继续指出，这位伟大
的艾萨克·牛顿，在其公开声称的归纳主义之下，广泛地运用
了假说法。他说，正是靠着假说法，"而非任何［归纳或］类比
的手段我们才……获得了支配天体运动的三大定律这个伟大的发
现"。[12] 勒萨热进一步认为在每个推论超出前提的归纳推理中都有
猜想或假说的成分，而除了所谓完美的归纳推理以外，所有归纳
推理都是如此。在随后的五十年中，他一直试图沿着这些路线进
行构想，来复兴假说法。

　　正如我将在第 8 章中详细表明的那样，勒萨热对假说法长期
而持久的拥护源于他此前对科学的忠诚及其科学理论所遭受的认
识论上的批评。与之相似，如果依照环境来推断的话，对哈特利
和博斯科维奇也可以做这种断言。

　　但事情并未就此结束，因为还有一个更大的问题：仅仅由
几位受到围攻的科学家提出的假说法，是怎样最终变成了哲学
上的正统派的呢？这个更大的谜团有几个片段。其中主要的有：
让·塞尼比尔，一位主要因其在光合作用上的工作而出名的法国
哲学家、科学家，他在 1802 年就科学方法写了一部很有影响的
三卷本著作。他追随勒萨热拥护假说法，并为假说法在最优秀
的物理学家中的广泛应用积累了进一步的证据。[13] 此后不久，皮
埃尔·普雷沃斯特——热交换理论的奠基人，在勒萨热去世后
出版了勒萨热论假说的一个文集，皮埃尔自己则在 1804 年写了
一本科学哲学著作，假说法在其中占据了突出的地位。[14] 在苏格

兰，世纪之交最重要的英语哲学家——杜加尔德·斯图亚特批判了其导师里德的鲜明的归纳主义，他在直率地讨论了勒萨热、哈特利、博斯科维奇之后热情地拥护假说法，因为"绝大多数［科学的］发现很可能就是这样做出来的"。[15] 正如奥尔森所述，斯图亚特对科学哲学的讨论为后来的赫歇尔和休厄尔（假说法的杰出倡导者）提供了十分重要的框架。[16]（或许可以再加一句，这两个人对光的波动说的支持好像也与他们对假说法的拥护有很大关系；我在第 10 章对这个猜测进行了详细讨论。）就这些作者而言——从哈特利和勒萨热到普雷沃斯特和斯图亚特，再到赫歇尔和休厄尔——在他们（作为对归纳法和类比法的反对）对假说演绎法的拥护中最重要的考虑就是他们的时代的科学需要这样一种方法。尽管支持假说法的熟悉的哲学论述被例行公事地加以重复并做了几点创新，但在其支持者看来，证明这一方法之正当性的最主要因素是如下事实：在最成功的科学中，其运用产生了良好效果。考虑到假说法在科学中的广泛应用，甚至连非常乐于排除它的穆勒，都感到不得不为它寻找一个逻辑基础。[17]

结论

因此，想要通过把科学认识论看作自治、自立的来理解这一时期的历史意义似不可行。很不幸但可以预见的是，如果纯粹主义模式占据优势地位，那么对于假说演绎法在近代的崛起，如果人们想从学术著作中找到什么与该模式旗鼓相当的其他解释，必将徒劳无功。在科学哲学的历史上，勒萨热、哈特利、兰伯特和普雷沃斯特从不曾被人提及。尽管经常有人讨论赫歇尔和休厄尔，却没人注意到他们在思想上的先驱者，也没人注意到是谁促成了他们对假说的科学兴趣。相反，标准文献把我们从牛顿带到休谟，又带到康德和休厄尔，却没有提到关于这个重要问题的方法论的理论化进程主要发生在认识论的主流之外——或者我应当说发生在所假定的主流之外。这种情况是典型的，还是一个例外？

传统的纯粹主义编年史学的命运就系于这个问题的答案之上。通过一些近来最好的学术研究，我倾向于认为我们所面对的是普遍现象。尽管这些论著现在大体上仍属少数派，但一些结论仍值得认真考虑：在迪昂的领导之下，米特尔施特拉斯和其他人已经表明工具主义的历史根源存在于古代和文艺复兴时期的天文学争论之中；[18] 曼德尔鲍姆已经表明原子主义和第一性、第二性的质这一学说间的密切关系；[19] 埃德尔斯坦和其他人已经表明了皮罗的怀疑主义与希腊医学间的联系；布克达尔和萨布拉已经探索了 17 世纪的光学对认识论的影响。[20] 其他人的最近研究已经表明，正是在 20 世纪前期，物理学中原子—分子理论的胜利最终颠覆了在实在论者和工具论者之间的哲学争论的平衡。[21] 历史记录已经毫无疑问地表明，很多科学哲学的历史命运一直与它们所使用的科学理论的命运紧紧缠绕在一起。

所有这些相互联系意味着，科学哲学及很大部分的认识论在传统上一直是受某些被偏爱的或有特殊地位的科学活动的影响，并被用来证明其合法性。在某种意义上，我们没有必要另作他想。

在研究科学或知识的性质时，方法论家或认识论家把科学或知识的可用的最佳范例选作其有待解释的对象，这非常自然。在20世纪十分寻常的预设是，一般方法论可以是规范性的并在逻辑上先于科学，因此它并不依赖知识的任何特定实例，但这个观点并未得到我们的前人们的拥戴。他们通常都愿意承认科学是合法地先于科学哲学的；而且认识论家的目标——用洛克的话来说——并不是成为自己同时代的科学家的裁判官，而是后者的副手。正如他们自己认识到的那样，其任务并不是**指示**科学家们应当遵循何种方法，而是去**描述**在现有科学**实践**中所找到的最佳方法。

但是，若认为这里所断言的就是科学理论以某种方式给方法论学说带来了灵感或推动了后者的发展，而后者一旦被创造出来就获得了自己的生命并且拥有了暂时的、完全独立于前者的经历，那么就错过了要点。我们应当认识到，科学理论不仅为新的方法论理论提供了灵感，它们也在一种奇妙的意义上被用来**证明这些方法论**。例如，牛顿物理学的成功被认为支持了他的推理法则，莱伊尔的地理学理论被引用来作为接受方法论上的均变论的理由，气体的分子运动理论和布朗运动被认为证明了认识论上的实在主义，这些都仅仅是一个非常普遍的现象的几个例子而已。

考虑到科学与其哲学之间的这种密切的共生关系，当作为原型的科学理论发生变化时，对方法论学说的评价也发生变化是极其自然的。这就是整个问题真正的关键。面对这一系列同样令人信服或同样不能令人信服的科学哲学，**我们的前人常常转向同时**

代的科学，将之作为评估竞争着的哲学的合适的实验室。 他们强　17
调方法论的原则应当被"经验地"加以检验，看看它们能否被用
来证明那些被我们当作知识最佳范例的科学理论的合理性。如果
我们当中的很多人再看不到这种形势，那么当我们谈论过去时，
就不会再有足够的想象力，也无法发现历史上的这些问题。实际
上，无论关于科学哲学与科学之间关系的这两种观点的优缺点如
何，**史学家**不应只局限于纯粹**哲学**领域，如果他想理解方法论史
的话。

目前为止，我的论述大意如此：如果不仔细检验方法论在传
统上一直依赖的科学的历史演化的话，人们将无法理解方法论的
历史。本章包含着一个重要的推论——虽然已经明确表述但却没
有加以讨论——即方法论史并不仅仅是认识论史的一个分支。我
们必须放弃最近诸多学术著作所假设的观点：在认识论史上占有
突出地位的思想家在方法论史上应该**更有理由**占有最重要的地
位。认为在这两类人群中存在着一个简单的交集是错误的。

下面让我再次回到 18 世纪中后期来寻找我的例子。当时，
英国最突出的认识论家当然是休谟和里德，在法国当然是孔狄亚
克和孔多塞，在德国就是沃尔夫和康德。然而，这些思想家中几
乎没有人在同时期富有原创性的、有影响力的方法论家名单上处
于突出地位。如果我们想要知道谁对归纳法和假说评价的技巧，
对各种实验和观察方法的表述及概率理论在科学推理中的应用，
对有关理论实体的命题的评价这类问题贡献最大，我们就必须注
意另外一群杰出人物。我们必须注意哈特利、勒萨热和兰伯特，
在他们详细地阐述假说演绎法时，当时的主要哲学家们对假说法

不曾有过任何褒奖。我们必须注意贝努利、门德尔森、拉普拉斯和达朗贝尔，他们讨论了概率逻辑。我们必须注意皮埃尔·普雷沃斯特和让·塞尼比尔讨论科学哲学的经典文献，才能发现对各种实验方法及其逻辑基础的最为复杂的探讨。

18　　实际上，今天人们都没有听说过后面所提到的这些人物，至少在方法论史的范围内是如此。这一事实进一步证明了我们对科学哲学史的学术印象被方法论包含于认识论这一朴素认识歪曲至何种程度。回到我的标题上来，我们若想对现代方法论的起源有所认识，就必须关注一组不同的论题和一群不同的思想家，而不是关注在传统上一直垄断着我们注意力的那些人。更重要的是，我们必须认识到纯粹主义模式的牵强之处，愿意看到在狭窄的哲学背景之外的方法论的发展。

注释

1　此类研究甚多，可参见我的论文以获得一份指南：《从柏拉图到马赫的科学方法理论：一个文献综述》，发表于《科学史》，第7卷，1968年，第1—63页。

2　本杰明·马丁，《哲学语法》，伦敦，1748年，第19页。一年后，孔狄亚克也表达了类似观点。参见其《著作集》，巴黎，1798年，第2卷，第327页及以后各页。

3　T.里德，《托马斯·里德著作集》（W.汉密尔顿编），第6版，爱丁堡，1863年，第1卷，第326页。有关这一背景的进一步讨论，见第7章。

4 在哈特利的体系中，争议最大的就是他通过假定有一种充满神经的稀薄液体，力求为洛克的联想主义心理学建立一个神经生理学基础。

5 引自博斯科维奇的《论日食和月食》，1760 年。转引自 D. 斯图亚特《选集》（W. 汉密尔顿编）中他翻译的段落，爱丁堡，1854—1860 年，第 2 卷，第 212 页。

6 特别应参见哈特利的《人之观察：他的结构、责任及期望》，伦敦，1749 年，第 1 卷，第 341—351 页。

7 有关勒萨热的物理学的一项讨论，参见 S. 艾若森，《乔治·路易斯·勒萨热的引力理论》，《自然哲学家》第 3 卷，1964 年，第 51—74 页。有关该理论之哲学意义的简短讨论，见后文第 6 章。

8 引自发表在《乔治·路易斯·勒萨热的生平与著述简介》（P. 普雷沃斯特编）中的一封信，日内瓦，1805 年，第 390 页。

9 同上，第 300 页。

10 同上，第 265 页。

11 同上，第 464—465 页。

12 此引文出自勒萨热的《关于假说法的第一篇论文》，在其去世后发表于 P. 普雷沃斯特的《哲学论文集》，巴黎，1804 年，第 2 卷，第 23 段。

13 见他所著《观察的艺术》，两卷本，日内瓦，1775 年，后扩充为三卷本的《论观察的艺术与做实验》，日内瓦，1802。塞尼比尔作为图书馆馆长，很偶然地成了勒萨热的直接继承者。

14 见 P. 普雷沃斯特，同上所引，注 12。

15 D. 斯图亚特，同上所引，第 2 卷，第 301 页，注 5。（还可参见同上，第 307—308 页。）

16 见理查德·奥尔森颇有趣味的研究，《苏格兰哲学与英国物理学，1750—1880 年》，普林斯顿，1975 年。

17 参见《逻辑体系》中穆勒关于假说的一章。

18 见 J. 米特尔施特拉斯，《拯救现象》，柏林，1962 年。

19 19 见 M. 曼德尔鲍姆，《哲学、科学和感觉感知》，巴尔的摩，1964 年。

20 见 A. I. 萨布拉，《从笛卡尔到牛顿的光学理论》，伦敦，1967 年；以及 G. 布克达尔关于笛卡尔的大量研究。

20 21 关于此问题，在后文第 13 章有一个简短的讨论。

第 3 章　关于伽利略力学的方法论意义的修正主义短文

　　很久以来，学者们普遍认为伽利略的科学为早期近代哲学提供了绝大多数最重要的哲学和方法论问题。休厄尔和马赫、科瓦雷和卡西尔这些倾向迥异的史学家已经把伽利略的物理学视为早期近代科学的主要哲学问题的根源。[1] 毫无疑问，伽利略的物理学引发了一些非常重要的哲学问题（为什么自然是可量化的，理想化情况在物理理论中的地位，思想实验的特征等）。但是，若断言隐含在伽利略力学（或**任何类似的科学**）中的哲学问题是 17 和 18 世纪具有科学头脑的哲学家们智力**焦虑**的主要来源，则是严重的**历史性**误导。我将简洁地、尝试性地提出，我们必须对科学革命的其他部分加以关注，以期找到那些应对近代早期"认识论革命"的主要特点负责的关于自然的学说。

　　如果我们要确定新科学的认识论和方法论的核心问题，那我们就必须看看当时的主要科学家—哲学家的著作，如笛卡尔、霍布斯、波义耳、洛克、牛顿及莱布尼茨的作品。毕竟是这些科学家关心为 17 世纪的科学打下新的智力基础。他们的主要焦虑既和伽利略力学无关，也和哥白尼天文学无关，而后者正是伽利略

动力学存在的理由。

相反，绝大多数 17 世纪哲学家最关心的认识论和方法论问题是证明某些根本不同于伽利略理论的科学理论的合理性。这些理论是什么？它们怎样提出了与伽利略力学所产生的问题不同的哲学问题？在这里我想回答的正是这些问题。

首先，天文学和力学在 17 世纪不是仅有的重要科学，这点至关重要。光学、化学、生理学、气象学也都是科学理论化的重要源泉。意义重大的是，后面这些科学中的**每一门**都引发了伽利略力学和哥白尼天文学所没有引发的认识论和方法论问题。17 世纪的思考大多致力于解答这样的问题。

对天文学和力学来说，是什么使其游离于哲学研究的主流之外？简而言之，是它们学科的内容以及与之相适应的理论的内容。行星天文学和天体力学都是**宏观科学**，它们所讨论的性质或过程都是或多或少能够**直接**观察或测量的。行星的位置、重物下落的速度、摆的周期——这些都是直接可以认识的现象。更重要的是，伽利略力学的理论和说明机制主要处理的是至少在原则上可观察的实体。伽利略的不同定律构成了其全部解释的核心，他主要致力于可观察的实体和过程——或至少是那些在行为上与我们能够观察到的对象非常接近的实体和过程。正如笛卡尔常指出的那样，总体来说，伽利略拒绝认真设想那些导致可观察的物体遵守一定定律的不可见的（大概也是不可感知的）因果机制。

亚历山大·科瓦雷很重视伽利略对理想实验的运用（将真空中的落体作为范例），并认为伽利略力学向亚里士多德和经院哲学家们所拥护的经验主义认识论提出了深刻的挑战。在我看来，这是个严重的夸大，尤其是当人们把伽利略力学与 17 世纪的其他科学相比较的时候。正如伽利略自己竭尽全力表明的那样，在其许多巧妙的**思想实验**当中，他的理想实验常可被认为相当接近于真正的实验室。如果我们把亚里士多德的认识论概括为"在感知以前，头脑中应一无所有"，伽利略的运动学中几乎没有什么内容**可**被视为向这一认识论提出了挑战。当然，这并不是说伽利略自己的方法论出自亚里士多德。认真的学者们继续要争个明白。有人主张伽利略的力学可以被认为并未对亚里士多德在《后分析篇》中所讨论的科学方法论提出什么严重威胁。如果整个 17世纪的科学都表明，伽利略力学主要具有现象学的特点，那么就不会有什么方法论革命了。

　　然而，当我们转向那个时代的其他科学时，情形就颇为不同了。尽管光学、磁学、毛细现象、化学变化等理论致力于说明可观察的现象，**但这些理论本身却假设了在原则上被视作不可观察的微观实体**。例如，当笛卡尔、霍布斯、胡克或牛顿试图说明通过棱镜的光的折射时，他们引入了大小和形状不同的粒子。当波义耳、伽桑狄或笛卡尔试图解释化学过程时，他们到（正如牛顿所说的）"不可见的王国"中寻找说明。17 世纪绝大多数科学最持久的并在哲学上最令人困扰的特征之一就是**其理论所设想的实体根本不可能被观察**。正如众多学者所表明的那样，正是理论的这种认识论特性引发了 17 和 18 世纪的大部分哲学探讨。

　　但伽利略为何符合这些关注呢？简单的回答就是他不符合。尽管他自己当然有关于自然事物的微观结构的观点，但在 17 世纪使其出名的那些理论和原理很显然没有引发此类认识论问题。

22

与 17 世纪多数理论所假设的实体的不可观测性问题密切相关的，是另一个十分重要的问题。由笛卡尔、波义耳、伽桑狄、霍布斯、胡克、惠更斯和牛顿所设想的理论实体具有这种在哲学上使人困惑的特点：它们在**性质**上与宏观物体完全不同。用笛卡尔的例子来说，一个蜡球具有一定的颜色、气味、结构和易熔特性等。相比之下，所谓的微粒论和机械论哲学家的理论实体却**没有**显示出一丁点儿此类性质。因此，就出现了哲学上的难题：人们怎样才能决定哪些性质可以合理地加诸这些实体而哪些性质不能呢？正是这个问题，赋予第一性质与第二性质的区别以重要性；那些颇为突出的思想家，如笛卡尔与牛顿、波义耳与洛克、霍布斯与莱布尼茨，其哲学著作中的这一区分都颇为突出。

这里我们再次谈到，伽利略的科学——至少依照其继承者所理解的那样——并没有引起这种哲学上的忧虑。在现如今很出名的《星际使者》一书中，伽利略对物体的性质做了类似于第一性质与第二性质的区分，这倒是真的。但这一区别在伽利略的力学或天文学的框架内是没有依据的。他关于这些科学的理论既不能推导出，也不足以预示这一区别。

23　　也可以用另一种方式来表述这一切：17 世纪认识论的主要作用在于**重新定义科学知识和感觉经验之间关系的性质**。早期科学认识论者（从亚里士多德到培根）都主张通过小心谨慎地寻找"感官细节中固有的普遍性"，来从自然中推导出科学理论。恰恰因为伽利略力学可以（并经常）被视作根据感官的细节所做的自然的推断，所以它对传统的科学认识论几乎没提出什么问题。但对 17 世纪许多其他科学来说，情况就不一样了。

在力学或天文学中，人们可以（在原则上）设想理论的基本原则能从事实中找到，而微观物理学和微观化学就连最渺茫的希望都没给人留下，人们只能**先验地**推测。简言之，若有人宣称他的第一原理和初始条件都是从自然本身推导出来的，那将毫无说服力。机械论哲学的**假设性**和**假说性**太显而易见了，任何人都无法做出上述那种推导。因此，传统的证明自己物理理论的模式——声称它们是从感觉经验中自然地产生出来的——已经行不通了，持经验主义信念的科学家们不得不寻找其他使经验（和实验）进入知识体系的办法。他们当中的绝大多数都认为：如果不是在开头，那么就是在结尾；如果我们不能通过**从经验中获取我们的第一真理的方式**来建立它们，唯一可能的替代选择就是**由经验**（通过其结果）来检验它们。**对机械论哲学家来说，经验和实验因此担任了检验我们的理论科学，证实其论点确实"关于"这个世界的角色。**这种证实在传统的科学概念中是不需要的。如果第一原理是**从自然中**获得的，那么任何**同自然**的进一步比较都是多余的；如果第一原理是从感觉中适当地获得的，它必将符合自然。但对 17 世纪中叶的科学家来说，与经验最初的联系已经丢失，证实理论的唯一方式只能在将理论与经验进行的**后验**比较中找到。

可能会有人反对说，伽利略的力学和微粒论哲学所引发的方法论上的困难并无太大差别。正如我们现在所见，在这两种情况下，人们有一个由头脑自由创造的理论，然后被拿来同自然做比较。从逻辑上讲，发生的问题都是一样的。但如果这样表述的话，就忽略了最重要的历史要点，即现象主义的力学体系**并未被**

24　**看作与认为我们的理论都直接由自然推出的学说不相容。**（回想一下，牛顿为其光学和化学假说的实验起源做论述时，比论述其力学体系"从现象演绎而来"困难多了。）

　　让我试着用另一种方式来表述以突出这一点。我想要（以合适的证据）指出，与早期近代科学相联系的最重要的方法论转向涉及对理论知识的假设性和假说性的认识。这一认识，又与科学实验依据的变化密切相关——即从莱欣巴哈所称的"发现语境"转向"证明语境"。[2] 依早期的观点来看，经验的功能就在于引导我们理解在诸事件与诸过程之间的普遍（因果）联系。理论仅被看作对那些已由经验弄清楚的东西的总体概括。理论化就是看到寓于特殊之中的一般这一过程。伽利略力学并未对这一老派的观点产生什么特殊的威胁。特别的观察，实际上就是被检验的现象主义规则的**例示**。对一个沿斜面滚下的小球进行测量，能够提供一种直接的可理解性和可检验性，而光学和化学中的微观解释理论则永远不能具有这种形式。

　　然而，依后来的观点来看，把经验作为知识发生器的观点已经被拒斥；其作用不再是产生我们的理论，而是为我们自由构想的理论提供**后验**的检验。这一转变**极为**重要。它与我们对知识的可错性的认识联系在一起，与对因果关系概念的放弃联系在一起，与科学认识论史上许多其他非常重要的转向联系在一起。

　　我认为，从将经验视为理论发生器到将之视为理论检验器的转变，其最重要的源头之一就是 17 世纪的微观物理假说。任何一种现象主义理论都不能像微观物理理论那样给古典的理论发生器观点造成同样的麻烦。理论发生器观点的支持者，在面对伽利略或牛顿的力学时，仍然能够主张其第一原理都是从经验中获得的。（正是由于这一原因，培根在 18 世纪的追随者如亚里士多德一般都固守理论发生器的观点，提到力学时就充满骄傲，谈到微观物理学的推测时就很沮丧。）对原子或以太理论来说，这种论述是无法令人信服的，因为其假设性和超验性显而易见。这种 25 解释为下述事实所证明，即研究微观物理学而非宏观物理学的科学家们首先开始系统地批判理论以某种方式产生于数据中这一古典观点。毕竟，是笛卡尔和波义耳被其研究的学科所迫而拒斥了早先的观点。虽然伽利略显然运用了假说法并意识到了这点——如米特尔施特拉斯令人信服地论述的那样——但并无必要以假设或假说演绎的方式来诠释其力学。伽利略的科学，从各个角度来看，没有像 17 世纪晚期和 18 世纪的微观理论假说那样对经典的理论建构方法论产生什么威胁。

还有一个更为广泛的论题也处于危险之中，远远超出伽利略的特定问题。近三个世纪，科学革命的编史工作是建立在如下假设上的：天文学和力学在 17 世纪是哲学上最令人兴奋的科学，而其他科学总是以某种方式**寄生**在哥白尼—伽利略的天文学和力学革命之上。然而，最近的学术成就却表明了不同的编史学视角。也就是说，不是哥白尼关于天空的理论，也不是伽利略关于运动的理论引发了 17 世纪认识论的最深刻转变。更准确地说，主要是关于**物质的理论**造成了对传统的关于世界和知识的概念的最深刻的威胁，并点燃了 17 和 18 世纪"哲学革命"的火花。这反过来也意味着，为了应对科学革命的"哲学衍生物"，我们的历史焦点应该少放在哥白尼和伽利略这类人物身上，多放在笛卡尔、伽桑狄、波义耳和霍布斯等思想家身上。因为是后者而非前者提出了此后两百年中最重要的关于科学的认识论和方法论问题。

注释

1　参见有关伽利略科学的哲学意义的论断，如：A. 科瓦雷，《伽利略研究》，巴黎，1943 年；A. 科瓦雷，《形而上学与测量》，伦敦，1968 年；E. 卡西尔，《知识问题》，柏林，1911—1920 年；E. A. 伯特，《现代科学的形而上学基础》，伦敦，1932 年；M. 黑塞，《伽利略及现实主义与经验主义的矛盾》，出自《伽利略在科学史和哲学中的地位》，比萨，1964 年；J. 米特尔施特拉斯，《经验的两个概念》，出自雷德尔出版社即将出版的一部著作；以及 W. 谢伊，《伽利略的智力革命》，伦敦，1972 年。
26　　　从康德的时代起，伽利略的科学被当成早期近代科学的促进因素就已是司空见惯的看法。伽利略在哲学史上的重要性的神话主要应归功于康德关于科学的哲学问题的极具特色的概念，这是个合乎情理的猜测。

27　2　有关在科学的"假设性"观点与发现的逻辑之间联系的详细讨论，见第11 章。

第 4 章　钟的类比和假说：笛卡尔对英国方法论思想的影响，1650—1670 年

笛卡尔主义的背景

我在本章负有双重使命：探讨笛卡尔对 17 世纪英国科学哲学的影响，并说明在牛顿将假说从自然哲学中驱逐出去之前假说法在英国的命运。这两个任务并非互不相干。实际上，若能够多少接近目标，这两个任务将合二为一。在 1650 年到 1670 年这段时期，英国思想家之所以能看到假说法的希望，正是因为笛卡尔通过论述和举例，使他们看到了这点。

关于笛卡尔对 17 世纪英国思想的影响，历史学家们从未得出令人满意的结论。直到最近，还有人认为其影响微不足道，仅在本体论这一领域比较重要。然而，最近几十年，科学史家们已经发现了 17 世纪 50 年代以来英国的力学、光学和生理学中的笛卡尔倾向。[1] 不过，在英国哲学与科学思想中仍有一方面，笛卡尔的积极影响被认为是可以忽略的，即科学方法论。实际上，很多研究英国科学方法发展的史学家似乎都认为 17 世纪的科学哲学大体上可被理解为对培根《新工具论》的一系列注解。

17 世纪的英国科学哲学不仅被说成是培根式的，同样被认为是对笛卡尔先验的科学模式的强烈反对，重点则在于其无所不包的体系。这两种因素——对培根的崇拜和对笛卡尔的轻蔑——据称激发了从霍布斯到牛顿的关于方法的著作。但这一说明有着一些令人深感不安的特点，尤其是，这一时期的许多英国科学家和方法论者在对笛卡尔的尊敬和对培根的崇拜上是不相上下的。

28 更重要的是，这一时期的几位英国自然哲学家指出，他们对科学方法的说明来自笛卡尔对这个问题的观点，并与之非常一致。除非这些思想家在其思想的来源方面受了严重的误导，否则我们必须重新检验 R. F. 琼斯这类学者的观点——他们认为，与培根相比，笛卡尔的方法论思想是可以被忽略的。[2] 琼斯的主张当然有很好的先例。早期皇家学会的实验进程及其几乎病态的对假说性体系建设的厌恶，似乎是反笛卡尔主义的潜伏的症状。此外，托马斯·斯普莱特在其很有影响力的《皇家学会史》（1667年）中赞美了实验哲学的优点，但几乎绝口不提笛卡尔，除了作为坏物理学的例子。绝大多数英国方法论家都对培根有颇多空泛的赞美之词，如 "高贵的维鲁拉姆""我们杰出的培根勋爵" 等，这进一步强化了斯普莱特的论述。尽管有这些先例，但把培根视作英国科学哲学占支配地位的指路明灯这种描述过于片面，并且严重地简化了这个时期英国方法论来源的多样性。说英国的方法论家们普遍接受培根的经验主义当然是正确的，[3] 但认为他们都接受了其归纳法却并不正确。很多思想家都怀疑通过任何类似归纳的过程发现不容置疑的科学原理的可能性。在对培根的反对中，他们很热心地接受了笛卡尔的建议，即科学家们必须满足于假说性的原理或猜想，而非正确和确定的归纳。笛卡尔的假说主义与培根的经验主义相混合，形成了几位英国哲学家方法论的基础，尤其是波义耳、格兰维尔和洛克。然而，在对培根的普遍热情里，笛卡尔对英国方法论思想的贡献既未得到证明，也未得到仔细评价。这就是本章的目标。

和琼斯及其他一些人相反，我主张，17 世纪中期英国几位主要自然哲学家的科学哲学从笛卡尔和培根那里继承的东西是可以相提并论的。随之而来的一个必然结果是，他们不像过去人们一直以为的那样喜爱归纳，也不那么反对猜测。我将宣称，笛卡尔的方法论（尤其是在《哲学原理》后半部分发展起来的）是英国思想家们关于方法的讨论的一个丰富源泉；特别是其宇宙是一个"力学机器"，其内部结构只能加以猜测这个观点，成了讨论方法的英国著者们的一个重要启发。

在搞清英国的假说演绎论者受笛卡尔的"恩惠"之前，我们 29 必须阐明笛卡尔的方法论在何种意义上可被描述成"假说性的"。他曾在《谈谈方法》中对强调先验方法表示过赞成，而认为他相信假说法对科学必不可少可能会有些奇怪。[4] 但如果我们关注笛卡尔的科学著作或其《哲学原理》，就会看到一幅相当不同的图景。更重要的是，我们必须像他那个时代的英国人那样阅读《哲学原理》，不能带上由于《沉思录》过于关注先验主义而产生的偏见。我将要讨论的人物主要是通过《哲学原理》[5] 了解笛卡尔的，因此，对他们来说，设想笛卡尔在科学的确定性问题上采取了谦虚的姿态是很自然的。

在《哲学原理》（1644 年）第四部分的结尾，笛卡尔承认了令人惊讶的一点。在试图从其第一原理（即物质和运动）出发推导出化学变化的特殊性质之后，他承认了自己的失败。他从先验真理推导出化学和物理学现象的目标仍未完成。他承认自己的第一原理太抽象了，不允许他由之推导出物体的特殊性质。但他不相信物体会违背这些第一原理；他的原理太过含糊，但他太过自信，以至于他不会承认这一点。其原理过于抽象，使得它们在说明和预见特殊事件时毫无实际用途。[6] 笛卡尔不愿意留下任何未加解释的事情，于是背离了他通常对有条理的清晰思想的热爱，提倡运用中间理论（不像第一原理那样抽象，但要比现象更抽象），这些理论十分明确，足以由之得出对单个事件的解释，同时，它们与第一原理是一致的，但并非由后者演绎而来。笛卡尔意识到所有这些中间理论不可避免都是假说性的。由于其构成元素并未被清晰明了地感知到，它们也可能是假的。毕竟，可以用很多种不同的方式来描述自然，而且一种描述很奏效也并不能证明它是真的。像任何一个出色的逻辑学家那样，笛卡尔意识到"人们可以从错误或不确定的前提中演绎出正确和肯定的结论"。[7]

笛卡尔进一步主张，对这种事物我们并不需要正确性的保证。只要我们能说明自然有可能如何行事就可以，并不必说明自然实际上是怎样行动的。毕竟，他的哲学是一种试图以不可感知的粒子来说明宏观世界的微粒论哲学。由于这种粒子是不可观察的，赋予其任何特定性质（如体积、形状、运动）都只是试探性的，都应认识到其假说性。当然，我们可以肯定这些粒子必然具有体积、形状和运动（我们的第一原理保证了这些），但对于这

30

些粒子所具有的特殊性质我们永远都存有疑问。[8] 笛卡尔运用一个类比为假说的这一偏差做了辩护，这个比喻后来为一些用英语写作的微粒论者们所广泛运用，他们想为自己对假说的运用寻求某种理论基础。笛卡尔主张我们可以用钟表作类比来想象这个世界，表的正面是可见的，但其内部结构是永远不可见的。关于这块表的内部运转方式，我们所能拥有的最多也只是猜测性的观点，而非不可错的知识。尽管我们永远都不能进去看看我们是否说对了，但关于这只表的内部零件的排列方式，我们可以提出某种机制。这只表可以以任意多种方式构成，如果我们能提出某种安排方式来说明其外在行为（如指针的转动、布谷鸟的鸣叫），这就足矣。与此相同，自然哲学家也算兑现了他的承诺，只要他提出的机制与眼前的现象相一致。若想要索取得更多，就是误解了自然研究的局限性。笛卡尔在这里面对的是一种关于理论的经典的**经验主义不完全决定论**。他相信有无穷多种关于微观结构的假说都与可见的效果相一致。在这种情况下，人们不能希望能运用经验来挑选独一无二的正确假说。在笛卡尔看来，在上层的本体论要求以及底层的经验限制之下，在竞争着的假说间进行选择的余地依然很大——这些假说都将满足所有的限制条件。笛卡尔用了一个冗长的类推来说明这个认识上的难题。这篇文章的关键段落如下：

  对此可以这样反击：虽然我可以想象那些能导致与我们所见的效果相似的效果的原因，但我们不应该因此得出结论说我们所见到的结果是由这些原因产生的；因为一个勤劳的钟表匠可以造两只表，走时一样准确，外表也没有任何差别，然而其齿轮的组合却没有任何相似性，所以上帝可以以无穷多种不同的方式工作［他能以任意一种方式使每件事物都各得其所，并使人类不可能了解他所决定运用的方式］。而且我相信，如果我列举的原因所产生的效果与我们在世上所见到的效果相似，那就足矣，我们不需要知道是否还有产生这些效果的其他方式。[9]

31

钟的类比并不是笛卡尔事后加上去用来说明其不完全决定论的想法。实际上，这构成了他看待世界的方式的不可或缺的一部分，也是他在说明这个世界时分配给微粒论哲学的角色。他告诉我们，像钟这类的机器是建立他对自然的机械论说明的模型：

而且就此而言，这种靠人类手艺制作的事物的例子对我没有任何帮助；因为在我看来这些机器和自然事物没有任何差别……[10]

要理解这个钟的类比的重要性，以及它为何导致笛卡尔提倡假说法，我们必须仔细研究他对科学知识的说明。虽然笛卡尔经常谈到从他的第一原理中演绎出物理事实，[11] 但他却从未根据这些非常抽象的原理做过什么事实上能够毫无遗漏地，或独一无二地说明某一细节的演绎。在"第一原理"之外，我们需要很多附加的假设来解释可观察的物体为何如此运作，而这些假设并不都能从第一原理中推导出来。实际上，当笛卡尔确实想从第一原理中推导出光学和力学现象时，他屡屡受挫，并被迫退回到很多不同的假说性设想中去。当我们发现运动中的物质这一范式过于简单，使我们无法解释特定事件时，我们也不应感到惊讶。毕竟，每个物体都有性质以及一种运动状态，但只有某些运动是发光的、有磁力的、稠密的或有磨蚀效果的。很显然，要赋予事物这些性质肯定会牵涉另外一些事物。笛卡尔想要避免任何超自然力（因为只有物质和运动真正存在），他发现，解释如光和磁力这类性质的唯一办法就是假设具有这类性质的物体的运动不同于那些没有这类性质的物体的运动。[12] 尽管笛卡尔声称从其清晰的思想中可以演绎出其全部光学，但他不断地被迫运用那些与我们所拥有的第一原理不同的假设。关于运动的事物的组成，他不得不做附加的假设。这种假设构成了每个科学说明的实质部分。因此，在第一原理之外，我们还需要普遍性弱一些的原理，它们使我们能描述自然的特定机制。宏观物体的不可观察的组成部分展示了什么样的形状、体积和运动？对这类问题的回答不可能从第一原理中**推导**出来。更重要的是，笛卡尔意识到这些具有中等普遍性的原理不能从其关于自然的形而上学结构中推导出来。注意到了这一点的布克达尔正确地写道：“认为笛卡尔一直相信其物理学可从第一原理中演绎出来，这是个学者的神话。”[13]

　　笛卡尔对假说法的倡导最明显地体现在《哲学原理》中他建立起三要素学说的部分，他广泛地运用这一学说来说明化学和物理变化。笛卡尔的若干假设中有一个主张是：物质是微粒的，而且这些微粒有一定的体积、形状和速度。他这样谈及这些假设：

> 我们无法运用理性来决定物质的这些部分有多大、运动得有多快，或运行出何种轨迹……我们必须通过观察来了解。因此，我们可以做任何喜欢的假设，只要其结果与经验相符合……[14]

在这里又是如此，物质与运动太抽象了，无法解释现象。笛卡尔坚持认为，为说明这个世界，我们必须求助于不那么抽象的、关于物质的大小和结构的假说。因此，科学家就像这个类比中熟练的钟表匠一样，他得到了一块手表，却不知道其内部机制。像钟表匠一样，他知道支配着其主题的一般原理，但他并不能确定一般原理在特定情况下如何展示自己。像钟表匠一样，科学家只能对内部的结构和机制进行猜想。

因此，第一原理在物理学中的作用就是通过排除一些实体来划定可接受的假说的范围。例如，第一原理告诉我们不能在关于虚空的假说的基础上发展起一门科学；它警告我们要反对用最终因果关系的目的论语言表述出来的假说；它禁止假定超距作用的假说。以这种眼光来看，微粒论的形而上学并未指示我们应当采纳何种物理学，而仅是给了我们一些调节性的约束。物理学假说必须与这些调节性原理相一致，但很显然它们不是从后者演绎出来的。

但是，尽管笛卡尔承认科学必然是假设性和盖然的，但他并不愿意说所有的假说都一样好或科学家永远都不能确信其原理。他确实主张，只有为了说明一个特定现象而发明的特设性假说，才是不能令人信服的。他坚持认为，当我们提出了一个能成功地

说明非常广泛的现象的假说时，我们可以相当确信（尽管还不能　33
完全肯定）它是真的：

> 尽管存在着几个不同的结果，可以轻易地调整不同的原
> 因［即假说］以使其互相一一对应，但要调整一个假说使之
> 适应几个不同的结果却非易事，除非它就是产生这些结果的
> 真正原因。[15]

笛卡尔一边坚持科学假说的猜测性，一边很小心地不屈从于
怀疑主义的诱惑，去赋予所有假说以同样的地位和不可能性。他
宣称科学家有权利接受那些能说明手边大量典型事例的假说，因
为"一个能演绎出全部现象的假说不太可能会是假的"。[16] 因此，
一个合理的假说能与数据相一致，并与物质和运动的第一原理相
一致。在笛卡尔看来，将第一原理和现象分割开来的逻辑鸿沟只
能由假说来充作桥梁。因为相容性而非可演绎性是第一原理与物
理学假说之间的关系；对于假说而言，第一原理起作用的方式与
事实是相同的。第一原理像数据一样，可以告诉我们某些假说是
错的；但它不能告诉我们哪些假说是对的。我们永远都不能进入
自然之钟的里面去看看其内部机制是否如我们所想象的那样。然
而，钟的类比之所以重要，不仅因为它在很大程度上说明了笛卡
尔为什么要运用假说法，也因为它或它的变种被后来的那些微粒
论者们所广泛引用，而他们也面临着同样的方法论难题。[17] 尤其
是，很多通常被视为不受笛卡尔影响的培根式经验主义者（波义
耳、格兰维尔、鲍尔和洛克）都使用这个类比。这个比喻提供了

一个非常方便的主题，可以用它来说明假说法在笛卡尔和牛顿之间的发展。

波义耳和笛卡尔的盖然论

现在我们转向本章更为广泛的主题，即笛卡尔的假说法对下一代英语著者们的影响。[18] 其影响在波义耳的著作中最为突出，波义耳做了很大努力，想要融合培根和笛卡尔两大传统，形成一个一致的、复杂的科学方法观。由于波义耳的科学哲学融合了二者的主要因素，必须在由这两位著者开创的传统的背景之下来理解它。在 17 世纪中叶，培根主义和笛卡尔主义的含义与今天迥然不同。一方面，作为归纳论哲学家，培根并没有像他作为经验派哲学家那样受到那么多的赞扬（或谴责）。另一方面，笛卡尔并未被视为先验主义者，而是被当作一名提倡在科学中运用假说法的微粒论哲学的鼓吹者。只要人们能通过波义耳发表的著作来做判断，就会知道他从未认真地想过科学原理可以归纳地或先验地被发现。波义耳忽略了培根的归纳主义和笛卡尔的理性主义，他把这二者的方法论看作在通常所持有的科学世界观之内的方法论，只是侧重点上有所差异。

当我们在"经验主义者"波义耳和"理性主义者"笛卡尔之间发现相似之处时，我们不应感到惊讶。毕竟，他们都是微粒论者。波义耳在笛卡尔那里接受了大量的哲学教育；[19] 而且正如我们所见，撰写《哲学原理》的笛卡尔并不像我们现在以《谈谈方法》和《沉思录》为基础判定的那样先验和反对实验。《哲学原理》中的笛卡尔并不像一个谦虚的真理追求者那样提倡系统的怀疑，他承认——尤其在《哲学原理》的后半部分——科学是一项假设性和猜测性的事业，它只能给自己的信徒提供或然性的故事，而非已揭示清楚的真理。对波义耳来说，从培根和笛卡尔两个人那里汲取的观点并非不可调和，正如他所解释的那样，二者的方法论并不矛盾。实际上，笛卡尔的假说法可被看作（波义耳也是这么看的）培根对理解力的假说性放任的另一种表述。[20]

当然，任何试图说明波义耳的方法论的努力都必须从这一事实开始：他是微粒论或机械论哲学的热心信徒。[21] 实际上，正是微粒论决定了他研究自然的方式并使得他倾向于采纳笛卡尔的假说法，同时又使他从培根那里吸收了经验主义。作为微粒论哲学的倡导者以及忠于实验传统的著者，波义耳清醒地意识到将微粒论的原理与化学和生理学这类特定科学分割开来的鸿沟。波义耳察觉到，这是机械论纲领的一个严重弱点：

　　　　但我很遗憾地看到，必须对我说过的话加以补充，尽管我们［微粒论哲学家］在讨论逍遥学派关于自然的观点时极力强调实验的必要性，但当我们自己面对各种经常出现的具体难题，需要去发现自然现象的成因或运用其产物时，我们似乎还没有意识到这一公认的必要性。[22]

35

如果微粒论哲学要对自然哲学有所助力，它就不应该仅提出一些据称是与自然相一致的原理。它必须运用这些及另一些原理来说明在实验室中观察到的现象。说火使水沸腾是因为迅速运动的火微粒击碎了水的团块，并把蒸汽送到表面是不充分的。我们必须注意仔细描述火微粒的形状和速度，注意它们打破液体链的机制，注意沸腾的法则。更一般地说，微粒论哲学不应该是一系列模糊的形而上学原理，其内容是如此飘忽不定，以至于它们可与任何现象相一致。波义耳希望把微粒论学说变成切合实际的、能够做出预言和提供说明的物理学理论；简而言之，把它变成一种接近经验并从中得到教益的理论，其命运不是寄托在哲学家编造复杂的神话和特设性调整的能力上，而是寄托在科学家证实这些原理的能力上。

波义耳从未认真地怀疑过自然界最终是运动着的物质，[23] 但他坚持认为，如果我们想要拥有配得上科学家这个名头的学问，我们就得超越这种隐秘的原则：

> 能展示出可能出现这样的结果是由于原子不同的大小、形状、运动和聚集，这是一回事；能断言原子是以何种精确的、确定的形状，何种大小和运动解释所提出的现象，这是另一回事。[24]

我们必须明确地表述出中间理论，它们不像物质和运动那么笼统，比物质和运动更明确。像《哲学原理》中的笛卡尔一样，波义耳意识到典型的微粒论学说太笼统了，无法用它来详细说明物质的运动。我们必须建立一些低层次的理论，它们与微粒论哲学相一致，但并非严格地由之演绎而来：

> 有非常多的事物……不能直接、方便地从最初和最简单的原理演绎出来；但它们必须从下一级的原理中推导出来，如重力、弹性、磁力等等。[25]

在理想状态下，我们必须努力从第一原理中推导出一切。然而，非常不幸，我们的理想和我们打算接受的现实相去甚远：

36

> **我们可以抱有志向，但不能总是要求或期望直接由第一原理推导出关于事物的知识。**[26]

甚至在我们的说明不能从机械论原理推导出来时，它们也必须与这些原理相一致：

> 机械论的原理是如此普遍，因此可适用于众多事物，它们更适合包含而非排除任何在自然界中找到的其他［次一级的］假说，只要这些假说确实建立在自然之上。而且这些假说……将会被发现，只要其中包含着真理，它们将被合理地（尽管不一定是直接地）从机械论的原理中演绎出来，或者是与后者相当协调……[27]

每个次级假说，只要它是合理的，就可以从微粒论哲学中演绎出来，或者与之相容。笛卡尔在《哲学原理》中对这点也讲得很清楚。只要涉及自然哲学，这些不那么普遍的假说就会比物质和运动的概念更有用：

> 我们在物理学中最有用的观念……并非直接从第一原理推导而来；而是来自中间的理论、观念和法则。[28]

波义耳给自己确定的终身任务就是阐明这些"次级原理"和"中间理论"[29]，来为微粒论的形而上学骨架添上科学的血肉：

> 如果我能通过良好的实验，以及至少具有一定可能性的推理证明，几乎所有特殊的性质都可以机械地引起或产生，那么这不仅对微粒论假说有所助益，也将为自然哲学本身带来重要贡献。[30]

既然已经致力于这项事业，那波义耳应当对发现和证实这些次级原理的方法加以考虑。正是在这个阶段，我们看到了培根主义要素与笛卡尔主义要素的引人注目的融合。波义耳赞成培根的说法，强调物理学的正当基础是实验：不仅是对自然的偶然观察，而是系统并频繁地对物理世界进行人为控制，以便在多种不同情况下对之加以观察。他写道，出色的自然哲学家

37 ［比亚里士多德派］更频繁地、专注地求教于经验；而且，他们不满足于自然本能地提供给他们的现象，当认为有

必要时，他们热切地期望通过有目的地设计的实验来扩大他们的经验……[31]

像培根一样，波义耳认为应该对庞杂的自然史进行编辑，这样就能对通过实验搜集的信息进行概括和整理。[32] 为达到该目的，波义耳自己撰写了流体、固体、颜色、寒冷、空气、呼吸作用、凝结作用、火焰、人类血液、多孔性、液体、锡和火的实验史。可在这样的自然史编成以后，我们该拿它们做什么？我们能由之归纳出培根式的科学原理和法则吗？波义耳对这问题的回答是一个斩钉截铁的"不"。尽管波义耳是培根的自成一派的学生，但就我所知，他从来不使用"归纳"[33] 这个术语，而且他从未认真对待过培根的下述观点，即在对自然的任何一种机械的研究方式中都会产生原理。[34] 波义耳背离培根僵化的实验科学观念如此之远，他甚至主张一个好假说要比一个精心设计的实验有价值得多：

> 而且，尽管可能几乎没有人比我更热爱和更重视实验，但对我来说，与告诉我一个很好的实验相比，如果谁让我发现一个意味深长的观念，我会更加感激他。[35]

波义耳并未遵循培根的归纳路线，而是采取了一种更为笛卡尔化的立场。他告诉我们，所有这些实验的目的，就是将我们置于这样一个位置之上，即能够对我们小心翼翼地搜集起来的资料提出一些假说作为尝试性的说明。

当理论家开始做猜测时，实验史就成了原材料；这些假说要根据它们"为产生结果的原因或［在历史中］提出来的现象提供可理解的说明"[36]的能力来接受检验。波义耳并不相信会从数据中现成地获得理论，或数据将仅决定一个独一无二的理论。[37]数据是重要的，因为若没有数据，我们可能会接受一个被更彻底的实验证伪的理论。从数据中建构理论正是理性的能力，理论并不是从历史中成熟地冒出来的。不管我们的实验进行得多么广泛，科学基本上还是猜测性的。[38]

　　无论是在表述上还是在内容上，这些思想都与笛卡尔在《哲学原理》中的方法论立场相似，而且对那些想极力缩小他对这个时期的英国思想产生的影响的人做出了强烈反对。但可能会有人争辩说，我就这点所说的一切仅意味着波义耳和笛卡尔可能都同情假说法，但并不一定意味着波义耳关于该方法的观点受惠于笛卡尔。这或许是持续地困扰思想史家的那些巧合之一。波义耳在笛卡尔之后二十年与之持有同样观点，仅仅是他受惠于笛卡尔的很不充分的证据。无论是在历史上还是在逻辑上，时间上在后并不能保证存在因果关系。不过幸运的是，这并不是我们所能引用的能证明笛卡尔对英国方法论思想，尤其对波义耳的思想施加了实质性影响这一论断的唯一证据。在波义耳的《自然哲学的用处》（1663 年）一书中有一段话，使情况变得非常有说服力。波义耳在那里运用了笛卡尔的钟的类比，通过对之进行笨拙的解释来为一种公开的假说性和微粒论的方法论辩护（正如笛卡尔所做的那样）。波义耳这样表述这个类比：

　　……很多原子论者和另一些博物学家，假定他们知道他们所试图说明的事物正确的和真正的原因；然而，在其说明中，他们顶多能做到的就是：被说明的现象可能是以一种他们所陈述的方式产生的，但并不是说它们确实如此。因为一个工匠可以让一个钟的所有齿轮都转起来，不管是用发条还是用小锤……所以，同样的结果可以由互不相同的原因产生；而且对我们微弱的理性来说，如果要确切地识别在有可能产生同样现象的几种方式中，哪种方式是她［自然］真正用来展示这些现象的，这往往是非常困难的。[39]

笛卡尔并不是把自然比作钟这种机械装置的第一人，相反，在整个 16 世纪和 17 世纪早期的机械论自然哲学家中，这是个很常见的比喻。波义耳这类英国著者也运用钟的类比，这个事实并不能作为其笛卡尔倾向的标志。不过，就我所知，笛卡尔是第一个运用这个类比来证明知识和科学的假说性观点的人。波义耳和其他人以和笛卡尔完全相同的方式来运用这个类比，支持一种假说演绎的方法论——这可能是其笛卡尔倾向的一种标志。从笛卡尔那里借来的这个钟的类比，特别吸引波义耳，他余生一直都相信科学所能得到的仅仅是或然的，而非不可错的知识。这段文字中的语言都是波义耳的，但很显然思想是笛卡尔的。两个人都主张我们的理论只是描述了自然可能产生我们观察到的效果的机制，但并不必然是自然实际上所运用的机制。在另外一段对笛卡尔的回忆中，波义耳这样表述了这点：

人们很容易犯此类错误，认为一个结果如果可以由这些　39

确定的原因产生，那它必然是这样产生的，或者实际上是这样产生的。[40]

他也分享了笛卡尔的信念，认为物质和运动是物理科学终极和正确的原理；而且，他也如笛卡尔一样，主张我们用以说明特定事件的次级原理必然是猜测性的。尽管波义耳宣称自己是一个忠实的原子论者，但他很怀疑"原子论假说"不仅仅是一个或然性理论的可能性；而且，他对于能否发现自然的真正机制同样悲观。[41] 像笛卡尔一样，波义耳很小心地避免把确证和证据混淆起来。如果一个假说已经说明了所有现象，那么它已经证明了自己的有用性，但它是否为真则仍是一个未决的问题，并且将永远如此。我们可能会偶然地发现一个正确的假说，但我们永远没有办法证明其正确性。他把科学比作一个破译密码的过程，在其中：

> 人们猜测性地做出几个答案［即假说］，使我们能理解一封用密码写成的信［即自然］。尽管一个人可能会靠其智力找到正确答案，但要证明［这个答案的正确性］对他来说将十分困难。[42]

除了建立在语言和主题的相似性上的这类证据以外，还有其他因素表明波义耳从笛卡尔那里获得了他的假说法。正如笛卡尔通过将其假说法归因于亚里士多德的《气象学》[43]来证明这种方法一样，波义耳也向亚里士多德求助，以证明假说已经被"智者之师"预见到了：

不管他有时看上去多么自信，亚里士多德自己确实在其第一本书《气象学》中直率地承认，对于很多自然现象，他认为只要能够按照他的解释加以描述，就已足够。[44]

波义耳的方法如下：科学家进行广泛实验，以确定"自然的不同结果"。然后，他提出一个假说来说明所观察到的现象。第一个假说可能是对"现象的直接原因"的相当低水平的概括。然后，"在原因的等级上一直上升"，他最终到达了最抽象的假说，这些假说关心"事物更普遍和更基本的原因"。[45] 在每个等级上，科学家都进行检验来看看假说是否与微粒论学说相一致。如果一致，他就在其表格中的所有条目和其他已知的自然定律中对这个假说进行检验。如果这个假说是假的，他就拒斥它；反之，他就保留它。很明显，这同笛卡尔的中间假说必须与第一原理和现象相一致这个观点是很相似的。当然，无法证明一个假说为真，即使它与我们所有证据都相符；但当它证明自己能说明越来越多的现象时，我们可以怀着越来越充分的信心来维护它：40

因为，假说的运用能对结果的原因或所提出的现象提供一个可理解的说明，而不违反自然法则或其他现象；粒子的数量和种类越多（其中一些可由所提出的假说加以说明，一些与这个假说相一致或至少不会与之相抵触），这个假说就越有价值，就越有可能是真的。因为很难找到一个错误的假说，能与很多现象，尤其是不同种类的现象相符。[46]

在这里，与笛卡尔的比较又是很合适的。笛卡尔曾主张，那些"说明几种不同的结果"而非仅说明一种结果的原理是最可能的；而且，他还认为一个得到良好证实的假说若能说明很多不同的例子，则有可能是真的。[47] 波义耳的观点实质上与此相同。

而且，还有另一个波义耳和笛卡尔都接受的基本的方法论预设。或可称该原理为**自然的多层次的一致性**。这个原理主要规定，适用于可见物体的自然定律也适用于那些因太大或太小而不能被测量或观察的物体。[48] 正是通过引入这条原理，17 世纪的科学家们才能假定关于可见物体的力学定律可适用于微小粒子间的相互作用。也正是根据这一原理，这些科学家拒绝了将无法用于描述可见实体的性质赋予微观实体的学术策略。笛卡尔这样表述这一原理：

在微小物体中发生的事情，仅因其微小这一特性就使我们无法感知。通过发生在那些我们确实能感知的事物中的事情来加以判断，要比为解释某些特定事物而创造出与我们感知到的事物毫无干系的各种新奇玩意好得多。[49]

波义耳用另一种说法这样表述这个原理：

不仅在很大的事物中，而且在中等的团块中，以及在事物最小的碎片中，都发现了物质的机械影响，运动定律也会发生……因此，可以说，在那些体积显而易见、结构亦可见的自然物体中，其机械原理得到了承认，但这些原理不应被扩展到那些其组成部分和质地都不可见的物体那里；人们能在市政大钟里看到的力学原理，并不会发生在一块怀表里。[50]

到目前为止，通过对论述进行摘录，我将在下面列举一些最　41
重要的能说明笛卡尔和波义耳在方法论上的相似之处的段落：

笛卡尔

1. 为避免人们以为亚里士多德确实已经，或想要更进一步，我们应当回想起他在第一部著作《气象学》的第七章开头明确地说，考虑到那些对感官来说不太明显的事物，如果他表明它们正如他所解释的那样，那么他认为自己已经提供了足够的解释和说明。

2. 因为一个勤劳的钟表匠可以造两只表，走时一样准确，外表也没有任何差别，然而其齿轮的组合却没有任何相似性，所以上帝可以以无穷多种不同的方式工作［他能以任意一种方式使每件事物都各得其所，并使人类不可能了解他所决定运用的方式］。而且我相信，如果我列举的原因所产生的效

波义耳

1. 不管他有时看上去多么自信，亚里士多德自己确实在其第一本书《气象学》中直率地承认，对于很多自然现象，他认为只要能够按照他的解释加以描述，就已足够。

2. 因为一个工匠可以让一个钟的所有齿轮都转起来，不管是用发条还是用小锤……所以，同样的结果可以由互不相同的原因产生；而且对我们微弱的理性来说，如果要确切地识别在有可能产生同样现象的几种方式中，哪种方式是她［自然］真正用来展示这些现象的，这往往是非常困难的。

果与我们在世上所见到的效果相似，那就足矣，我们不需要知道是否还有产生这些效果的其他方式。

3.尽管存在着几个不同的结果，可以轻易地调整不同的原因［即假说］以使其互相一一对应，但要调整一个假说使之适应几个不同的结果却非易事，除非它就是产生这些结果的真正原因。

3.因为很难找到一个错误的假说，能与很多现象，尤其是不同种类的现象相符。

4.可以从错误或不确定的前提中演绎出正确和肯定的结论。

4.人们很容易犯此类错误，认为一个结果如果可以由这些确定的原因产生，那它必然是这样产生的，或者实际上是这样产生的。

5.在微小物体中发生的事情，仅因其微小这一特性就使我们无法感知。通过发生在那些我们确实能感知的事物中的事情来加以判断，要比为解释某些特定事物而创造出与我们感知到的事物毫无干系的各种新奇玩意好得多。

5.因此，可以说，在那些体积显而易见、结构亦可见的自然物体中，其机械原理得到了承认，但这些原理不应被扩展到那些组成部分和质地都不可见的物体那里；人们能在市政大钟里看到的力学原理，并不会发生在一块怀表里。

波义耳假说法的实质就是反证法。[51] 与培根和胡克一样，波　42
义耳主张反驳假说的重要性，而非证实假说的重要性。像他们一
样，波义耳将科学研究与数学上的反证法进行比较。他写道：科
学家们应当试着

> 勤奋和坚持不懈地做实验和搜集观察资料，不应该过早
> 地建立原理和公理，在能注意到有待说明的现象的十分之一之
> 前，很难建立能说明全部自然现象的理论。并不是说我完全不
> 接受在实验基础之上的推理……
>
> 因为若完全暂停推理的运用，那将极为不便，甚至几乎不
> 可能。而且，就像算术中的"假设法求解"那样，我们通常会
> 先假定一个数值，并以此为基础进行运算，最终得出真正的解
> 答。同样，在自然哲学中，为了解释某个特定的难题，有时允
> 许理性构建一个假说是有益的。通过检验这一假说在多大程度
> 上能够解释或无法解释理象，理性甚至可以通过自身的错误获
> 得教益。因为确实有一位伟大的哲学家［培根］观察到，真理
> 更容易从错误而非混乱中出现。[52]

如他所认为的那样，科学是理性和感觉之间的辩证法；智力
提出理论，然后马上受到感觉的详细审查，波义耳并不像培根那
样轻视智力活动，也不像他那样不信任"哲学体系"，尽管他马
上指出：

> 这样一种上层建筑应当仅被看作尝试性的，它……不应

被默认为绝对完美或不能加以改进。[53]

但只要它们是由实验提出且从来没有被最后定论，理论体系和假说就在科学中占有中心地位。波义耳率先承认机械论的很多假说初看之下是不合适和怪异的。但他坚持认为更深层的分析将揭示其固有的价值：

43　　　　有些假说可以与药剂师的商店相比——眼睛看到的第一批事物是大毒蛇和鳄鱼，以及其他一些怪异和有害的东西，而里面则是有益健康的药品的仓库和贮藏室。[54]

波义耳对假说法的态度最明显地流露在他和霍布斯的争论中，他反对霍布斯对皇家学会的严厉批评。霍布斯也和波义耳一样，相信假说对于自然哲学不可或缺，而对于皇家学会里那些深深沉迷于新的实验哲学的人，即那些不承认猜想和推测的任何作用的人，他一点都不同情。（在一种不那么忠于很多皇家学会会员都持有的尖锐的经验主义倾向的态度下）波义耳通过主张这个新组织并不反对所有假说的运用，而仅仅是反对那些没有很好地建立在现象之上的假说来反驳霍布斯。霍布斯提出了好假说的两个必要条件：它是令人信服的；如果它得到承认的话，"现象的必然性将会由此推导出来"。[55]对此，波义耳增加了第三个同等重要的条件："它［即假说］不会与任何其他真理或自然现象不一致。"[56]在别处，他用另一种方式表述了这一条件：如果我们能证明"这个假说很适合解决现象（这就是发明它的目的），而又不违背任何已知的观察或自然法则"[57]，那么就可以接受这个假说了。理查德·韦斯特福尔[58]和玛丽·博厄斯·霍尔[59]已经指出，在波义耳未发表的手稿中，还有更明确的关于可接受的假说的特点的讨论。波义耳写道，"好假说"的必要条件是：它没有假设任何不可能的荒谬之事；它是自洽的；它足以说明现象，"至少是其中的主要现象"；它与其他已知现象和"显而易见的物理学真理"相符合。"极好的假说"，除满足上述四个条件以外，还是唯一一个能解释该现象的假说，或至少要比其他假说解释得更好，而且使我们能"预测未来的现象"。[60]

　　我在这里所做的论述不应被认为是在主张波义耳的方法论思想与笛卡尔的完全相同。笛卡尔和波义耳有着不容掩盖的重要差异。波义耳坚持应该进行广泛的实验，笛卡尔却没有这种思想，而且波义耳也不能忍受笛卡尔把最终原因从宇宙学中排除出去。另外，波义耳经常严厉批评笛卡尔，不是因为他建构了假说体系，而是因为他在建构这些体系时不够谨慎。同时，波义耳也很正确地注意到，笛卡尔对经验的重视仅停留在论述中，而且其微粒论哲学主要是头脑编造出来的。但正如二者间的差异不容小觑，二者间的相似之处亦不容忽视，尤其是当涉及假说时他们如此明确的态度。[61]在波义耳的方法论著作中，笛卡尔的影响和培根的影响是同样显著的。

44

　　波义耳不仅和绝大多数英国人一样意识到笛卡尔的体系是由假说构成的，他还欣赏笛卡尔使用假说的理由，而其同胞中很少有人如此。简言之，他理解笛卡尔的主张，即假说对于科学是必不可少的，它们是意识到了自然的不可预测性的富有创意的头脑的武器。尽管波义耳常常不同意笛卡尔提出的特定假说，但他却从未犯过那种牛顿式错误，即仅因为笛卡尔的某一特定假说根据不充分就认为笛卡尔的假说法是应当被拒斥的。

关于假说法，波义耳和笛卡尔意见一致，对此我们不应感到惊讶。一旦人们接受了物质的微粒理论，以及微粒在原则上是不可观察的这一点，那么赞成某种假说法就是完全自然的。简言之，机械论形而上学和认识论因其自身的内在逻辑，导致了对特定方法论的拥护。[62] 波义耳接受了笛卡尔的方法理论，不是因为他是位笛卡尔主义者，而是因为他是位微粒论者！

在某种意义上，波义耳汲取了来自两个世界的精华。钟的类比给他留下了深刻印象，他聪明地借用了笛卡尔的假说法，但干净利落地丢掉了"明白、清晰的思想"这一教条，它阻碍了笛卡尔方法观的发展。波义耳从培根那里继承了一种有力的经验主义，但很小心地没有引入那种归纳的、僵硬的"经验主义"哲学，这种哲学限制了培根对假说法的接受，使得他对它的拥护不可避免是三心二意的。[63]

格兰维尔和笛卡尔的盖然论

第二位对笛卡尔的钟的类比印象非常深刻的英国著者是约瑟夫·格兰维尔（1638—1680 年），在其《独断无益》（1661 年）和《科学的怀疑》（1665 年）中，他讨论了关于科学方法的一些在认识论上很沉闷，但也颇具启发性的事情。[64] 这两本书是对古典和中世纪哲学的宣战，但格兰维尔对至少两位前人——培根和笛卡尔还是有所称赞。像波义耳一样，他对待这两个人就好像他们是一枚硬币的两面一样。他常常提到"那两位伟人，培根勋爵和笛卡尔"[65]，而当我们描述其方法论时，他从这两人身上学到的东西也就不言自明了。

45

格兰维尔认为，自然是微妙的，其机制甚至对最机敏的观察者来说也是不明显的。只有自负的人才会相信其科学假说体系为物理世界提供了一幅可信的图像。当自然哲学希望指示物理世界应当如何运转时，它严重地误入歧途。仅因为我们认为这种事情是不可能的，就否定真空或地球的旋转，就是在犯把自然和造物主限制在人类暗淡的理性所约束的范围之内这一错误；对于虔诚的格兰维尔来说，这不仅是荒唐的，也是渎神的。在这方面，格兰维尔援引了笛卡尔的类比：

> 自然是通过最微妙和隐秘的手段运转的，可能没有什么显而易见之物与之相似。因此，通过可见的现象进行判断，我们被假想的不可能性弄得很沮丧，它们对于自然来说是不存在的，而是在她的行动之矛［原文如此］之中。因此，展示出来的仅是外表和可感觉的结构；这不太可能帮助我们找出自然的内在机制。因此，对于从未见过手表内部的齿轮和运动的人来说，仅靠表盘上钟点的圆周和指针来造一块表是不可能的：这就像通过感觉到的外部表象来充分探索自然的运转方式一样困难。[66]

感觉并不能为我们提供对自然机制的洞察，我们可以抱有的最大期望就是了解或然的和猜测性的知识。因此，"真正哲学家的研究方式"就是

> 在自然这部大书中寻找真理，在寻找过程中小心谨慎地避免鲁莽地建立公理和绝对的学说……［他们］将其观点作为假说提出，而不是专横地断言它们必定为真。[67]

毫无疑问，格兰维尔从笛卡尔那里借用了他的假说主义。在《科学的怀疑》接近末尾处，他写道：

> 而且，尽管自然的首席大臣、不可思议的笛卡尔已远远超越了他之前所有的哲学家……他却认为其原理仍只是假说，从来不会伪称事情真正或必然如他设想的那般；他仅断言它们可以被中肯地承认以解决现象问题，是为了生活的实用所做的方便的假定。人类所能期待的最多是了解事物可能是如何与可感知的自然保持了和谐一致，但要绝对确定这是如何发生的，则只有那个在混沌中看到事物，并从那混乱的一切中塑造事物的人才能做到。如果说自然的原理应当如我们的哲学所规定的那样，这就是想对全能加以约束，就是想把无限的力量和智慧限制在我们浅薄的模式之中。[68]

46

仅这一声明就足以反驳下述断言，即笛卡尔的方法论对这一代的英国著者没有影响。很显然，笛卡尔的盖然论和支持它的钟

的类比，对一群重要的英国人具有明显的吸引力，这些人出于宗教或其他原因，认为有必要对科学家寻找真理的途径加以限制。[69]然而，格兰维尔将其盖然论推进得比笛卡尔还要远，他否认任何科学原理会超出假说。

> 除了神圣的和数学的以外，最好的原理都只是假说；在这些原理中，我们可以在不犯错的情况下得出很多结论。但从假说出发，最大的确定性仍是假说性的。所以，我们可以断言，根据我们所拥护的原理，事物是如此这般的；但当我们声称它们在自然中必然如此，而不可能是别种模样时，我们就走得太远了。[70]

格兰维尔是假说法的一位强硬倡导者，比笛卡尔和波义耳都坚决得多。不过，他虽坚持认为所有科学原理都仅仅是假说，却相信某些假说要优于另一些。他接受了波义耳的观点，主张有根据的假说必须建立在自然的实验史的基础之上。[71]他致信皇家学会说：

> ……从您充满希望和慷慨大方的努力中，我们有望对自然史进行相当程度的扩展，否则，我们的假说只能是梦想和虚构，我们的科学只能是猜想和意见。[72]

格兰维尔也具有 17 世纪著者常见的对古代的轻视，他认为在近代以前，哲学家的经验主义不够充分，所以没有提出过什么合理的理论。[73] 他尤其轻视亚里士多德向自然科学的偏离："亚里士多德的假说给了我们一个非常干瘪贫乏的对自然现象的说明。"[74] 总体说来，格兰维尔对任何能解释现象的假说都很满意，至少他只批评那些与经验不一致的假说。但如果两个假说都与自然符合，他认为我们应当相信其中比较简单的那一个：

> 哪个假说更容易和更合适地解释了现象，那就是我所赞成的更好的假说。[75]

47　　格兰维尔不仅对为不可观察的机制找到正确的假说持悲观态度，他甚至怀疑我们能否就可观察的物体间的因果关系进行自信的讨论。在一篇使得一些学者将其视为"17 世纪的休谟"的文章中，他主张：

> 我们无法得出结论说，任何事物是另一事物的原因；但一事物总是伴随另一事物：因果性自身是不可感知的。从伴随关系到因果性，这并非绝对可靠。[76]

他继续强调说，我们无法确保甚至最明显的因果关系的真实性，"科学程序的基础太薄弱了，无法让我们在其之上建立一种不容怀疑的科学"。[77]

亨利·鲍尔

我打算讨论的最后一个人是亨利·鲍尔（1623—1688 年），他的重要性建立在他在《三本书中的实验哲学》中报告的显微镜观察之上。这本书包含了一些新的显微镜、水银和磁力实验，得出了若干演绎和或然的假说，以证明和阐述当时已经很有名的原子论假说。像波义耳和格兰维尔一样，鲍尔同样向"永远应受尊敬的笛卡尔"[78]和"博学的培根"[79]表示了敬意。他像波义耳和格兰维尔那样，把培根和笛卡尔结合在一起，非常愿意在科学中使用假说，只要它们能"解释所有现象"[80]，并能通过多个，而非仅仅一个实验"得到证实并加以完善"[81]。但如果没有实验，他相信"我们最好的哲学家也将被证明不过是空想家，他们最深刻的思考不过是用来掩饰错误的推理"。[82]尽管并不完全反对假说，但对于获得关于物理世界的不容置疑的知识的可能性，鲍尔要比笛卡尔、波义耳和格兰维尔都乐观得多。如我们所见，在鲍尔的时代之前，假说法还总是与微粒论哲学如影随形；因为人们似乎只能对物质的最小部分的性质进行推测。但鲍尔给微粒论带来了一个新转机。显微镜能观察生物体的内部结构，鲍尔对此印象深刻，他主张，借助显微镜，我们将最终能看见微粒并且"确定其精确机制"。[83]他认为一种"正确而持久的哲学"将会在对自然的详尽的微观研究和"对力学的确实可靠的例证"的基础上兴 48

起。[84]鲍尔相信显微镜将给我们提供进入笛卡尔的宇宙之钟的钥匙，并打破其盖然论，因为这种工具将使我们能观察事物内部的机制。鲍尔进一步用笛卡尔的钟的类比来反对他，认为尽管"系统的建造者"永远只能看见外部的表象，但可靠的实验家借助光学仪器终将获得真理：

> 老的独断论者和概念上的思辨者只盯着事物的可见效果和最后结果，对自然的理解就像一个粗鲁的乡下人对一只表的内部结构所了解的那么多，只看到指针和刻度，偶然听到钟声和报时；但要想对这些现象做出令人满意的说明，就必须得是一个工匠，而且必须对这种机器的齿轮运作方式和内部的精巧装置非常了解。[85]

在鲍尔之后，胡克[86]、牛顿[87]和考利[88]这类著者推进了这个主题，非常自信地认为改进的仪器带来了能够发现自然的真正机制，并且最终确立（或反驳）微粒论哲学的希望。[89]正当人们对显微镜无限增强的威力的信念不断增长之时，假说法衰落了，尤其是在英格兰。[90]毕竟，钟的类比只有在对察觉自然机制的可能性有很大疑问时才有说服力。这样的疑问减弱了，那笛卡尔的影响和假说法也就衰落了。笛卡尔因此就成了他自己的钟的类比的牺牲品，他曾经那么热心地认同过它，向很多后来的著者们提议说，自然的内部机制如同钟的机制一样，可以通过仔细观察和使用仪器最终获得直接的清楚的解释。如果笛卡尔、波义耳和格兰维尔的盖然论没有这么快，又这么毫无必要地"死"于那些认为自然之中不存在人类的工具发现不了、人们不能确知的秘密的人的手中，那么，在牛顿之后广泛传播开来的对一种没有假说的科学的需求，永远都不会获得这么热心的追随者。[91] 假说法在 1700 年后进入了衰退期，直到将近一百年后才复兴。[92]

注释

1 有关笛卡尔对英国的影响的更重要的说明，见 M. 尼科尔森，《英国早期的笛卡尔主义》，《哲学研究》，第 26 卷，1929 年，第 356—374 页；J. 萨维森，《笛卡尔对剑桥柏拉图主义者约翰·史密斯的影响》，载于《思想史杂志》，第 20 卷，1959 年，第 255—263 页；S. 兰普雷克特，《笛卡尔在 17 世纪英国的作用》，《思想史研究》，科罗拉多州博尔德，1935 年； E. 伯特，《现代科学的形而上学基础》，纽约，1932 年，全书多处；玛丽·博厄斯·霍尔，《机械论哲学的确立》，《奥塞里斯》，第 10 卷，1952 年，第 412—541 页。

2 例如，琼斯认为"实验哲学仍是不同于机械的（和假说的）事物，作为其主要支持者，培根的重要性远远超过笛卡尔，他帮助后者提高其影响力……毋庸赘言，17 世纪第三个二十五年的英国科学运动主要受到了伟大的大臣［培根］的鼓舞……"（《古代人与近代人》，圣路易斯，1961 年，第 169 页）他在别处指出，"认为笛卡尔主义激励了英国的科学运动是一个错误"（同上，第 185 页）。琼斯甚至认为这个时期英国的科学家应被称作"培根的一代"（同上，第 237 页及以后各页）。

F. W. 韦斯塔韦，另一位否认笛卡尔对英国方法论有影响的著者，宣称"笛卡尔主义在英国影响甚微"（《科学方法的哲学与实践》，伦敦，1919年，第127页）。尤其是对波义耳，史学家们已经飞快地给其贴上了培根主义的标签。因此，巴特菲尔德在对波义耳思想的长篇讨论中，坚持认为波义耳是培根的一名虔诚追随者，完全没有提及波义耳可能受到笛卡尔的影响（参见 H. 巴特菲尔德，《近代科学的起源》，伦敦，1957年，第130—138页）。玛丽·博厄斯·霍尔则主张波义耳的微粒论（及支持它的方法论）并非源自笛卡尔，而是"沿着培根所提出的路线独立发展而来"（《奥塞里斯》，第10卷，1952年，第461页）。不过，近来，霍尔已经承认"尽管波义耳主要受到了培根的启发，但他同样受到了笛卡尔的影响"（《罗伯特·波义耳论自然哲学》，印第安纳州布卢明顿，1965年，第63页）。

3 F. R. 约翰逊等学者的著作（《文艺复兴时期的英国天文学思想》，巴尔的摩，1937年）使得英国科学的实验精神完全归功于培根这一说法变得相当可疑。培根的很多前人和同时代人，如哈维和吉尔伯特，在培根的《新工具论》出现之前已经成为实验主义者。

4 史学家们正在逐渐认识到笛卡尔的假说法观点的重要性，以及它在其科学哲学中的基础作用。在这个问题上格外有用的是 G. 布克达尔在《笛卡尔对科学发现的逻辑的预示》中的讨论［出自《科学的变化》（A. C. 克龙比编），伦敦，1962年，第399—417页］，以及《笛卡尔哲学与现代科学哲学的相关性》，《英国科学史杂志》，第1卷，1963年，第227—249页。另参见 R. 布雷克《经验在笛卡尔方法论中的作用》，出自《科学方法的理论》（E. 梅登编），西雅图，1960年，第75—103页。

5 尽管在1649年，伦敦出现了《谈谈方法》的一个英译本，但其传播看起来却相当有限。很显然笛卡尔的《论灵魂的激情》在英国流传甚广，但既然它并无方法论上的兴趣，我们的讨论应该忽略它。

6　正如他在《谈谈方法》中所述："但我也必须承认，自然的威力如此巨大，这些原理如此简单和抽象，以至于我几乎看不出任何特定的结果可从基本原理中以多种不同方式推导出来，最大的困难往往在于确定这些结果到底是通过哪种方式产生的。"（R.笛卡尔，《哲学著作集》，霍尔丹及罗斯译，纽约，1931 年，第 1 卷，第 121 页）

7　R.笛卡尔，《笛卡尔文集》（亚当及汤纳利编），巴黎，1897—1957 年，第 2 卷，第 199 页。 50

8　"我坦率地承认，关于有形的事物，我只知道：它们可以以各种方式被切分、塑形和移动……"（同上，第 9 卷，第 102 页）

9　同上，第 9 卷，第 322 页。方括号中的段落仅出现在法文版《哲学原理》中，拉丁文版中未见。

10　同上，第 8 卷，第 326 页。

11　回想一下笛卡尔的经典语录："至于物理学，如果我只能断言事物可能如何，而不能说明它们不可能另有一番光景，那么我应当相信自己是一无所知的。"（同上，第 3 卷，第 39 页）

12　例如，在《屈光学》中，笛卡尔试图解释不同颜色的光线。他认为光线由连续不断的球形微粒以无限速度传播的脉冲组成。这些球体围绕其各自的中心做旋转运动。光线的颜色不同是因为这些微粒绕轴旋转时的速度不同。高速旋转会呈现出红光，中速旋转为黄光，低速旋转则为蓝光。笛卡尔成功地以这种模式解释了颜色这一现象，除了运动着的物质之外无须诉诸其他实体。但同时，他不得不超出其第一原理所给出的知识，既无经验证据，亦无先验理由地假设物质的不同原子以不同速度旋转，而这种旋转就是颜色的成因。因此，他通过第一原理中"物质""运动"与不同速度的旋转这一假定的结合演绎出颜色的现象。

13　G.布克达尔《科学的变化》（A. C.克龙比编），伦敦，1962 年，第 411 页。

14 R. 笛卡尔，《笛卡尔文集》，1897—1957 年，第 9 卷，第 325 页。

15 同上，第 2 卷，第 199 页。

16 同上，第 9 卷，第 123 页。

17 D. J. 德·索拉·普利斯（《机械装置和机械论哲学的起源与自动装置》，《技术与文化》，第 5 卷，1964 年，第 9—23 页）已经详细解释了钟和其他自动装置作为类比对机械论和微粒论科学家所起的根本作用。不过，对于本章打算讨论的钟的类比在方法论上的多种后果，普利斯没有讨论。

18 我必须尽可能明确地指出，本章并未试图明确断定笛卡尔思想何时被引入英国科学和哲学界中。要达到此目的，我们应当仔细研究霍布斯、迪格比、查尔顿、卡德沃斯和莫尔，而非限于我所讨论的波义耳等著者。我的目标相当不同，我想揭示在波义耳的方法论著作中十分显著的笛卡尔主义倾向。至于它们是直接来自笛卡尔还是来自其他间接来源，则是另外一个问题，对此我只是偶有涉及。（参见 L. 吉西，《拉尔夫·卡德沃斯哲学中的柏拉图主义和笛卡尔主义》，伯尔尼，1962 年）

19 波义耳未发表的手稿表明他确实读过笛卡尔的著作，并且不止一次。从其最早的作品一直到最后的自然哲学论文，他反复地引用笛卡尔和笛卡尔主义者的著作。有一个特别有趣的段落，在其中他一改惯常的谦虚，很坦诚地评价了几位重要的 17 世纪科学人物。他对笛卡尔的仰慕是毫不掩饰的："不开玩笑地说，霍布斯思想独特、学识渊博，但想法多变、不坚持己见。因为他时而信奉伊壁鸠鲁学派，时而信奉逍遥学派。波义耳［很显然是在说他自己］在观察方面极为严谨——没有哪个欧洲人能像他一样，为哲学加入如此之多的实验；他以严格的逻辑来推理实验，尽管它们并不总是不容置疑的——因为这些条件并不总是确定的……伽桑狄只想被视为德谟克利特和伊壁鸠鲁哲学的复兴者，自身贡献甚少，唯一的长处就是文笔优美。要反驳其物理学，我们只需引用亚里士多德反对德谟克利特及其学生的论据。笛卡尔是近代最特别的天才之一，他思维

51

丰富、思想深邃。他的理论体系逻辑清晰，其结构按照他的原则精心编排，尽管混合了古典与现代思想，但仍然井然有序。实际上，他过于教导人们怀疑——对天生的怀疑者来说，这不是一个好榜样；但总的来说，他比其他人更具原创性……最后，伽利略是最讨人喜爱的现代人，培根最敏锐，伽桑狄最博学，霍布斯最爱思考，波义耳最好奇，笛卡尔最有创造才能，范·海尔蒙特最自然主义——但过于执着于帕拉塞尔苏斯。"
（《皇家学会，波义耳论文》，第44卷）

20 波义耳不是最先指出培根与笛卡尔之间有相似之处的人。笛卡尔的《论灵魂的激情》（伦敦，1650年）的匿名译者，在该书所附的一份"广告"中坚持认为，尽管"绝大多数人没有想到实验是何其必要的"，但笛卡尔和培根"已经有了关于如何使物理学尽善尽美的最佳想法"。可以在M.曼德尔鲍姆的《哲学、科学和感觉感知》（巴尔的摩，1964年，尤其是第88—112页）一书的第2章中找到对波义耳科学方法的出色介绍。

人们还应该提到R.韦斯特福尔很有帮助的《波义耳有关科学方法的未发表论文》，《科学年鉴》，第12卷，1956年，第63—73页和第103—117页；玛丽·博厄斯·霍尔，《罗伯特·波义耳的科学方法》，《科技史与应用杂志》，第9卷，1956年，第105—125页；A.R.和玛丽·博厄斯·霍尔，《哲学与自然哲学：波义耳和斯宾诺莎》，《亚历山大·科瓦雷杂纂》（I.B.柯恩及R.塔东编），巴黎，1964年，第2卷，第241—256页。更古老但仍有裨益的文献有：S.门德尔松，《作为哲学家的罗伯特·波义耳》，乌兹堡，1902年；以及G.普里格，《可敬的罗伯特·波义耳：科学哲学中的一章》，《国际科学史档案》，第11卷，1929年，第1—12页。

21 波义耳几乎称其学说为**"微粒论哲学"**，这一事实表明了他与笛卡尔之间的渊源。在波义耳之前，有三个截然不同的理论体系：亚里士多德派、笛卡尔派，以及原子派或伊壁鸠鲁派或伽桑狄派。波义耳正确地指出，这种区分忽略了笛卡尔范式与原子论范式之间相当大的共识。波义耳并未自称为原子论者，因为这将使他与伽桑狄同路而反对笛卡尔，波义耳界定了一个更宽泛的立场（"微粒论哲学"），这使得他可以自认为属于笛卡尔派，同时在很多特定问题的解释上同意原子论者的观点。他这样表述道："……我认为原子论派和笛卡尔派的假说，虽在一些重要的问题上有所不同，但在对逍遥派及其他一些庸俗学说的反对上，二者可被视为同一种哲学……二者都用以不同方式出现和运动的微小物体来解释相同的现象……其假说可被某个进行协调处理的人视为同一种哲学。"[《罗伯特·波义耳著作集》（伯茨编），伦敦，1772 年，第 1 卷，第 355—356 页]

波义耳毫无保留地认为笛卡尔是**最优秀的**机械论和微粒论哲学家："笛卡尔这位严谨的哲学家比任何一位当代哲学家都更努力以卓越的才智抬高机械论的力量，并将之运用于机械地解释事物。"（《皇家学会，波义耳论文》，第 2 卷，第 137 叶；另参见《罗伯特·波义耳著作集》，第 3 卷，第 558 页）

52

22 《皇家学会，波义耳论文》，第 9 卷，第 1 叶。

23 如 T. S. 库恩所述："无论是波义耳的折衷主义，还是其怀疑主义，都没有使他怀疑某些微粒性机制，而这正是他所研究的每种无机现象的基础。"（《罗伯特·波义耳与 17 世纪的结构化学》，《爱西斯》，第 43 卷，1952 年，第 19 页）

24 罗伯特·波义耳，《罗伯特·波义耳著作集》，1772 年，第 2 卷，第 45 页。

25 《皇家学会，波义耳论文》，第 9 卷，第 40 叶。在别处他这样阐述这点："对那些不能直接从原子或其他不可感知的物质粒子的形状、大小和运动演绎出的所有解释加以拒斥或蔑视的做法是一种倒退……那些假装通过原子的机械吸引力进行推导来解释所有现象的人会发现他们接手的任务要比其想象得还要困难。"（同上，第 8 卷，第 166 叶）

26 同上，第 8 卷，第 184 叶。黑体为原文所加。参见下文注 63。

27 R. 波义耳，《罗伯特·波义耳著作集》，1772 年，第 4 卷，第 72 页。

28 《皇家学会，波义耳论文》，第 9 卷，第 40 叶。

29 波义耳甚至暗示从属的假说可能是可以牢固确立的唯一假说："尽管人们不会到达这样的知识水平，即发现并郑重地确立完全的和**普遍的**假说；但在哲学和人类的生活中，次一级的**原理和假说**……仍有巨大的用处。"（同上，第 9 卷，第 61 叶）

30 《皇家学会，波义耳论文》，第 9 卷，第 28 叶。

31 R. 波义耳，《罗伯特·波义耳著作集》，1772 年，第 5 卷，第 513—515 页。

32 波义耳和培根一样，在将自然史置于优先地位时颇受困扰："很显然，我们想要在实验史之上建立起一个稳固且有用的理论……虽然我们如此渴望，但可能除了数学家们所做的声学研究，以及培根曾在其简短的《论热的形式》中以几页的篇幅谈到过的有关热的一些观察（而非实验）以外，我没有见过任何作者写出过一部合格的历史。"（同上，第 3 卷，第 12 页）

33 伯茨，《罗伯特·波义耳著作集》的编者，并没有记录任何"归纳法"的使用。波义耳未发表的手稿在皇家学会图书馆未经编目。

34 我这么说并非意味着培根的方法论没有给假说法留下任何余地，或者这是笛卡尔的发明。相反，我相信培根对"理解力或初步的解释"的宽容是一种对假说法的明确表述。不过，我认为，培根是一位反假说主义者这种说法也不无道理：培根对理解力的假说法的宽容在其设想下只是一种严格的临时性措施，一直使用到自然史变得足够完整，使得培根在《新工具》中提出的防止错误产生的机械归纳法成形为止。培根对（笛卡尔和波义耳共同支持的）科学永远只能是猜测性的和不确定的这种观点十分不屑。此外，培根对其"初步之解释"的细节只字不提，所以我认为波义耳是在笛卡尔而非培根那里获得了自己方法论的细节。培根永远都无法像波义耳那样热心地接受笛卡尔的钟的类比，以及其所暗示的科学知识的有限性。

35《皇家学会，波义耳论文》，第9卷，第105叶。波义耳告诉我们实验的首要功能之一就是"提出假说"（同前，第30叶）。

36 R.波义耳，《罗伯特·波义耳著作集》，1772年，第4卷，第234页。

37 波义耳在批评实验本身即可将我们引向理论的观点时十分直接："那些建立一个理论并指望被后世接受的人……必然会有如下的忧虑：人们已注意到的自然现象在当时都与其假说不矛盾；且以后发现的现象也不会与之相悖。"但考虑到"我们已掌握的自然史是多么不完整，在一个不完整的现象的历史上建立一个精确的假说是何其困难"，我们永远都无法笃定地宣称我们的理论是正确的（同上，第4卷，第59页）。

38 波义耳写道："允许理解力构建一个假说，有时有助于真理的发现，以解释这种或那种难题，检视该假说是否能解释现象或能解释至何种程度，理解力甚至可以从其自身的错误中得到教益。"（同上，第1卷，第303页）这一陈述和另外几个陈述可以一并引用作为琼斯的论断之反证，"波义耳受到培根哲学综合性特点的影响，认为在进行总体概括之前应取得所有证据"（同上，脚注2，第164页）。波义耳很清晰地而培根则含糊地意识到在搜集到所有证据之前构建假说和进行概括的必要性。

39 R.波义耳，《罗伯特·波义耳著作集》，1772年，第2卷，第45页。波义耳在几个场合表述了钟的类比，这意味着它在其关于科学和方法的思考中具有基础性地位。这一猜测得到了证实，波义耳在引入钟的类比时说道："为略加解释，我们可以举一下常被提及，也应常被提及的钟的例子。"（《皇家学会，波义耳论文》，第2卷，第141叶）

40 R.波义耳《罗伯特·波义耳著作集》，1772年，第2卷，第45页。将之与笛卡尔的言论相比较："可以从错误或不确定的前提中演绎出正确和肯定的结论。"（《笛卡尔文集》，1897—1957年，第2卷，第199页）

41 参见《罗伯特·波义耳著作集》，1772 年，第 2 卷，第 46 页及以后各页。

42 同上，第 1 卷，第 82 页。还可参见《皇家学会，波义耳论文》，第 9 卷，第 63 叶。在《哲学原理》第 4 卷第 205 条原理中，笛卡尔也曾将科学理论化的工作与解码技巧相比较："例如，如果有人想要阅读一封用拉丁字母书写的顺序打乱的信，决定在找到 A 的地方读成 B，在找到 B 的地方读成 C……如果他以这种方式发现了一些拉丁单词，他不会怀疑这些单词的真实含义，尽管他是借助猜测发现的，尽管有可能作者并未以这种顺序排列字母，而是其他的顺序……"（《笛卡尔文集》，1897—1957 年，第 9 卷，第 323 页）还可参见《探求真理的指导原则》的法则 10。

43 "为避免人们以为亚里士多德确实已经，或想要更进一步，我们应当回想起他在第一部著作《气象学》的第七章开头明确地说，考虑到那些对感官来说不太明显的事物，如果他表明它们正如他所解释的那样，那么他认为自己已经提供了足够的解释和说明。"（同上）

44 R. 波义耳，《罗伯特·波义耳著作集》，1772 年，第 2 卷，第 45 页。英 54 国的另一位原子论倡导者，沃尔特·查尔顿，也采纳了类似的科学假说理论（假说告诉我们世界"可能是怎样，而不是它确实或必然是怎样"，《生理学》，伦敦，1654 年，第 128 页），也可以借助亚里士多德在《气象学》中的评论来支持其假说主义（同上）。随后，他就在同一观点上引用了笛卡尔的《哲学原理》。这增加了这一可能性，即波义耳从查尔顿而非直接从笛卡尔那里借用了对亚里士多德《气象学》的引用。不过，波义耳声明他的手稿中引用的亚里士多德的部分写于 1651 年或 1652 年，早于查尔顿《生理学》的出版日期（参见注 91）。尽管波义耳有可能记错写作日期，但没有证据表明这一点。关于波义耳与查尔顿间的关系，有一份简短但引人联想的说明，见 R. 卡巩，《沃尔特·查尔顿与罗伯特·波义耳及欧洲原子论在英国的接受》，《爱西斯》，第 55 卷，1964 年，第 184—192 页。

45 R.波义耳，《罗伯特·波义耳著作集》，1772 年，第 2 卷，第 37 页。

46 同上，第 4 卷，第 234 页。

47 "尽管存在着几个不同的结果，可以轻易地调整不同的原因［即假说］以使其互相一一对应，但要调整一个假说使之适应几个不同的结果却非易事，除非它就是产生这些结果的真正原因。"（R.笛卡尔《文集》，1897—1957 年，第 2 卷，第 198 页）

48 这一原则在牛顿那里得到了最完整的表述，在其第三哲学原理中。

49 R.笛卡尔，《笛卡尔文集》，1897—1957 年，第 9 卷，第 319 页。

50 R.波义耳，《罗伯特·波义耳著作集》，1772 年，第 4 卷，第 72 页。有关 17 世纪的多层次确认原则的更广泛讨论，见第 5 章。

51 我部分地运用了经由 R.韦斯特福尔之手才为人所知的波义耳的未发表的材料（同上文所引述，见上文注 20）。不过，韦斯特福尔完全没有考虑波义耳的假说主义中源自笛卡尔的部分，而主要揭示了培根和波义耳之间的相似性。

52 R.波义耳，《罗伯特·波义耳著作集》，1772 年，第 1 卷，第 302—303 页。这一段的后半部分证实了我们早先的一个观点，即波义耳认为其假说法与培根的"理解力的包容"是完全相容的。在阐述这点时，波义耳甚至运用了培根的语言（"允许理解力创建假说，有时是有助益的……"）。

53 同上，第 303 页。

54 《皇家学会，波义耳论文》，第 9 卷，第 113 叶。

55 霍布斯对科学知识的盖然性的说明与笛卡尔甚为相似，甚至连措辞都很像。例如，霍布斯断言："……当他在设想一种或多种运动时，可由之推导出其效果的必然性，这就已做到对自然原因所能做的一切。尽管还不能证明事物就是如此形成的，但却证明事物可以如此形成……这和找到事物的成因同样有用。"[《英文著作集》（W.莫尔斯沃思编），伦敦，

1845 年，第 2 卷，第 3—4 页］将之与笛卡尔对钟的类比的阐述的后半部分相比较。

56 R. 波义耳，《罗伯特·波义耳著作集》，1772 年，第 1 卷，第 241 页。对于霍布斯观点的说明，见 E. 梅登，《托马斯·霍布斯与理性主义的理想》，出自《科学方法的理论》（梅登编），西雅图，1960 年，第 104—118 页。

57 R. 波义耳，《罗伯特·波义耳著作集》，1772 年，第 4 卷，第 77 页。

58 R. 韦斯特福尔，同上（注 20），第 113—114 页。　　　　　　　55

59 玛丽·博厄斯·霍尔，《罗伯特·波义耳论自然哲学》，印第安纳州布鲁明顿，1965 年，第 134—135 页。

60 《皇家学会，波义耳论文》，第 9 卷，第 25 叶。

61 根据此处的分析，可以发现 M. 克兰斯顿认为"波义耳的归纳法实质上是培根式的"，这非常令人吃惊（《约翰·洛克》，伦敦，1957 年，第 75 页）。克兰斯顿在这两方面都是错误的：波义耳的方法既不是归纳的，也不是培根式的。

62 有关 17 世纪的形而上学与方法论之间的联系，R. 哈瑞也表达了类似的观点，特别关注微粒论哲学与第一和第二特性学说的关系（《物质与方法》，伦敦，1964 年）。然而，哈瑞的分析却受到了他如下假设的妨碍，即笛卡尔与形而上学、方法论和微粒论都毫无干系。

63 因此，将波义耳和笛卡尔分别作为经验主义和理性主义的典型进行对比是不公正的。可以在 A. R. 霍尔和 M. B. 霍尔最近发表的一篇文章中找到这种对比的一个典型例子。他们写道："如果已经表明一个科学命题是一套直觉上确定无疑的公理的逻辑结果，那么它是否已得到了证明？笛卡尔会回答得非常肯定，波义耳则将否定。只表明一个科学命题在经验上成立，是否对之构成充分的证明？笛卡尔会否定，而波义耳则会肯定。"［《哲学与自然哲学：波义耳和斯宾诺莎》，载于《亚历山大·科瓦雷杂纂》(I. B. 柯恩及 R. 塔东主编)，巴黎，1964 年，第 2 卷，第 242—243 页〕从这里展示的证据来看，人们可以很合理地得出结论：波义耳和笛卡尔都会对两个问题给出肯定的回答。

波义耳远非霍尔所认为的那样是一位严格的经验主义者，他偶尔会采用比笛卡尔更严格的理性主义立场。例如，他认为："虽然并非总有必要，但却常常值得一试：提出一个天文学、化学、解剖学或物理学其他分支的假说，可以先验地证明这个假说是正确的……"(《罗伯特·波义耳著作集》，1772 年，第 4 卷，第 77 页)。参见上文脚注 29。此外，再度以一种最为"非经验的"风格，波义耳声称"当理性以一种既定的方式前进时……其结论应当比感觉的证据更受青睐"。(《皇家学会，波义耳论文》，第 9 卷，第 33 叶)

但若认为波义耳自己对理性与实验的准确关系有着清晰的认识，这也同样是错误的；波义耳当然有时会选择传统上被视作经验主义的立场。波义耳曾非常令人惊讶地预言了牛顿的第四哲学原理，他说"处于良好情况下的感觉证据优于任何假说……"(同上，第 9 卷，第 31 叶)

64 有关格兰维尔科学著作的总体说明，见 M. 普莱尔所著《约瑟夫·格兰维尔、巫术和 17 世纪的科学》，《现代哲学》，第 30 卷，1932 年，第 167—193 页。

65 J. 格兰维尔，《科学的怀疑》(欧文编)，伦敦，1885 年，第 44 页。

66 同上，第 155 页。这一段落出现在其更早的《独断无益》一书中，伦敦，1661 年，第 180 页。

67 J. 格兰维尔，《科学的怀疑》，伦敦，1885 年，第 44 页。

68 同上，第 182—183 页。

69 甚至在《科学的怀疑》前面的章节中，格兰维尔就专注于钟的类比，他在上文引用的段落中进行了明确的表述。自然模型作为可观察但不可知的机器，隐藏在表面之下："我们无法深刻理解自然隐藏起来的事物，也

56

无法看见将钟的部件发动起来的最初的弹簧和齿轮。我们只能看见总体框架的小部件，想利用现象来构建完整可靠的假说。"（同上，第 75 页）

70　同上，第 170—171 页。

71　格兰维尔下文的表述暗示出他对英国反对体系的论战的同情："如果这些伟大和智慧的灵魂［即皇家学会的成员们］认为我们仍未掌握足够的现象以建立一个假说，还远不足以确定确凿的［即毋庸置疑的］定律和为自然制定其行为方式，那么，那些知识浅薄的人——他们可能只是从某个微不足道的体系中东拼西凑得来了一点知识——竟然还敢夸耀自己的正确性，这岂不是极大的狂妄？"（同上，第 51 页）

72　同上，第 62 页。

73　"有可能所有假说都已设法构建而成，却建立在对事物过于狭窄的检视之上。"（同上，第 63 页）

74　同上，第 145 页。

75　同上，第 51 页。

76　同上，第 166 页。

77　同上，第 167—168 页。

78　H. 鲍尔，《实验哲学》，伦敦，1664 年，序言。

79　同上。

80　同上，第 94 页。

81　同上，第 114 页。

82　同上，序言。

83　同上，第 82 页。

84　同上，第 192 页。

85　同上，第 193 页。在其《人类理解论》中，约翰·洛克将我们关于亚显微机制的知识比作"乡下人对于斯特拉斯堡那座著名大钟内部精巧装置的看法，他只看见外面的数字和运动"。（《人类理解论》，伦敦，1929

年，第3卷，第6章，第9段）这是不是对鲍尔的钟表匠之喻的一个评论呢？鲍尔对洛克的总体方法论立场的讨论，见R. 约斯特，《洛克在亚显微事件上对假说的拒斥》，《思想史杂志》，第12卷，1951年，第111—130页；以及本书第5章。

86 胡克写道："……借助显微镜，再小的事物也无法逃脱我们的探寻……有了［光学仪器的］帮助，对物体微妙的组成成分、其各部分的结构、其物质的质地、其内部运动的手段和方式，以及事物可能的所有方面，我们可能会有更充分的发现……"（《显微术》，伦敦，1665年，序言）对于微粒那些我们无法借助视觉发现的方面，胡克认为我们可以借助听觉加以了解："也有可能通过物体发出的声音来了解内部的运动，就如同一块手表，我们能听到摆轮的跳动、轮子的走动、摆锤的敲击、锯齿的嚓嚓声和物体内部零件运动的声音，无论是动物、植物、矿物都可以借助它们发出声音……"［《胡克遗作集》（维勒编），伦敦，1705年，第39页］考虑到胡克和鲍尔都希望通过仪器把科学从对假说的依赖中解放出来，因此胡克在《显微术》的序言中提到鲍尔的《实验哲学》这一点可能意义重大。胡克继续说道，在付印之前他和鲍尔两人互相检查了对方的手稿。

87 牛顿在《光学》一书中流露出一种类似的乐观主义，他写道："如果说显微镜目前在某些方面尚未达到完美的话，那它最终很有可能进步到可以发现导致物体形成其颜色的那些微粒的水平，这并非不可能。"（《光学》，纽约，1952年，第4版，第261页）在牛顿看来，光学有可能成为一个完全归纳性的、观察的和非假说性的科学。参见R. 卡巩，《牛顿、巴罗和假说性的物理学》，《人马座》，第11卷，1965年，第46—56页，关于牛顿对笛卡尔假说法的反应的介绍。将牛顿认为能看见粒子的这种乐观主义与查尔顿的评论加以比较是很有趣的——即使是"体积和速率最大的原子，也远远超出最精密的光学仪器的感知范围，只有借助理性猜测

57

的精细数字才能加以度量"（同上，第113页）。

88 在其《致皇家学会之颂歌》中，考利用诗歌表达了鲍尔的乐观希望，即显微镜可以给我们带来关于自然之钟内部零件的绝对可靠的知识：

> "自然的伟大造物无论多远都不再模糊，
>
> 近处之物再小亦无法逃脱。
>
> 您已教会那好奇的目光直射入
>
> 那难以察觉的微小之物
>
> 最为隐秘幽深之处。
>
> 您已知悉如何辨别她最小的指针，
>
> 已开始理解她最深处的感受。"

摘自斯普莱特所著《皇家学会史》，伦敦，1667年，在"献辞"之后。

89 如果我们对此稍加扩展的话，就可以看到钟之类比的影响甚至延伸到了18世纪早期。在其所写的牛顿《原理》第2版的序言中，罗杰·柯特斯以一种特别像亨利·鲍尔的口气，用钟的类比来反对笛卡尔主义者。在对笛卡尔主义者的假说主义进行了猛烈抨击后，柯特斯坚称："真正的哲学，其职责就在于从真实存在的原因中推导出事物的性质，并探究伟大的造物主所选定的、用来创造这个世界的美丽架构的规律……钟的时针的运动可能与砝码或弹簧有关。但如果某个钟确实是由砝码驱动的，那么我们就应该嘲笑那些认为它由弹簧驱动的人……因为他们应当采用的方式无疑就是切实地看看这个机器里面的零件，这样他们就会发现这一运动的真正规律。"（《原理》，第4版，伯克利，1934年，第27—28页）笛卡尔的观点，即大自然的内部机制——现象间的联系——必然被排除在视野之外，在乐观的柯特斯那里很显然被忽略了。

90 尽管很多科学家很显然相信显微镜指明了通往彻底看清微观机制的道路，但还是有一些人看出了笛卡尔的论述的真正实质，从而采取了截然相反的立场。例如，雅克·罗霍特，在《物理学专论》（巴黎，1671年）中

58 争辩说，从显微镜展现的新世界中所获得的教益并不是我们终于抵达了最终的真实性，而是自然的无限复杂性——更大的放大倍数将会揭示更精细和更微妙的过程。尽管显微镜使我们得以检视狗身上的跳蚤，但尚不足以使我们看见跳蚤身上的大量微生物。对罗霍特来说，永远存在着显微镜无法穷尽的更小物质，不管其放大倍数有多大。

91 考虑到波义耳、格兰维尔和鲍尔在1661年至1664年的作品中都使用了钟的类比，人们可能会问他们是从笛卡尔那里借用了这个比喻，还是彼此相互借用了呢？我几乎没找到什么证据能够解决这个文献之谜。关于格兰维尔的《独断无益》（1661年）的文献"极为稀少，这本书除了书名之外几乎不为人知"（《科学的怀疑》，第16页）。此外，波义耳在《自然哲学的用处》中使用了钟的比喻，这本书虽发表于1663年，但付印时间可能是"1660年、1661年或1663年"（波义耳，《罗伯特·波义耳著作集》，第2卷，第3页），波义耳还宣称此书第一部分主要撰写于十或十二年前（1651—1653年），而最重要的段落就在其中。除波义耳和笛卡尔的这个比喻在语言表述上的相似性之外（这动摇了由笛卡尔到格兰维尔再到波义耳这一观点的根基），我们还注意到波义耳在其已发表的著作中从未提及格兰维尔。至于鲍尔，他从未提过格兰维尔，尽管他不断地谈到波义耳和笛卡尔。既然波义耳的《自然哲学的用处》一书早于鲍尔的《实验史》（1664年），那么有可能鲍尔是从波义耳而非笛卡尔那里学来了这个比喻。另一方面，鲍尔的书在1663年就获得了出版许可（此时波义耳的《自然哲学的用处》一书几乎还没有印好），其序言的落款则为1661年。依据这些证据（尽管相当不足），我认为这三位著者有可能都是直接从笛卡尔那里学来了这个比喻。

59 92 关于假说法的复兴，见后文第8章。

第5章　约翰·洛克论假说：将《人类理解论》置于"科学的传统"中

洛克论假说

知识理论的纯粹主义观点（在第2章中已有概述）的倡导者常常假定约翰·洛克基本上是个经验主义者，仅对物理学有点偶然和肤浅的兴趣。尽管洛克研究医学并热心地为牛顿、波义耳[1]这样的人呐喊，他的《人类理解论》似乎关心的是常识意义上的认识论而非逻辑和科学方法，至少表面上如此。哲学家们显然是在以一种"倒读历史"的方式写作，仿佛洛克接受了贝克莱和休谟的观点，即经验论哲学不应建立在"科学的"形而上学的基础之上。此外，当《人类理解论》讨论科学问题时，总是带着嘲笑和居高临下的态度。因此，一些评论者得出结论：微粒论的微观物理学统治着洛克时代的科学，洛克则是个反对者，而他的《人类理解论》是在尝试发展一种不带微粒论或其他准科学偏见的知识理论。这些评论者认为洛克不仅反对原子假说，还反对科学中所有关于不可见实体的假说的运用。那些没有明确指出洛克反对假说的评论者们通常不提洛克关于科学方法的论述，仿佛科学哲学与《人类理解论》的精神完全不相关。[2] 然而，最近莫里斯·曼德尔鲍姆已经指出，洛克不仅赞成微粒论的研究纲领，并且对其认识论和形而上学来说，原子论的自然观也是必不可少的。[3] 曼德尔鲍姆要求我们不应根据贝克莱的批评来理解洛克，而应该在研究《人类理解论》时想到波义耳和牛顿的原子论。

在本章，我想根据曼德尔鲍姆的分析，细致探究在《人类理解论》中固有的科学方法论。因为如果确如曼德尔鲍姆所述，洛克非常关心微粒论物理，那么我们就有足够的理由期待《人类理解论》能为洛克——他本人终身都是一位科学家——所设想的科学发展方向提供指导。虽然本章希望能从稍有不同的角度支持曼德尔鲍姆将洛克理解为微粒论者的观点，但本章的基本目标是确定洛克对假说在科学中所起作用的态度，并根据这一态度来确定其在同时代的科学认识论传统中的位置。这一问题对曼德尔鲍姆的论点至关重要。如果洛克如绝大多数作者所说的那样反对假说法，那么他不可能信奉一个像原子论这样高度假说性的理论。反之，如果洛克赞成假说法在物理学中的运用，那么他如曼德尔鲍姆所说的那样热心地采纳微粒论哲学也就不令人惊讶了。

最好的出发点可能就是对关于洛克方法论的最细致的研究之一，即 R. M. 约斯特的研究做一些回应。[4] 在其对《人类理解论》中方法论的冗长分析中，约斯特得出结论：洛克不仅怀疑原子论哲学的科学价值，而且他出于方法论的理由，反对所有应用了关于不可观察的事件或物体的假说的科学理论。约斯特更为明确地断言："不像很多 17 世纪的科学家和哲学家，洛克不相信使用关于微观事件的假说会加速经验知识的获得。"[5] 约斯特强调，洛克虽然接受了关于可观察的事件的假说，但却很勉强，而且他断然反对所有涉及看不见的力和原子的行为和性质的假说。他把洛克在这个问题上的观点和那些 17 世纪的原子论者，如波义耳和笛卡尔进行对比，他们支持关于不可观察的实体的假说。约斯特认为，洛克对关于不可感知的事物的假说的反对是对假说法的一种根本背离，而假说法是与他的时代的原子论相伴而生的。但约斯特的分析似乎忽略了洛克很多重要的方法论观点，而且模糊了另外一些观点的含义。因为，洛克不仅赞成假说法的很多应用，而且他这样做是在坚定地支持而非反对微粒论。为展开这一论述，我将从两个方面展开探讨。首先，我想要确定洛克对微观假说的态度；然后，我想要考察他从那些在他之前，并影响了他的微粒论哲学家那里承袭了哪些东西。

　　洛克的《人类理解论》的普通读者们读过此书后，往往会认为洛克对所有的自然科学都同样悲观。除了在《人类理解论》第 4 卷中占主导地位的一般怀疑论以外，还有众多具体的段落加强　61
了这一印象。例如，洛克断言：

　　　　至于关于自然事物的完美科学……我想，我们离此等目标非常遥远，甚至追求它都是徒劳的。[6]

　　如果连试图建立一门力学的想法都是错误的，那么对科学研究的其他分支来说，希望就越发渺茫了。洛克在别处写道，关于自然的"科学的"知识，我们永远都无法获得。[7]同样，他再次悲观地宣布力学不应"假装拥有确定性和实证"，而且永远都不可能有一门"关于物体的科学"（同上）。每当洛克讨论根据不可见的原子的运动和凝聚来解释可见世界的微粒论传统时，他的悲观主义就尤其明显。例如，他写道：

> 因为物体那些主动和被动的力及其运作方式，取决于我们无法以任何方式发现的结构和部分的运动……[8]

或者：

> 我所怀疑的不仅是我们能否发现任何两个物体的微小组成部分的形状、大小、结构和运动，我们**无需实验**就能了解它们相互作用的几种方式……但是由于我们没有足够敏锐的感官［以感知此类微粒］……我们必须满足于对其性质和作用方式的无知。[9]

诸如此类的段落已经使得几位哲学史作者倾向于认为洛克既在总体上反对假说法，又特别反对机械论的假说。但实际上洛克对这二者都不反对。想要看出将洛克歪曲为假说法的反对者这种做法的缺陷，我们只需要回忆一下洛克把《人类理解论》的整个第4卷（第4卷第12章、第13章）都用在了"假说的正确应用"上即可，而且他还常说可见世界的现象最终是由在微粒水平上的相互作用产生的。[10]但若这种话语意味着洛克接受了假说法，那么当我们将之与他的一些其他主张（如上文所引的那些）相比较的时候，我们就面对着洛克对假说法的表面谴责和接受之间的明显矛盾。

在我们回忆起洛克对知识和判断所做的关键性区分以后，这种表面上的矛盾就几乎消失了。对他来说，知识是建立在对概念之间关系的正确的、不可错的知觉基础上的。知道一个陈述"x"是真的，就是意识到我们无法构想出事物不是"x"时的状态。这样，我们就"了解"了数学上的真理。但我们无法"了解"有关物理世界的任何事情。很多科学家所做的陈述可以是高度可几的，但它们并非不容置疑地正确，由于这个不足，它们不属于知 62
识。当洛克说我们无法"了解"关于"物体微小部分"的任何事情时，他是在技术意义上使用"知识"这个词。既然科学是我们的"知识"的主要部分的名字，自然哲学永远都不会是"科学的"。[11] 但洛克尚不至于如此鲁莽，以至于把我们的论述严格限制在纯粹"科学的"陈述中。[12] 他很清楚地意识到，关于物理世界，人们可以假定一些有内容的、高度可几的事情。然而，这种陈述不属于知识，而属于**判断**：

> 上帝赋予人类这种能力，在无法获得清晰确切知识的情况下弥补这一缺失，这种能力就是判断力：人类大脑凭借判断力来确定……任何命题为真或为假，却没有在证明中察觉到任何说明性的证据。[13]

自然哲学家有能力做出很多非常可几的陈述，但"最高的可能性也不能等同于确定性，而没有确定性也就没有真正的知识"（同上，第 4 卷，第 3 章，第 14 段）。而知识就包含在那些被清晰地、明显地察觉到为真的命题中，判断则包括所有那些仅仅是可几的或猜测性的陈述："判断就是假定事物如此，而没有感知到它是如此。"[14]

洛克已经言明，判断用来处理可能的陈述，他进一步指出有两种可能的陈述：（1）其中一种处理严格的可观察的现象或"事实"；（2）另外一种则是处理那些不可观察的现象的猜测。[15] 洛克接下来把注意力转向了第二种陈述，即关于不可观察的现象的猜测。他进一步主张这类猜测分为两种类型：（1）关于纯粹精神性存在（例如，天使、魔鬼等等）的猜想；（2）关于自然现象的不可观察的原因的假说。[16] 洛克对第二类猜测的评论对我们的论述有着特别的意义。

洛克推理道，假定我们想要理解热的终极本性，而对于热的原因，我们无法清楚地感知到，甚至连模糊的观察也做不到，我们无法宣称"知道"关于它的任何事情。[17] 我们有希望提供的仅仅是关于其性质和原因的可能的陈述。洛克相信关于热的任何尝试性说明都将根据不可观察的微粒的行为来加以表述，他强调观察无法**直接**告诉我们那些产生热的原子的运作机制，那么我们到底怎样才能构建出有用的假说呢？洛克的回答很直接：将亚微观的粒子与那些我们确实能感知的物体进行类比，即我们必须将那些最小的粒子描述成可感知的宏观物体的一种缩小版本。实际上，"在感官无法探测的事物中，类比就是或然性的伟大法则"（同上）。在热的问题中，我们应当做的类比是显而易见的：

63

因此，观察到两个物体的猛烈摩擦会产生热，甚至经常

产生火焰，我们有理由认为，我们称作热和火的东西，是由燃烧物质的不可察觉的微小部分的猛烈运动构成的。（同上）

在构想亚微观事件的性质时，我们必须求助于类比和模型，因为既然关于它们的假说不能直接被证实，我们唯一相信其可能性的理由是"它们或多或少地与我们头脑中的真理相一致"，而且这样的猜想至少是与"我们的知识和观察的其他部分"相一致的（同上）。他写道："类比，在这些［即与不可观察事件相关的］物质中是我们仅有的帮助，而正是仅从这一点我们得出了可能性的全部基础。"（同上）

我们关于外部物体的所有观念都应来自感觉，这是洛克认识论的一个基本原则。因此，对他来说，强调关于不可观察的微粒的观念必须建立在可以作用于我们感官的可观察物体之上是完全正常的。

这些关于建立在类比基础上的处理亚微观事件的假说的言论，不仅仅代表着洛克对其科学同僚的不情愿的让步。实际上，他强调，对类比性假说的阐述是科学所拥有的最多产、在理论上也富有成效的方法：

> 这种可能性，是合理的实验的最佳指导，而假说的兴起，亦有其作用和影响。而根据类比所做的机敏的推理则将我们引向对真理和有用成果的发现，否则这些都将被掩盖。[18]

根据以上这些讨论，我们能看出，约斯特说洛克的"方法应用了假说，但它们是关于可观察性质的相互关系的假说，而与亚微观机制无关"[19]，这种论断是多么深的误解了。约斯特觉得洛克"认为人们可以就亚微观机制做出某些推理，但不足以帮助我们有所发现"[20]，这同样是站不住脚的。在上文所引段落中，洛克很明白地宣称对微粒论假说的运用可以引导我们"发现真理和有用的成果"。在别处，他写道："假说，如果做得好的话，至少有利于记忆，而且常常引导我们做出新发现。"[21] 约斯特的另一个误导性论断是他认为，"当洛克谈到增长经验性知识的方法时"，[22] 他从来不提假说法。上文所引的同一段落就是该陈述的一个明显的反例。

64

洛克在阐明其对科学的假说性说明时，把自然比作钟，其外表（例如移动的指针、转动的齿轮等）是可见的，但其内部机制是永远不可见的。科学家们关于自然的观念与物理世界的"内部的真正机制的距离"，甚至比"乡下人关于著名的斯特拉斯堡大钟内部的精巧装置的观念与实际情况的距离还遥远，虽然他们能看到外面的表盘和机械装置"。[23] 如果我们知道物体的"粒子的机械影响"，"就像一个表匠对表的了解那样"，[24] 那么我们无需做任何假说，即可拥有关于自然机制的不可错的第一手知识。但由于我们永远都不能进入自然之钟的内部，我们必须满足于在其外表的基础上对其部件的可能排列方法进行假设。

尽管洛克相信科学说明应建立在关于微粒性事件的假说的基础上，但他强调科学家应当慎重地运用这些假说。假说永远都不能被称作"原理"，因为此类说法使它们听起来要比实际更可信些。[25] 此外，我们永远都不能接受一个假说，除非我们已经小心检验过它被设计出来用以解释的那个现象，而且只有当该假说能有效地解释所有现象时方可被接受。洛克对一个不受约束的假说的威胁是相当敏感的，他经常警告我们要防止其过度发展。因此，他经常提到的一个主要的错误来源就是顽强地坚持某些预想的假说，并在这些假说的基础上预先对事实加以判断。[26]

但是，如果说洛克对假说法的过度夸大的批评意味着他对这种方法应用于不可观察的实体的所有形式都很厌恶，那是错误的。在某处，洛克明确地承认他对假说的非难并非想要禁止科学家运用假说，而仅仅是想要让他们对它更警觉一些：

> 但我的意思是，我们不应太轻率地接受任何假说（我们的头脑总是依赖于一些原理来探究事物的原因），直到我们仔细检验了一些细节，并做了几个实验，看看我们的假说是否与所有观察结果相符，是否能够完整地解释现象，并且当它们试图容纳并说明一个现象时，会不会与另一个自然现象相矛盾。[27]

65

对洛克方法论的传统说明，在其强调洛克相信我们无法拥有关于不可观察的事件的知识这一点上确实是正确的；在洛克非常蔑视那些相信人们可以就不可观察的微粒的性质得出无可置疑的陈述这一点上也同样正确。但洛克并不反对应用原子论的假说，或其他涉及不可观察实体的假说——只要它们能解释清楚现象，并仅被视作可几的判断。

洛克与假说的传统

我们可从前述讨论中得出结论：洛克既不反对假说（只要有正确的构想），也不反对那些利用关于亚微观事件的假说的微粒论者。实际上，只要人们能从文本中进行判断，就可知道洛克很热心地接受了下述观点，即发生在可观察世界里的变化是由原子水平上的变化引起的，而且能根据后者加以说明。[28] 我现在想要说明的是，洛克的假说法的主要特征以及他为假说法做辩护的许多认识论论证，都源自与其同时代或比他更早的微粒论者的方法论思想。具体而言，我主张洛克从他的微粒论同行那里继承了下述方法论思想：（1）强调**所有**科学理论的临时性和尝试性特征；（2）把自然看作一座内部机制无法被直接分析或观察的钟；（3）假说必须通过与可观察物体的类比进行建构；（4）与前一点相关，强调关于不可观察事件的假说必须与自然法则和其他现象相容，而不仅仅与它被设计出来试图加以说明的现象相容。

（1）虽然洛克愿意促进假说的运用，但他很担心那些仅仅是可几的猜想被当作不变的真理。他强调假说不应被称为"原理"，因为这样一种语义上的转化可能会使我们"接受一个毫无疑问的真理，而它实际上是一个不确定的猜想"。[29] 正如我们所见，他花了很大精力强调科学研究的尝试性和猜测性。不像那些主张自然哲学必须无误的人，洛克愿意接受很大程度上的不确定性。在这

66

个问题上，他与微粒论和机械论的哲学家们是一致的。例如，罗伯特·波义耳写道："科学理论应当被认为仅仅是尝试性的，不应被当作绝对完美而加以默许，或者不允许任何改进。"[30]胡克也以一种相似的心态警告，不能把任何科学理论当作不容置疑的：

> 如果读者因此希望从我这里获得什么不可错的推论或确定的公理，我想代表我自己说，这种艰巨的智力和想象力工作超出了我的能力……每当他发现我大胆提出对观察过的事物的猜测时，我恳求他把这些当作有疑问的问题和不确定的猜想，而不是毫无疑问的结论或不可反驳的科学定理……[31]

另外一位 17 世纪中叶的微粒论者，约瑟夫·格兰维尔，在其《科学的怀疑》（1661 年）中也做了类似表述。他说，真正的哲学家

> 在自然这部大书中寻找真理，在寻找过程中小心谨慎地避免鲁莽地建立公理和绝对的学说……［他们］将其观点作为假说提出，而不是专横地断言它们必定为真。[32]

像他之后的洛克一样，格兰维尔强调所有科学原理都是猜测性的。关于物理世界，我们看不到什么绝对肯定的东西：

> 除了神圣的和数学的以外，最好的原理都只是假说；在这些原理中，我们可以在不犯错的情况下得出很多结论。但从假说出发，最大的确定性仍是假说性的。所以，我们可以

断言，根据我们所拥护的原理，事物是如此这般的；但当我们声称它们在自然中必然如此，而不可能是别种模样时，我们就走得太远了。[33]

这三位著者——波义耳、胡克和格兰维尔，在 17 世纪 60 年代和 70 年代都拥有广泛的读者，那时正是《人类理解论》的思想孕育之时。洛克很有可能了解胡克和格兰维尔的著作，而且他肯定了解波义耳的著作，因为他们两个是三十多年的密友。正如莱登注意到的那样，洛克"饶有兴趣地关注着他的朋友罗伯特·波义耳的每一部新著"。[34] 此外，在 17 世纪 60 年代，洛克与波义耳在牛津的科学社团频繁见面（胡克也是成员之一），人们认为谈话的主题包括科学知识的性质及假说的尝试性特征。设想洛克关于这个问题的思想部分地来自他同牛津的微粒论者的谈话以及他对他们作品的阅读，这不无道理。而且这些人像他一样，对将假说描述为绝对无误的理论的做法感到警惕。

（2）我们已经看到，在说明微粒论哲学永远只能是假说时，洛克把自然比作内部机制永远无法得到观察的钟。正如我们永远只能对一个不熟悉的钟的可能的内部机制进行猜测一样，科学家只能对自然的隐藏机制进行猜测。我们对真正的自然的了解一点都不比一个 17 世纪的乡巴佬对那个"斯特拉斯堡的著名大钟"的了解要多，那座大钟拥有各种各样机巧的自动装置。正如我们所见，这个钟的类比[35] 被洛克的前人们广泛引用——如笛卡尔、波义耳和格兰维尔——用以强调科学原理的必要的假说特性。[36] 考虑到这一点，很难相信洛克不是从他们之中某一个人那里借用了这个类比。

（3）洛克很强硬地主张关于亚微观事件的假说把原子及其性质解释为宏观物体的性质的自然延伸。洛克相信在自然之中有着一种连续性，统治宏观现象的法则与统治亚微观现象的法则即使不相同，也一定相似。在笛卡尔、波义耳、胡克和牛顿那里都能找到关于这个论述的详尽细节。

众所周知，笛卡尔的科学论文中充满了类比：大脑就像一块蜡，光的传播就像一根移动的棍子，光的微粒就像桶里的葡萄。不过，知道类比在笛卡尔的科学哲学里也占重要地位的人可能就不那么多了。例如在《探求真理的指导原则》中，笛卡尔主张，既然我们无法直接感知光的性质，那么我们应当将光和其他我们确实理解的自然力量进行类比，以此来设想光的性质。[37] 在《屈光学》中，笛卡尔再次讨论在理解光时类比的重要性。[38] 但是他关于类比的最直接讨论出现在《哲学原理》中，洛克毫无疑问是读过的。在那里笛卡尔写道：

> 在微小物体中发生的事情，仅因其微小这一特性就使我们无法感知。通过发生在那些我们确实能感知的事物中的事情来加以判断，要比为解释某些特定事物而创造出与我们感知到的事物毫无干系的各种新奇玩意好得多。[39]

这个段落的观点既是洛克的又是笛卡尔的。

波义耳是下一个致力于这一主题的人。他认为，假定所有事物都遵守宏观物体的法则而唯有亚微观粒子例外，这是荒唐的。例如，说力学原理适用于可见的大东西却不适用于不可见的小东

68

西，就好像"人们使得机械装置的法则在镇里的大钟那里起作用，但在怀表那里就不起作用"。[40]要使微粒论假说成为可理解的，必须赋予原子与可感知物体相同类型的行为。

胡克在其《总构架》（约 1667 年）中，也论述了模型和类比在建构假说时的重要性，

> 在各种类型的哲学［即科学］研究中对发现最有帮助的是，试图将正在检查的自然的特定运作机制，与头脑中具有的尽可能多的、机械的、可理解的运作方式进行比较。[41]

另一个在从可见到不可见的论证中赋予类比以重要性的洛克的同时代人是牛顿。牛顿第三个重要的方法论规则——**哲学规则**——如下：

> 那些既不允许强度增加也不允许减弱，并且在我们的实验范围内被发现普遍适用于所有物体的物体性质，应被视为一切物体的普遍性质……我们也不应偏离自然的类比法则，它通常是简单的，也总是自洽的。[42]

然而，不管洛克是否从笛卡尔、胡克、波义耳或牛顿那里得到了其关于类比的信念，很明显，类比假说的运用是洛克所热烈拥护的微粒论的基本和明确的原则。

（4）最后，我想考虑洛克的信念（微粒论假说应当与"我们头脑中的真理"和"我们其他部分的知识和观察"[43]相一致）的

可能起源。在这方面，人们最先想到的著者就是罗伯特·波义耳，他经常强调任何合理的假说的两个要求是：既要与已知的定律相一致，也要和观察相一致。波义耳还说假说的作用是"提出一个对结果和所提出的现象的原因的可理解的说明，又不违背自然法则和其他现象"。[44] 在别处，他主张一个好假说必须"与自然的其他真理或现象不矛盾"。[45] 他说如果我们能表明一个假说"适合解释［它被］设计出来用以解释的现象，而不违背任何已知的对自然规律的观察"，[46] 那么它就是可接受的。洛克在《人类理解论》的第 4 卷第 16 章第 12 段中的言论看上去就是波义耳这个主张在风格上的一个变体。 69

　　这里所提供的分析仅是对洛克方法论观点的并不全面的说明。但它仍足以为如下主张增加说服力，即洛克遵循了他在其中成长起来的哲学和科学环境中的惯例。有一组方法论和科学上的信念，很多"科学哲学"的拥护者都接受了它们，其中就包括科学知识是猜测性的。洛克在这一点上与众多杰出的思想家立场相同。

注释

1　在一篇典型的自谦性文章中，洛克自称为波义耳、西登哈姆、惠更斯和"无可比拟的牛顿先生"等科学家们的"小工"。［《人类理解论》（A. C. 弗雷泽编），牛津，1894 年，第 1 卷，第 14 页］

2 在那些以上述观点诠释洛克的作品中，最突出的可能当属 R. I. 亚伦，《约翰·洛克》，牛津，1955 年；J. 吉布森，《洛克的知识理论》，剑桥，1960 年；以及 J. W. 约尔顿，《约翰·洛克和思想方法》，牛津，1956 年。

3 曼德尔鲍姆，《哲学、科学和感觉感知》，巴尔的摩，1964 年，第 1—60 页。直接引用曼德尔鲍姆对自己论文的概述最好不过了："我愿意得出的结论是……洛克终其一生都是一位原子论者，他接受了微粒论哲学或新实验哲学的正确性和科学上的有用性（或至少是科学上的希望）。"（同上，第 14 页）

4 R. M.（小）约斯特，《洛克对关于亚显微事件的假说的拒斥》，《思想史杂志》，第 12 卷，1951 年，第 111—130 页。

5 同上，第 111 页。

6 《人类理解论》，第 4 卷，第 3 章，第 29 段。

7 同上，第 4 卷，第 3 章，第 9 段。还可参见第 4 卷，第 12 章，第 10 段。

8 同上，第 4 卷，第 3 章，第 16 段。

9 同上，第 4 卷，第 3 章，第 25 段（黑体为作者所加）。他在别处写道："因此，我们对物体微小部分的特殊力学影响一无所知，虽然这些物体在我们能观察的范围之内，但我们对其组成、力量和运作是无知的……"同上，第 4 卷，第 3 章，第 15 段。

10 作为表明洛克明显持有微粒论观点的诸多论述之一，可以参考他的一句话："热和冷无非就是由任何其他物体的**微粒**所导致的我们身体的微小组成部分的运动的增加或减少。"同上，第 2 卷，第 8 章，第 21 段（黑体为作者所加）。还可参见其《自然哲学要素》："通过这些不可感知的小粒子的数量、体积、质地和运动，物体的所有现象都可以得到说明。"

11 "因此，我倾向于怀疑，无论人类的工业在物理事物层面使有用的和实验的哲学前进有多远，科学的［知识］仍将是我们无法企及的……"同上，第 4 卷，第 3 章，第 26 段。

12 因此，洛克如此说道："人类所被赋予的理解力，不仅可用于思辨，同样 70
也可用于安排其生活，若人类仅有正确**知识**的确定性，而没有其他事物
可作引导，他将深感不知所措。如我们所见，这些知识十分匮乏，没有
清晰和确定的知识加以引导，他常常置身于彻底的黑暗之中，其生活中
的绝大多数行动都会陷于停顿。他不会吃东西，除非能证明这确实能为
他提供营养；他不会采取行动，除非他确定无疑地知道他所参与的事业
将会成功。除了枯坐至死之外，他将无事可做。"（同上，第 4 卷，第 14
章，第 11 段）他再次评论道："我想说，在那些不具备确定性的事物中
寻求演绎证明和确定性是多么徒劳，同时，仅仅因为某些命题无法被证
明得足够清晰，无法消除最微小的怀疑，就拒绝接受它们，这也是毫无
道理的。"（同上，第 4 卷，第 11 章，第 10 段）

13 同上，第 4 卷，第 14 章，第 3 段。

14 同上，第 4 卷，第 14 章，第 4 段。

15 "我们通过概率归纳所得到的观点分为两类，其中一种要么关乎某种特定
的存在，要么如人们通常所认为的那样，实际上是可观察的，可被加以证
明；另一种则不能被我们的感官发现，无法进行任何此类证明。"（同上，
第 4 卷，第 16 章，第 5 段）

16 参见《人类理解论》，第 4 卷，第 16 章，第 2 段。

17 "……我们看见和知道的结果；但产生这些结果的原因及方式，我们只能
猜测。"（同上，第 4 卷，第 16 章，第 12 段）

18 同上。他在别处曾写道，一位有成就的实验家经常可以得出有价值的假
说："我不否认，一个习惯于合理和有规律实验的人，将会深入了解事物
内部的性质，并能比一无所知的人对其仍未知的性质做出更正确的猜想。
不过，如我所述，这仅仅是判断和意见，而非知识和确定性……［因此］
自然哲学无法成为一门科学。"（同上，第 4 卷，第 12 章，第 10 段）他
又评论道："好学和勤于观察的人可能会借助判断的力量认识得更深入，

基于根据谨慎的观察所获得的可能性和精心综合的迹象，猜出经验仍未能发现的真相。但这仍只是猜测，它只相当于意见，并不具备对知识来说必不可少的确定性。"（同上，第4卷，第6章，第13段）

19 约斯特，同前文所引，第127页。

20 同上，第125页。此外，约斯特这样说："总体来说，洛克认为，可观察的线索如此之少，以至于就任何特定的亚微观机制做出好的猜想都是无望的。"（同上，126页）

21《人类理解论》，第4卷，第12章，第13段。他用对假说的明确支持开启所引段落："并不是说我们不可以利用任何可能的假说来解释任何自然现象。"（同上）

22 约斯特，同前文所引，第127页。

23《人类理解论》，第3卷，第6章，第9段。还可参见第3卷，第6章，第39段。

24 同上，第4卷，第3章，第25段。

25 "至少，我们应当警惕，不要被'原理'这一名称所欺骗或蒙蔽，以至于将某些充其量只是可疑猜想的东西当作不容置疑的真理来接受——正如自然哲学中的大多数（我几乎要说所有）假说那样。"（同上，第4卷，第12章，第13段）

71 26 参见同上，第4卷，第20章，第11段。

27 参见同上，第4卷，第12章，第13段。

28 关于洛克采纳了微粒论立场的段落，参见《人类理解论》，第2卷，第8章，第13—21段；第2卷，第21章，第75段；第3卷，第6章，第6段；第4卷，第13章，第16段和第25段；第4卷，第10章，第10段；第4卷，第16章，第12段；第4卷，第6章，第10段和第14段。作为洛克在19世纪的编者，弗雷泽注意到："当论及第二类性质的**终极物理原因**时，他［洛克］在《人类理解论》的诸多段落中恰恰是求助于微粒论假说的……"［《人类

理解论》（弗雷泽编），第 2 卷，第 205 页注释]

29《人类理解论》，第 4 卷，第 12 章，第 13 段。

30 罗伯特·波义耳，《罗伯特·波义耳著作集》（伯茨编），伦敦，1772 年，第 1 卷，第 303 页。

31 罗伯特·胡克，《显微制图》，伦敦，1667 年，序言，无页码。

32《科学的怀疑》，伦敦，1665 年，第 44 页。

33 同上，第 170—171 页。

34 约翰·洛克，《论自然法则》（莱登编），牛津，1954 年，第 20 页。洛克的传记作者莫里斯·克兰斯顿写道："作为波义耳的弟子，洛克在读到笛卡尔的著作并开始对纯粹哲学感兴趣之前，在很大程度上继承了波义耳关于自然的概念。"（《约翰·洛克》，伦敦，1957 年，第 75—76 页）

35 洛克至少曾在两个地方使用过这个类比：《人类理解论》，第 3 卷，第 6 章，第 9 段；第 4 卷，第 3 章，第 25 段。

36 见相关文本的开头章节。

37 "如果他［科学家］发现自己……无法理解光的性质，他将会遵照第七法则，列举出所有的自然力量以期理解光到底是什么。即使无法以其他方式得知其性质，他至少还可以借助**类比**……从对其他自然力量的认知中获得对光的理解。"［《笛卡尔文集》（亚当及汤纳利编），第 10 卷，第 395 页。黑体为作者所加］

38 他说他倾向于提供"两三个类比，这将有助于我们以最方便的方式理解它［即光］，以解释经验允许我们了解的所有性质，并据此推断出其他不那么容易注意到的性质"。（同上，第 6 卷，第 83 页）

39《哲学原理》，第四部分，第 201 段。

40《罗伯特·波义耳著作集》，第 4 卷，第 72 页。

41 胡克，《遗作集》（沃勒编），伦敦，1705 年，第 61 页。

42 艾萨克·牛顿，《数学原理》（莫特译），第 385 页。应当指出，第 1 版

《原理》（1687年）是洛克有生之年出现的唯一版本，在其中这条原理并未出现。牛顿在1713年版的《原理》中才将之引入。

43《人类理解论》，第4卷，第16章，第12段。

44《罗伯特·波义耳著作集》，第4卷，第234页。

45 同上，第1卷，第241页。

72　46 同上，第4卷，第77页。

第6章 休谟（与哈金）论归纳

引言

几年前，伊恩·哈金写了一本非常迷人的书，名为《或然性的出现》（1975年）。该书论述认识论史上的几个重要问题，在讨论中对其中的绝大多数都有新突破。然而，在一个重要方面，哈金的分析重复了某个无处不在的哲学神话。而且，不仅是重复这一神话，哈金对之做了最有力的陈述。这个神话，与我在第2章中所描述的纯粹主义模式密切相关，涉及大卫·休谟以及所谓的归纳问题。

根据这一神话，存在一个意义明确的归纳问题，在休谟之前无人意识到其存在，直到休谟在18世纪30年代晚期"发现"了它。哈金以两个历史论题的形式阐述了这一"神话"：

（1）"直到17世纪（他在某处把时间定为'1660年前后'[1]），才有证据的概念，才能据此提出归纳问题！"[2]

（2）"归纳的……怀疑问题，首次出现于1739年，在大卫·休谟的《人性论》中。"[3]

在我看来，尽管这两个论题得到了当代哲学家的广泛认同，但它们都是错误的。更糟糕的是，其错误非常严重，因为它们共同依赖于三个不同但同样严重的混淆。[4] 首先，通过提出一个总括性的归纳问题，它们掩盖了一些相当不同的认识论问题。其次，它们忽视了在休谟之前对理论确证的长期关注。最后，这些论题使休谟对归纳问题的讨论具有了历史上几乎不应有的重要性和意义。

然而，在我明确地讨论哈金的两个论题之前，需要做一些基本但非常重要的区分。（实际上，由于没能成功地做出区分，哈金和他的很多追随者将几条历史上很清楚的发展脉络混为一谈，而它们本该被区分得很清晰。）

73   ## 归纳的两个问题

自皮尔斯和凯恩斯以来，宽泛地解释"归纳"的含义就很时髦，以至于几乎包括了所有非演绎的推理。这种做法对某些目的无疑是有用的，但也造成了某些困难。特别的，这使我们倾向于认为归纳问题只有一个含义，而事实上，有多少种扩充性推理，可能就有多少种归纳问题。在所有不同的归纳问题中，有两个问题值得并已经吸引了特别的注意力。第一个就是休谟的归纳问题。出于下文将会阐明的原因，我称之为"平民式归纳问题"。可将其表述如下：

平民式归纳问题：给定一个普遍的经验概括和一定数量的肯定性例证，后者在多大程度上能构成维护前者的证据？

对于在概括中结合起来的性质，平民式归纳的肯定例证构成了不完全但**直接**的证据。然而，还有一种归纳式或扩充性推理，我们可以称之为"**理论式归纳**"或"**贵族式归纳**"。在这种情况下，我们将会检验一种理论陈述，即包括了某些术语的陈述，这些术语通过对应规则并未与可观察的性质产生直接联系。这种理论陈述，尽管缺乏可观察的对应物，却能对可观察的过程做出预言。

例如，可以考虑两个在休谟时代很著名的实例：

（1）在《原理》中，牛顿通过建立一种模型来解释我们所说的波义耳定律，这一模型设想气体由极其细小的粒子组成，这些粒子互相排斥，排斥力与它们之间的距离成反比。牛顿证明，这样的气体实际上遵守我们所熟悉的 $pV=k$ 的定律。

（2）笛卡尔试图通过假设所有行星都由一个涡旋托举着环绕太阳来解释行星天文学。这个涡旋，就是由极其细小的粒子组成的旋转的流体。既然这个涡旋的所有粒子都沿同一方向运动，由这一介质所托起的大型物体都将沿着同一方向运动并大致在同一个旋转平面上。诸行星以这种方式运动这一可观察事实被认为证实了笛卡尔关于太阳系空间领域微观结构的假说。

74

在这两个例子中，以及其他可引述的几十个例子中，一个理论陈述的证据是间接而非直接的。该证据证明这个陈述的一个推论是真的，但这个推论并不能作为这个陈述的肯定性例证，如果我们认为一个具有"$(x)(Ax > Bx)$"形式的全称命题就是"Aa & Ba"的话。[当然，这并不意味着，这些能够证实理论的陈述不能成为某个或其他陈述的肯定性例证。使气体体积增加一倍就使压强减半的陈述是波义耳定律的肯定例证，但（在技术意义上）它**不是**牛顿假设气体分子互相排斥的肯定例证。同样，火星和木星以同一方向绕太阳运动，这为"所有行星以同一方向运动"这一概括提供了一个肯定例证，但对涡旋假说而言，它并**不是**一个肯定例证。]

这一冗长的区分的要点在于：真正的理论陈述可能有证实的例证（即由之推出的已知的、真的经验陈述），但它们没有肯定的例证。因此，当我们讨论理论的贵族式归纳时，我们必须阐明一个不同于平民式归纳的问题。具体来说：

> 贵族式归纳问题：给定一个理论[5]和一定数量的确证性例证，后者在多大程度上能构成维护前者的证据？

平民式和贵族式归纳问题所引起的哲学问题是断然有别的。如果我们考虑一下这两个问题的解决方案，这点就很清楚了。例如，如果我们能在适当意义上确定自然实际上是"统一"的，那么我们就能解决这个平民式问题。但是，再多的自然统一性也解决不了贵族式问题，因为关键并不在于世界是否还会像它曾被观察到的那样。对于贵族式归纳，我们——即使在拥有证实性例证的情况下——不知道根据对事件的特定状况的理论陈述所做的断言在所观察的情况下是不是真的。对于事件的任何可观察的状态，理论陈述都做出两种断言：关于可观察关系的直接可检验的主张，**以及**关于微观结构或其他不可触及的过程的（无法直接检验的）论断。对于平民式归纳，我们知道，如果一个普遍陈述的所有可能的肯定例证都是真的，那么这个陈述本身就是真的（因为它除了断言其可能的肯定例证的数目以外，别的什么都没说）。然而，即使一个理论陈述的所有可能的例证都是真的，这个陈述仍有可能是假的（因为理论陈述通常断言的内容多于其可能的证实性例证的联合）。

平民式与贵族式归纳的区别，在历史和哲学上是同样重要的。导致二者出现的发展线索是截然不同的。例如，休谟关于归纳的所有典型例子都涉及平民式归纳。因此，当他问"我怎么知道今天滋养我的面包明天还将滋养我，我怎么知道过去烧过我的火下次还会烧到我"时，他是在设想一种情形，在这种情形下，我们有一定数量的（毫无问题和毫不含糊的）联合两种可观察性质的肯定性例证。在这种情况下，平民式归纳问题实际上就是：这些肯定性例证给普遍概括的前提和推论提供了示例，那么它为普遍概括提供了何种凭据呢？这样看来，平民式归纳仅仅是某些（但不是全部）扩充性推理的特征，这些推理仅处理可观察的事件、物体或过程。[7]

现在，这种对平民式归纳的限制对休谟来说就有些令人尴尬了。因为休谟那个时代的绝大部分最知名的理论，包括牛顿、笛卡尔、布尔哈夫、惠更斯和波义耳等人的理论，基本上都不包括有肯定性例证的陈述。这些理论涉及大量关于各种各样不可观察实体的陈述——原子、精微流体、无法察觉的力等。

伊恩·哈金的分析虽然旨在阐述归纳的早期历史，但却只关注平民式归纳而完全忽略了贵族式归纳。很显然哈金被休谟说服了，认为平民式归纳是归纳推理的主要形式。哈金将其叙述局限于寻找休谟的前人。因为几乎没有这样的人，所以哈金可以从以下列举的两个论点中获得很多启发。他没能考虑到贵族式归纳的历史，这对他的分析十分不利，因为如果他探究了其历史的话，他应该会发现：（a）远在 17 世纪以前就有了（贵族式）归纳证据的概念；（b）早在休谟之前就有了（贵族式）归纳的怀疑问题。

76　　在 1660 年以前，有没有（归纳的）证据的概念？哈金在这个问题上的主张是相当令人吃惊的。他告诉我们："证据的概念，是提出归纳问题的必要条件。归纳问题在早期哲学史（即早在休谟之前）中没有出现，是因为没有现成的证据概念。"[8]哈金断言在波尔－罗亚尔逻辑之前没有证据的概念，并不是否认人们准备通过引用证言和权威来捍卫自己的观点，这二者都被认为可以使信念可信或"可能"。在哈金看来，所缺乏的是那种"由一个事物指向自身之外"的证据概念。[9]具体来说，他认为缺乏的是一事物（或陈述）可作为另一事物（或陈述）的证据的观点。烟是火的证据吗，雷是闪电的证据吗？以哈金对历史的理解来看，这些问题以及很多类似问题都没有得到回答，甚至直到 17 世纪晚期才得到清楚的表述。

　　这一主张颇不寻常。依照纯粹**先验**的理由，人们想说的肯定不是这样。睿智之士们不可能就知识的性质思考长达两千年之久，而没有开始研究此类问题。但历史习惯于混淆我们的直觉，如果要找出哈金的主张的缺点，就不能只依靠对人类天性的直觉。人们的第一反应可能是想到亚里士多德、斯多亚学派和盖仑主义者，对于证据性标志和证实性例证，他们都有很多论述。毕竟，赛克斯都·恩披里柯已经详细论述过在诊断过程中，医生（也暗指每位自然科学家）把一种状态（如发烧）当作另一种状态的证据。哈金说他"并不讨论梵语或希腊语的证据概念，我所关心的是在特定时期所缺少的特定事物"，[10] 就这样把这些反例忽略了。如果我们设想中世纪和文艺复兴时期的哲学家和科学家（根据哈金的说法，这些人缺乏证据的概念）同其希腊传统没有任何联系，那这还有可能是个明智的意见。但显然这种设想是错误的。在整个中世纪晚期，阿维森纳和阿维洛伊的作品在西欧广为人知，包括他们那些引用了盖仑的关于推论和证据的理论的著作。毫无疑问，关于古代怀疑主义的特殊传统很早就在西欧建立起来了，早于哈金承认其出现的年代。实际上，赛克斯都·恩披里柯的相关著作在 16 世纪中叶是很容易得到的。[11] 因此，认为古代传统与对近代早期科学哲学讨论的理解无关，这是错误的。 77

但即使我们忽略怀疑主义的传统，哈金关于归纳证据的概念直到 17 世纪才出现的说法，与中世纪、文艺复兴时期及 17 世纪早期的一些著名作品是相矛盾的，这些文本所运用的经验证据的概念显然就是哈金否认其存在的那种。然而，为了给这个证据概念定位，我们必须回到之前对平民式归纳与贵族式归纳的区分。哈金完全只注意二者之中的前者，也就是说，他一直在寻找那些根据经验的普遍概括及其与肯定性例证间的关系来理解证据的著者。做出这样的限定之后，其有关历史的主张几乎是对的。在 1660 年以前，几乎没有几位思想家操心肯定性例证在多大程度上能使概括成为可能（培根是个例外）[12]。（这也不足为奇，因为与平民式的休谟不同，他们相信科学是由比经验概括更宏大的事情组成的。）但也有很多伟大的思想家在贵族意义的角度上操心证据问题。实际上，**在中世纪、文艺复兴和 17 世纪早期，认识论的核心问题之一是：若确有作用的话，一个理论的证实性例证在何种程度上能够有助于该理论在认识上的牢固确立？**

为了解事实是怎样以及为何如此的，最好的出发点就是洛克的《人类理解论》。尽管写于所讨论的时期的末期，但它为叙述和解读早先的材料提供了很方便的区分方法。

在《人类理解论》中讨论知识与意见的部分，洛克谈到与不同形式的信念相适应的"同意的程度"。在或然性事物中，他区分了两个最主要的领域：对可以查清的事实的猜想，以及对"我们的感觉无法发现的"事物的猜想。[13] 当然，第一类对应于平民式归纳：燕子于夏季来到，火使人体感到温暖，铁在水中会下沉。对洛克来说，这种关于可感知物体的可观察性质的普遍陈述代表了一种可能的判断。但洛克坚持认为，这并不是引起或然性问题的唯一情形。当我们试图根据"感觉无法发现的"实体来说明任何可观察的过程时，我们就是在处理或然性判断。[14] 洛克所举的这种或然性的例子清楚地表明他主要是在讨论他的时代的科学解释：以"燃烧的物质的细微而不可觉察的部分的猛烈搅动"来解释热；[15] 液化的性质、动物胚胎学，以及其他"涉及自然的大部分运作方式"[16] 的问题，都只能依靠"猜想"和"猜测"来理解。尽管如此，洛克坚持认为，在适当的环境下，这种理论确实具有一定的可能性，"这种可能性是合理实验的最好引导，而假说的兴起也有其用途和影响"。[17]

洛克在《人类理解论》中认为确实存在两种归纳问题：第一种是平民式归纳，与评估关于可观察事实的陈述的可能性有关；第二种，也是在科学上更重要的一种，与评估理论陈述的可能性有关。休谟和哈金都认为只有第一种问题才是归纳问题，然而，早期科学认识论者大多认为第二种问题具有更大的哲学意义。并且，正是考虑到后一种问题，我们才开始看到哪些归纳证据以及何种归纳怀疑主义形成了休谟重新定义和限制归纳问题的背景。

如我们所见，贵族式归纳的结构使得我们试图从一个理论陈述的已知证实性（但非确定性）例证出发来就其真值状况得出结论。这里有两个主要困难，从古代起就为科学家和哲学家们所熟悉。第一个是，可以从假前提中推出真结论。因此，我们不难看出，一个真的证实性例证与一个假理论是完全兼容的，而且无论多少证实性例证都不能确定一个理论为真。可难道我们不能说在有足够数量的证实性例证时，至少这个理论有可能为真吗？

有很多思想家同意此种观点，即认为足够多的证实性例证为理论的有保证的断言提供了证据基础。在一场中世纪后期众所周知的讨论中，盖仑主张科学的正当方法就是利用现有的、可观察的标志或效果来揭示关于这些效果的隐蔽的、不易觉察的原因的理论。[18] 阿维洛伊及其在中世纪和文艺复兴时期的追随者充分利用了"标志证明法"，他们认为这种方法能产生从可观察事物到不可观察事物的盖然性论述。[19] 罗伯特·格罗斯泰特认为，通过 79 对结果的仔细研究，我们可以获得关于原因的盖然性知识。[20]

到文艺复兴和整个 17 世纪，这一主张有了更明确的形式。

特别是，很多思想家主张，尽管一个假理论可能会有某些真结果，但在理论为假时，其大量的结果经检验后，不太可能都为真。换言之，人们通常认为，一个理论若有很多已知为真的结果而没有（已知）为假的结果，那么就有很大的信心断言其为真。例如，可以参考文艺复兴时期著名的天文学家克里斯托弗·克拉维乌斯的论述：

> 如果（哥白尼的批评者）不能给我们指出更好的办法（以解释现象），他们当然应该接受这一办法，因为它是从非常广泛的现象中推导出来的……如果仅仅因为从假前提中能推出真结论，就不能证明在现象的基础上推理出天空中有本轮和均轮是合理的，那么，整个自然哲学都将被毁掉。因为恰好是以同一种方式，如果有人从一个已知的结果推断出这不是真的，仅仅是因为真结论可以从假前提中推出，那么哲学家们发现的所有自然科学原则都将被摧毁。[21]

开普勒的观点与之类似。在主张我们应当"试图通过现象来确立（假说）"之后，[22] 他认为哥白尼的体系正是以这种方式在经验上确立的。与开普勒同时代的弗朗西斯·培根在其《新工具》中主张，一个理论必须用那些在其建立时没有利用过的数据来检验。具体而言，对于任何理论，"我们必须观察它是否通过向我们说明新的细节，能借助间接的保证来证实广度和深度"。[23]

勒内·笛卡尔被哈金从其叙述中排除，因为他"与新生的或然性概念毫无关系"；[24] 然而，笛卡尔也提出了一个类似的观点，即大量的证实性例证能够促使我们接受它们所确证的理论是合理的：

> 尽管存在着几个不同的结果，可以轻易地调整不同的原因［即假说］以使其互相一一对应，但要调整一个假说使之适应几个不同的结果却非易事，除非它就是产生这些结果的真正原因。[25]

波义耳也明确指出，对任何"出色的假说"的检验都涉及它能否成功"预言将来的现象"。[29] 波义耳的同事罗伯特·胡克也强调，尽管科学知识是不确定的，但理论可以积累起证实性例证，使之变得非常可几：

> ……混合体的性质、组成、内部运作和力量都远远超出感觉所及的范围……据此说明的数据，以及以数据为基础建立起来的推理，是不确定的，仅仅是猜测性的，由此产生的结论或演绎最多不过是可能的。但**它们仍然变得越来越可能，当由它们推出的结论被事实或结果确证的时候。**[30]

可以更为详尽地引用说明同一问题的更多文本，其中有一些已出现在前几章。但即使这一非常简短的文本汇集也足以说明，早在哈金所确定的神秘的 17 世纪 60 年代之前，就已经有很多科学家和哲学家拥有经验证据这个概念，即他们同意，一个理论的大量证实性例证可以合理地被当作相信或接受一个讨论中的理论的理由。实际上，洛克关于假说的可能性的讨论就源于这个数百年之久的传统。

但这只是故事的一半。我认为，存在着一个持续数百年之久的证据的概念（在实质上与如今的证据的概念并无太大差异），这已是确凿无疑了。但这仍使我们要面对哈金一再重复的主张，大意是正是休谟发现了归纳的怀疑问题。这正是我下面要讨论的问题。与平民式及贵族式归纳法相联系的是各有特色的怀疑问题。平民式怀疑论者断言，一个归纳式的概括的肯定性例证并不为确定该概括的真实性或可能性提供任何根据。贵族式怀疑论者宣称，理论的证实性例证并不为确定该理论的真实性或可能性提供任何根据。这两种怀疑的挑战的不同是不可否认的，但它们都构成了对归纳或扩充性推论的怀疑，这应当很清楚。在这里我想要说明的仅仅是：**早在休谟之前，关于贵族式归纳的怀疑就颇为盛行，其富有说服力的详尽论述，与休谟对平民式归纳的批判一样令人信服，它们都表明贵族式归纳不能产生知识，甚至不能产生可靠的观点。**

对于贵族式归纳的怀疑性质问，可用最一般的形式表述如下：

给定任何理论 T 和任何证据 E，只要 T 与 E 相关，就会存在（可能无限多的）其他理论，即与 T 相反的理论，它们也会与 E 相关。因此，无论多少证据都不能使 T 成为可能或盖然的。

81

有两个互相关联的因素使得很多思想家得出了这个怀疑的结论。第一个是普遍共识，即假理论可以有真结果。至少从亚里士多德时代起，每个学生都知道有真推论的陈述很可能是假的。很多思想家用这点来表明，即使一个理论虽然拥有证实性例证，这也不能作为其为真的明确标志。但证实后件的错误仅仅把我们引向对贵族式归纳的怀疑性态度。毕竟，人们可以承认证实性例证并不能证明一个理论为真，但仍可断言这个理论是可能的（正如我们在上文所见，很多思想家倾向于做这种假设）。导向贵族式怀疑主义的真正决定性因素是**可行的相反理论的出现**，这些理论首先出现在天文学中，后来出现在其他理论科学中，**它们被设想成在观察上与任何可能的证据等价**。这个故事可能始于阿波罗尼奥斯，他用本轮和（大小合适的）均轮来描述行星的运动，也得出了同样的观察结果。简而言之，经验，无论是多么不同或广泛，无论搜集得多巧妙，并不能令人信服地说明均轮或本轮假说的可能性或真实性，也永远也不能使任何一个假说变得更有可能。

经验无法在关于天体运动的不同天文学假说之间进行裁决，中世纪和文艺复兴时期的人对这点有很多讨论。例如，阿奎那在他对《论天》的评论中写道：

> 天文学家的假说并不必然为真。尽管这些假说看上去可以解释现象，但人们不应断定它们就是真的，因为人们或许能用其他方式来解释行星的视运动……[31]

在《神学大全》中，他阐明了同样的观点：

> 为一种事物提供说明的方式，并不是通过充分的证据来说明其原则，而是显示出哪些结果与事先确定的原则相符合。因此，在天文学中，我们通过这一假说能够解释天体运动的可感现象这一事实来解释均轮和本轮。但这并不是一个提供证明的原因，因为这些视运动或许可以用其他的假说来解释。[32]

82　　文艺复兴时期的阿维洛伊主义者阿戈斯蒂诺·尼福，以一种稍有不同的方式指出了理论家在认识论上的两难境地：

> 因此，那些从命题（即证据陈述）出发的人误入歧途了，因为虽然这些命题的真值可能是各种原因的结果，但肯定是由这些原因中的一个决定的。这些现象可以由我们曾讨论过的那些假说解释，但也可以由其他尚未发明的假说解释。[33]

阿奎那和尼福共同主张的是，对于任何理论 T 及其任何证实性例证集 E 而言，都有可能存在着无穷多的与 T 相反的理论，它们能像 T 一样推出 E。在这种情况下，认为 E 表明 T 为真或可几都是没有根据的。

对贵族式归纳的这种怀疑态度最初集中于天文学理论。在某种程度上，它是天文学史上工具论与实在论之争的核心，皮埃尔·迪昂曾详细叙述过这场争论。[34]但有一点很重要，即到了 16 世纪和 17 世纪，这种态度已不再局限于天文学，而变成了对经

验证据证实理论的作用的一般性批判，例如在库萨和科罗内尔的
手中。

这一点在 17 世纪上半叶尤为普遍，那时机械论哲学的出现
使得对不可观察实体的理论化变成了一门精巧的艺术。无论是
气体力学、光学、力学还是化学，到 17 世纪 30 年代和 40 年代，
情况都是一样的。在一个接一个的科学领域中，关于自然的精细
结构的设想被提出，以解释可观察的效应。关于那些微观实体的
大小、形状、速度和其他性质的特定假说，只能通过探索可观察
到的结果来进行非常间接的检验。但很少有自然哲学家认为他们
能够令人信服地论证，对于任何关于元素性质的假设，都不存在
大量同样可能的相反假设，并且所有这些假设能与已有证据同样
符合。在这种情况下，采取怀疑论的立场是很诱人的，即没有什
么肯定性例证能做出决定性区分。这种观点在笛卡尔的《哲学原
理》（1645 年）中得到了非常简洁的概括：

> 可以说，尽管我已表明所有自然事物可能是怎样形成
> 的，但我们并没有权利认为它们是由这些原因产生的，我很
> 坦白地承认这一点。并且，如果我所指出的原因与自然表现
> 出来的现象相符合，而不去探究这些现象是由这些或其他原
> 因所产生的，我相信我已算是竭尽所能。[35]

83

笛卡尔在这里和在别处承认的都是同一事实，即"我们所见
到的事物的形成有无限种方式"。[36] 笛卡尔的这一让步相当于主张
有无限多种相反的假说，可由同等数量的例证来证实。尽管对这

一结果感到不快，但笛卡尔在著作中承认，如果篇幅足够的话，就可以令人信服地证明：对（贵族式）归纳的有效性的怀疑是几乎每位 17 世纪哲学家的特征（更多的相关证据见本书其他部分，尤其是在第 4、5、8 章）。

与哈金和正统哲学史相反，要使哲学家和科学家注意到科学理论的经验支持是一个紧迫且悬而未决的问题，几乎是不需要休谟的提醒的。

事实上，休谟的工作已经和仍在继续做的就是把我们的注意力从贵族式归纳的紧迫问题上引开，并转到非常琐碎的平民式归纳的问题上去。[37] 通过求助于权威和休谟的前人，我们使自己相信，归纳的主要问题是对观察到的事件之联合进行时间推断。休谟的前人，远超其后来者，认识到理论与证据间的关系引发了更有分量的问题，比爱丁堡那位执拗而浅薄的科学涉猎者所想到的更有分量。

休谟对贵族式归纳的回避可能与他对其所处时代的科学的无知有关，[38] 但更重要的原因是他那奇怪的感觉主义认识论，它认为真正的理论（即涉及理论实体的那些理论）是不正确的。对于休谟来说，无需操心理论归纳，因为他对知识的解释根本没有为理论留下什么余地。关于这一切，令人惊讶的是，那一代科学哲学家（其中很多人发现休谟的感觉主义是令人厌恶的）仍然接受了休谟的主张，即平民式归纳是典型的。[39] 我们已经拒斥了休谟的平民式认识论，很大程度上是因为它对科学知识所做的贫乏说明。然而我们仍旧保留了他对归纳问题所做的表述，拒绝正视它对科学推理的理解同样是不公正的。

注释

1 哈金，1975 年，第 9 页。

2 同上，第 31 页。

3 同上，第 176 页。

4 关于"休谟问题"的这一神话与我在第 3 章和第 11 章分别讨论的伽利略力学的问题和发现的问题密切相关。

5 一个此种意义上的"理论"必须假定一个或更多不可观察的实体，即**可能源自经验概括的陈述并不能算作用于此目的的理论**，对此加以强调是十分重要的。

6 我所谓的"贵族式归纳"近似于曼德尔鲍姆（1964 年）所称的"转换"。

7 正如 T. 塞登费尔德已经向我指出的那样，有很多理论专门处理可观察的实体（如统计理论），这些理论并无肯定性例证，因此同样没能证明平民式归纳法。

8 哈金，1975 年，第 32 页。

9 同上，第 34 页。

10 同上。

11 例如，可参见波普金（1968 年）和施密特（1972 年）。

12 参见培根，1857—1859 年，第 1 卷，第 25、82、103、106 和 117 页。

13 洛克，1894 年，第 4 卷，第 16 页，第 5 段。

14 同上，第 4 卷，第 16 页，第 12 段。

15 同上。

16 同上。

17 同上。

18 参见沃尔泽，1944 年。

19 参见克龙比，1953 年；兰德尔，1961 年。

20 参见克龙比，1953 年。

21 引自布雷克、迪卡色和梅登，1960 年，第 33 页。

22 同上，第 44 页。

23 参见培根，1857—1859 年，第 1 卷，第 106 页。

24 哈金，1975 年，第 45 页。

25 笛卡尔，1897—1957 年，第 2 卷，第 199 页。

26 同上，第 9 卷，第 123 页。参见布克达尔（1969 年）及前文第 4 章。

27 波义耳，1772 年，第 4 卷，第 234 页。

28 同上。（译注：前面正文中没有标出注 26—28。）

29《皇家学会，波义耳论文》，第 9 卷，第 25 叶。

30 胡克，1705 年，第 536—537 页，黑体为作者所加。

31 阿奎那，转引自迪昂，1969 年，第 41 页。

32 同上，第 42 页。

33 同上，第 48 页。

34 参见迪昂，1969 年，及其 1913—1954 年，以及米特尔施特拉斯，1962 年。

35 笛卡尔，1931 年，第 1 卷，第 300 页。

36 同上。

37 作为一个有趣的例外，见尼尼洛托和图奥梅拉，1973 年。

38 实际上，从苏格拉底到乔治·爱德华·摩尔，很难在其中找到一位比休谟对其所处时代的科学更无知的重要哲学家！

85　39 这种看问题的方式与斯道夫的抱怨形成了鲜明的对比："休谟对我们'有关事实的推理'的讨论在 19 世纪以来研究科学推理的伟大作者那里从未得到应有的关注。"（1968 年，第 187 页）

参考文献

弗朗西斯·培根，《弗朗西斯·培根著作集》（斯佩丁、埃利斯和希思编），伦敦，1857—1859 年，十四卷本。

R.布雷克、C.迪卡色和 E.梅登，《科学方法的理论：贯穿 19 世纪的复兴》，西雅图，1960 年。

罗伯特·波义耳，《罗伯特·波义耳著作集》（伯茨编），伦敦，1772 年，四卷本。

格尔德·布克达尔，《形而上学与科学哲学》，美国马萨诸塞州剑桥，1969 年。

A.克龙比，《罗伯特·格罗斯泰斯特与实验科学的起源》，牛津，1953 年。

R.笛卡尔，《文集》（亚当及汤纳利编），巴黎，1897—1957 年。

勒内·笛卡尔，《笛卡尔哲学著作集》（霍尔丹及罗斯编），剑桥，1931 年。

皮埃尔·迪昂，《宇宙体系》，巴黎，1954—1959 年。

皮埃尔·迪昂，《解释现象》，芝加哥，1969 年。

伊恩·哈金，《或然性的出现》，剑桥，1975 年。

罗伯特·胡克，《罗伯特·胡克遗作集》，伦敦，1705 年。

约翰·洛克，《人类理解论》（弗雷泽编），牛津，1894 年，两卷本。

M.曼德尔鲍姆，《哲学、科学和感觉感知》，巴尔的摩，1964 年。

J.米特尔施特拉斯，《解释现象》，柏林，1962 年。

I.尼尼洛托和 R.图奥梅拉，《理论概念与假说归纳推理》，多德雷赫特，

1973 年。

R. 波普金，《从伊拉斯谟到笛卡尔的怀疑论的历史》，纽约，1968 年。

J. 兰德尔，《帕多瓦学派》，帕多瓦，1966 年。

C. 施密特，《文艺复兴时期古代怀疑主义的重新发现与吸收》，《哲学家历史批判》，1972 年，第 363—384 页。

D. 斯道夫，《休谟、概率与归纳》(V. 查普尔编)，《休谟》，伦敦，1968 年，第 187 页及以后。

86　　R. 沃尔泽，《盖仑论治疗经验》，牛津大学出版社，1944 年。

第7章 托马斯·里德与英国方法论思想的 牛顿式转向

导言

休谟在其《人性论》序言中的一段话非常有名，他表达了一种热切的愿望：他想为道德哲学做出可与牛顿为自然哲学所做的贡献相媲美的功绩。[1] 在 18 世纪的伦理学、文学、政治理论、神学，当然还有自然科学中，常常有人公开表达这种愿望。[2] 牛顿的《自然哲学的数学原理》似乎在一夜之间建立起了思想的精确性、直觉的清晰性、表述的简洁性，以及结论的确定性的标准。曾一直处于争论和猜想之中的自然哲学终于建立起可靠的基础。相信猜想已让位于实证，相信建立在从实验证据出发的严格归纳基础上的可靠体系已经最终被设计出来，这是颇具诱惑力的。[3] 在自然科学之外，牛顿的真正贡献被非专业人士弄得很模糊，对牛顿的热情达到了更高的程度。据说，牛顿的伟大贡献，不是其宇宙学的综合，而是对科学新概念和新方法的表述。牛顿被视为归纳式实验学习的先驱，这种学习致力于从观察的细节逐渐上升到正确的、不可修改的普遍规律，以产生归纳的、实验的知识。

牛顿使培根所预言的对自然的归纳性解释方式结出了果实。

因此，毫不令人惊讶，牛顿关于科学方法的很多很不经意的话——尤其是著名的"我不做假说"——被几乎每个人类思想领域的智力改革者奉为圭臬，特别是在英国。18世纪常被称作牛顿的时代，也确实如此。但与其说是物理学或形而上学的牛顿时代，不如说是科学目标和方法的牛顿时代。换言之，是牛顿的归纳主义和实验主义——他特殊的经验主义——而不是其光学或力学激励了18世纪英国思想史上的领袖（和冒充内行的人）。

87　　当然，我刚才所做的简短说明并无特别新颖之处。相反，它表达了绝大多数研究过那个时期的史学家的观点。然而，对启蒙时期英国思想发展的这一不断被重复的表述有一个奇怪的缺陷，即职业哲学家怎样卷入其中，英国哲学家是怎样接受"牛顿的教谕"（如我们所见，基本上是方法论和认识论的）的？尽管哲学史常把牛顿与正统的英国经验主义者（如洛克、贝克莱、休谟）归为一类，但这样一种联系更多的是误导而非说明，至少对科学哲学史来说是如此。实际上，当谈到科学方法问题时，这三位经验主义者是非常明显的非牛顿派学者。例如，洛克在牛顿绝大多数关于方法论的著作发表之前就已去世，所以我们要在他那里寻找牛顿的影响的迹象是徒劳的。[4]另一方面，贝克莱尽管肯定知道牛顿的归纳经验主义，却提出了一种与牛顿的观点非常不同的科学方法论和概念结构。[5]实际上，贝克莱的《论运动》可以被理解为对牛顿的经验主义和归纳主义的隐晦批评。对休谟来说，情形也并无太大差别，他几乎没有注意到牛顿的大量方法论附带意见。事实上，当休谟确实开始研究方法论问题（例如，归纳或因果性）时，其结论与当时对牛顿学说的普遍理解截然相反。当然，我并不是说牛顿的物理学、时空理论或神学对洛克、贝克莱和休谟毫无影响，相反，他的著作在这些方面都非常重要。但反常的是，在科学方法和科学认识论的重要问题上（这正是牛顿最公开和最频繁研究的认识论问题），几乎没有什么证据能证明正统的英国经验主义者曾对牛顿大肆宣扬的观点留有深刻印象或曾予以重视。

然而，在下一个世纪，情况变化颇大。在 19 世纪早期和中期的英国哲学著作中，牛顿的科学哲学，他的《哲学思考的规则》和《自然哲学的数学原理》，以及《光学》所附的《疑问》第 28 条和第 31 条（牛顿在这里讨论了科学方法）被大量引用。实际上，几乎所有 19 世纪英国哲学、逻辑学、科学哲学的重要人物（例如布朗、赫歇尔、斯图亚特、休厄尔、穆勒、哈密顿、德摩根、杰文斯，甚至布拉德雷）都为讨论牛顿的方法论思想花费了大量的时间和笔墨。更重要的是，他们的哲学学说表明他们已经从根本上开始研究牛顿的物理学和科学哲学的认识论含义。

史学家们是怎样解释这一深刻转变的呢？是谁，在何时，将牛顿引入英国关于认识论及科学哲学的哲学思想的主流的呢？在英国的经验主义传统中发生了什么事情，使其需要把牛顿当作一个认识论者来认真对待，就像原来把他当作一个科学家那样？我认为，通过对托马斯·里德（1710—1796 年）的方法论著作的精密分析，这些问题将会获得一个初步的答案。实际上，绝大部分现有证据似乎都表明里德是第一个认真地看待牛顿关于归纳、因果性和假说的观点的重要英国哲学家。

　　在 18 世纪的所有英国哲学家中，里德作为牛顿的代言人是十分称职的。里德受过自然科学训练，在阿伯丁和格拉斯哥教授物理学、数学及狭义的哲学。他的第一篇文章在《皇家学会哲学学报》上发表，主题是为牛顿力学辩护。[6] 作为牛顿派学者詹姆斯·斯图亚特和大卫·格里高利的密友，以及詹姆斯·格里高利的外甥，里德是牛顿物理学的虔诚拥护者，讲授《自然哲学的数学原理》长达十二年。（里德现存的自然哲学讲座的笔记的第一部分——由其一名学生所记——致力于讨论牛顿的《哲学思考的规则》，这点意义很大。正如我们将会看到的那样，这些内容后来在里德的哲学著作中具有非常重要的作用。）简言之，里德是个博学能干的自然哲学家，他了解牛顿的著作并能看到其所具有的逻辑学和认识论兴趣。[7] 但如果牛顿是里德的科学缪斯，那么是休谟激发出他最初的严肃的哲学兴趣。[8] 很显然，里德曾热心地读过《人性论》和《道德原则研究》，因为他曾在 1763 年致信休谟：“在形而上学方面，我将永远自称为您的门徒。我从您的此类著作中学到的东西远比从所有其他著作中学到的更多。”[9]

　　然而，他所自称的这种对休谟的感激却很奇怪，因为几乎其所有哲学著作都表明休谟关于感觉的怀疑主义和对常识的偏爱（以及休谟对科学的批判）缺乏根基。里德认为休谟对知识、因果性、归纳的说明太牵强了，以至于成了经典怀疑主义的基础的**归谬法**。他认为有必要从基础重新开始，来说明知识及获得知识的方式，区分知识的不同程度的确定性和可靠性。按照里德对休谟的理解，经验主义不再能分辨出占星家和古典机械论者的

89

优劣，因此作为知识理论不再具有吸引力了。[10] 虽然他认同休谟的观点，即没有不可错的经验知识，但他仍认为有不同程度的可错性，并坚持认为认识论和科学哲学应当为在可靠和不可靠的陈述及体系之间做决定提供指导方针。为构建此种认识论，里德广泛地借鉴了他在长期研读牛顿作品的过程中获得的领悟。然而，里德认真对待牛顿的原因不止一个，指出这点很重要，因为他把自己的工作视作创造科学的、精神的哲学（即心理学）的一种尝试。[11] 他不断地鼓吹，精神的科学（即心理学和认识论）之所以落后是因为无人尝试过根据科学的证据和证明标准来建构它们。他认为，没有比试图根据科学方法建构精神哲学更好的目标。当然，这意味着要努力塑造精神科学，以契合牛顿的方法论见地。

反对假说的争论

里德哲学体系的基石之一，以及他继承自牛顿的最重要看法，是他对任何不是从实验和观察中得来的理论、假说和猜想的近乎轻蔑的怀疑。他主张进行耐心的、有系统的归纳，并对所有假说进行细致批判，这就是解决绝大多数困扰哲学和科学的疾病的万能药。因此，在其《论人的理智能力》中，他写道：

> ［科学的］发现总是通过耐心观察、精确实验，或通过对

观察和实验的严格推理得出的结论而获得的，而且这些发现总是倾向于反驳而不是证实那些机灵的人们所发明的理论和假说。这是一个在过去所有时代的哲学中都得到证明的事实，它应该已经教会人们在哲学的所有分支中都轻蔑地对待假说，而且放弃以这种方式来推动真正的知识进步。[12]

90   在别处，他注意到"哲学在所有时代都被掺入了假说，即体系的建构部分地依赖于事实，更多地依靠猜想"（《论人的理智能力》，第 249 页）。在讨论将心灵哲学转变成科学的纲领时，他尤其反对假说。他坚持道：

> 让我们将之作为在研究心灵的结构和运作方式时的一项基本原则——不应当重视哲学家们的猜想和假说，不论它是多么古老，得到多么广泛的接受。（《论人的理智能力》，第 236 页）

里德反对假说的理由有几个，一些是逻辑上的，另一些则是历史和心理上的：

（1）**历史上来看，假说和猜想并没有什么成效，而且倾向于误导而非启发我们。**里德很熟悉科学史（他可能因此才有此言论），他认为没有哪一个法则或发现是对自然进行猜想的结果。他争辩说，如果哪怕有一个"有用的发现"可归功于假说法，那么培根勋爵和艾萨克·牛顿爵士就会因为他们所说的那些反对假说的言论而严重伤害了哲学。但如果拿不出这样的例子，我们必须和这些伟人得出相同结论：任何假装能以假说和猜想来说明自然现象的体系，都是假的和不合理的，只会让人骄傲自大，自以为掌握了自己没有掌握的知识。(《人的理智能力》，第 250 页)

（2）**对假说的采纳会损害科学家的公正性**。只要一个猜想或假说是我们自己的创造物，我们就倾向于因它而获得既得利益，而不那么热心于对其进行严格检验。[13] 里德认为科学在中世纪之所以停滞不前，主要是因为医学中的盖仑假说、天文学中的托勒密假说，以及物理学中的亚里士多德假说，它们阻止了经院哲学家进行那些最终导致这些体系垮台的实验。

此外，一旦我们发现一个假说基于先验的理由而具有吸引力，我们就倾向于根据那些经验命题与假说是否一致来决定其真伪，而不是通过经验陈述来检验假说，而这些陈述的真伪早已独立确定。[14] 将近一个世纪之前，牛顿本人在与胡克、惠更斯和帕蒂斯进行关于光学的早期论战时也被迫做了一个与里德非常类似的论述。[15] 里德指出，先入为主的假说甚至会影响我们解释观察 91 的方式：

一个假的体系一旦在头脑中固定下来，就成了我们观察物体的中介：事物经由它得到一种颜色，所显现出的颜色不同于我们在单纯的光线下看到的颜色。(《人的理智能力》，

第 474 页）

（3）假说法的前提是自然比我们实际上所发现的更为简单。在科学或哲学的任何领域中，都存在着某些明显的需要加以说明的现象。若我们沉迷于假说的话，只要我们足够机智，我们总是能找到几种不同的假说来"解释"或说明那些现象。在这些说明性假说中进行选择的最常见的办法就是选择其中最简单的一个。但是，里德在这里又一次运用了历史的论述，科学的发展已经最终表明，那些看上去最简单的假说常常是相当不着边际的。在他看来，自然是高度复杂的，牛顿的那些"正确"理论仅仅在回顾时看上去是简单的，因为它们足够复杂以适应自然的复杂性。他尤其反对很多哲学家仅因为一个体系在结构或原理上的简单性就先验地接受它。[16] 甚至牛顿也遭到了责备，因为在里德看来，他有时"被类比和对简单性的热爱误导了"（《人类心灵》，第 207 页；参见《人的理智能力》，第 471 页）。

（4）假说的使用假定人类的理性能够理解上帝的杰作。在里德看来，自然是复杂的，因为它是一个极其复杂的存在物的作品，这个存在物的智慧要比人类大无限多。如果向我们展现一台由另一个人制作的机器或其他发明物（例如一座钟），在我们能对时钟的结构进行经验性检查之前，就其内部安排进行猜想也合乎情理。由于其制造者并不比我们更聪明，我们可能会有机会合理地猜到其正确安排。但是：

> 人类的作品与上帝的作品并不相同。天才的力量可能会

使一个人完美地理解前者，并且彻底看清它。一个人制作和完成的物品可以被另一人理解得非常完美……但自然的杰作是由一种远远优于人类的智慧和力量制作完成的，当人们尝试运用天才的力量来发现自然现象的原因时，他们只拥有更加聪明地犯错误的机会。他们的猜想在不比他们聪明的人们看来可能很有道理，但他们并无机会发现真理。[17]

（5）**假说从来都不能用"归纳"法来证明**。虽然假说法的支持者都知道肯定后件的错误，而且通常都承认不能通过把假说的结果和观察进行比较来证实假说，但他们当中很多人却主张，可通过一系列决定性实验来对假说加以间接证明。[18]牛顿是最先指出这一推理错误的人之一，[19]他指出不可能列举出所有可能的假说以说明一类事件，里德追随他想否定假说可以用这种方法证明的观点："这实际上是所有假说的避难所，即由于我们不知道产生这一现象的其他方式，因此它们只能是以这种方式产生的。"（《人的理智能力》，第250页）

（6）**假说的运用通常都违反了牛顿的第一条"哲学思考法则"**。牛顿的第一法则是：除了那些既是真的，又能说明现象的原因以外，不应承认更多的原因。里德经常使用这条法则，但很少像在他对假说法的批评中那样有效。[20]他认为这条法则不仅要求假说应足以说明所有现象，而且要求这些假说所假定的机制和实体都是真的，而不仅是人类虚构的。里德不无道理地断言，"假说的信仰者"通常在其假说解释了现象时就心满意足了，至于其假定的实体和机制是否与物理现实相对应，他们并不关心。

在致凯姆斯勋爵的一封重要信件中，里德对这点进行了详细论证，并详细地解释了牛顿那个含糊的短语——"真正的原因"：

> 所有对自然现象的原因的研究都可归结为这样的三段论——如果存在这样一个原因，那么它将会产生这样一个现象；这个原因确实存在；因此，等等。第一个命题仅仅是假设性的。一个坐在自己房间里的人，无须请教大自然，就可以做一千个这样的命题，并将之拼凑成一个体系。但这仅仅是一个假说、猜想或理想的体系，无法由之推出任何结论，除非他向大自然请教，并探索他猜想的原因是否真正存在。[21]

五年后，里德更清晰地表明了他受益于第一法则，他写道：

> 当人们试图说明自然的任何运作方式时，他们所提出的原因，应当如艾萨克·牛顿爵士教给我们的那样，具备两个条件，否则它们毫无裨益。首先，它们应当是真的，并确实存在，而不是毫无根据，仅依据猜测而存在。其次，它们应当足以产生该结果。[22]

93　　由于里德对牛顿的"真正的原因"的解释对杜加尔德·斯图亚特、约翰·赫歇尔、查尔斯·莱伊尔等著者产生了很大的影响，因此值得详细讨论。按照里德对第一法则的解释，它相当于宣布任何假定性的因果说明：（a）必须足以说明相关的现象；（b）必须假定那些可以直接确定其存在的实体和机制。条件（b）

是至关重要的，因为它旨在解释对"真正的原因"的需求。这相当于宣称：由于我们没有关于**不可观察的实体的存在**的**直接证据**，所以**它们在因果说明中没有任何作用**。在里德手中，牛顿关于推理的第一法则成了从自然哲学中排除所有理论实体的工具。可以合法假设的唯一原因，就是那些可观察和可测量的事物，就像引入它们来加以说明的那些事件一样。和休谟一样（见前一章），里德绝不会接受那些其属性不是直接得自感觉的理论。

　　换句话说，里德运用牛顿的**"真正的原因"**作为工具来怀疑这个通常与假说法联系在一起的论述——只要那些不可观察的原因可以得到**间接**证实，就可以将之合法引入。[23] 里德的立场是，再多的证实或解释成功都不足以确定一个不可观察的实体的存在。这样的检验最多只能确定这种实体的存在的可能性，但它无法令人信服地证明这种实体真正存在。里德这样论述道：

　　　　假定它［即假说］是真的，它仅仅确定了什么是可能的。实际上，在绝大多数情况下，关于什么是可能的，我们是非常不完美的评判人。但我们知道，即便我们非常肯定一个事物可能如何，这也不是相信其确实如此的理由。"可能如此"仅仅是一个假说，它提供了加以研究的事物，但并不具有基本的可信度。从"可能如此"到"确实如此"的转变，对那些偏爱假说的人来说是习以为常的……[24]

　　（7）**假说法用不成熟的理论独创性来代替艰苦的实验。**一般来说，归纳主义者对天才的敏锐头脑和敏捷智慧一直是颇有疑虑的。他们曾试图将科学发现还原为一种机械的过程，在其中智力的差异几乎没有作用，用培根的话来说，"所有的智力和理解力几乎都在同一水平上"。[25] 培根、牛顿和穆勒（典型的英国归纳主义者）都相信，"发现的逻辑"应当为发现科学法则和理论建立规则，而这些规则应当近乎机械化并且十分简单，以至于几乎不需要敏捷的头脑或丰富的想象力。[26] 里德毫无保留地支持这种观点。他主张：

94

> 所有时代的经验都表明聪明人是多么倾向于提出假说来说明自然现象。他们多么喜欢通过某种预测来发现她的秘密……而不是通过丰富的、有充分根据的归纳，他们将缩短工作时间，并通过天才的飞跃直抵顶峰。[27]

天才和创造性的智力在科学中所起的作用颇为有限：

> ［天才］可以组合，但不应虚构。可以搜集证据，但不能用猜想来满足对证据的需求。可以通过将自然置于精心设计的实验之下来展示其力量，但不应对她的答案做任何补充。（《人的理智能力》，第 472 页）

假说法的严重局限之一是它过于依赖理论家的聪明才智来预测自然，预测那些未经实施的实验的结果。里德关于自然的复杂性以及人类的想象力与上帝的想象力的差距的观点，很清楚地解释了他为何对没有大量的实验相助的天才能走很远不抱希望。里德对于这点非常坚持，以至于他甚至批评牛顿偶尔也陷入了假说的语言误区中。在指出《光学》所附的第十五条疑问中的假说的几个错误之后（关于图像从眼睛到大脑的传送问题），里德得出结论说，即使"我们相信那些最天才的人对自然运作的猜想，我们也只有以巧妙的方式走向错误的机会"。[28] 假说法作为一种软弱的发现工具，也是一种无效的真理探测器，在里德的攻击之下它显得乏善可陈。

里德不仅发现假说法令人生厌，就连理论对他来说也是一种诅咒。实际上，他倾向于把"理论""假说"和"猜想"这些术语混在一起不加区别地进行攻击。[29] 他毫无疑问地让我们看到他从牛顿那里继承了对所有假说性事物的厌恶："在我了解了培根和牛顿以后，我就认为这个学说［即永不相信假说和猜想］是自然哲学的钥匙，是科学中所有合理和可靠事物的标准，应当和那些假的和空洞的学说区分开来……"[30] 在别处，他提到了"伟大的牛顿"在《光学》中所树立的榜样，一个"应当被学习，然而很少有人效仿的"（《人类心灵》，第 180 页）榜样，他通过这个榜样将猜测（他在《疑问》中谦虚地做了表述）和无可争辩的结论区分开来。[31] 里德告诉我们，正是由于牛顿如此小心地区分假说和归纳地建立的理论，所以"当其体系被称作假说时，他认为这是一种责难，而且高傲地说他不做假说"（《论人的理智能力》，第 250 页）。

像牛顿一样，里德认为，在通过归纳发现的法则和性质与设计出来用以说明这些法则和性质的假说及理论之间，存在着本质上的差异。此外，学者们发现在牛顿的著作中，[32] 存在着在对

95

所有假说的明确谴责和对某些假说的有用性的不情愿承认之间的摇摆，而在里德的立场中也有一种相似的态度。他告诉我们应当"轻蔑地对待"假说，它们是"假冒的，没有任何权威"，并且"不能产生知识"；但是，当受到压力时，他又承认"甚至在自然哲学中，猜想也可以成为一个有用的步骤"[33]，而且假说"可以导致有成果的实验"。[34] 然而，里德的几乎所有论述的主旨都是对那些确实使用了假说的哲学家（如戴维·哈特利）和科学家（如笛卡尔派）的怀疑，尽管他们使用假说的频率并不高。

从根本上来说，似乎最困扰里德的是对他而言，假说法以微妙的方式歪曲和误解了科学的真正目标。对里德来说，主要目标就是发现自然是怎样运作的，并对这些运作方式进行忠实描述。但是，一旦自然哲学家获准纵容他们对假说的迷恋，那么假说就成了主要的目标，其余的都退居其次了。情况变得如此糟糕，以至于里德不得不指出，"假说的发明，只建立在极小的可能性上，却为很多自然现象提供了说明，这被视作一个哲学家的最高成就"。[35] 当然，并不是只有里德按照字面意义来解释牛顿的"我不做假说"，并且比牛顿本人更为广泛地应用这句话。嘲讽假说及其支持者，并将之视为前牛顿时代的错误遗产，是那个时代的特色。正如本杰明·马丁在里德的《人类心灵》出版不久后注意到的：

> 当前的哲学家们［对假说］持有的敬意微不足道，而且几乎不会在其作品中承认这个词。他们认为仅仅依靠假说和猜想的东西配不上哲学，并因此建构了新的、更为有效的哲

学研究方法。[36]

　　然而，在其哲学同道中，里德却是试图围绕牛顿的方法论观点建立一种彻底的认识论的第一人。

　　在某种意义上，里德的"假说"观念和他对假说演绎法的不公正对待是牛顿所开创的潮流的逻辑延伸，这个潮流在穆勒的著作中达到了顶点。假说这个术语的含义逐渐被侵蚀和改变，导致了后来的方法论研究中的混淆。在 17 世纪早期，"假说"意味着假定的，但尚不知其为真的任何普遍性命题。它尤其被用来指那些未被证明的基本原理、公理或第一原理，这个术语的这种含义从亚里士多德和欧几里得的时代起就已经很常见了。甚至牛顿在其《自然哲学的数学原理》的第一版中，也在这个意义上使用"假说"，而且并无贬义。[37]但在牛顿后来的著作中，这个术语的含义逐渐发生了变化。在与笛卡尔派的持久战斗中，牛顿常常会发现他的对手提出了一些理论和猜想，在进行经验检验后，很显然它们是假的。因此，笛卡尔关于运动的七条法则中的六条很显然与最基本的碰撞实验不相容。与之相似，笛卡尔的涡旋假说也很显然是假的，即使对它的反驳要比对运动定律的反驳复杂得多。很多笛卡尔主义者并没有被此种反常现象吓倒，他们继续坚持笛卡尔运动定律的变体和涡旋理论，根据其**先验的**力量为之辩护。可以理解，牛顿对这种做法是没有耐心的，他试图通过方法论的论述来破坏它。他认为，"先验主义者"正在使用假说，所以消除其非经验技巧的自然的办法就是坚持"假说在实验哲学中毫无地位"。[38]很不幸，牛顿对假说的谴责不仅使"先验主义者"很丢脸，而且也没给经验的假说演绎法留什么余地——这种方法主张对所有猜想都进行经验的检验。因此，"假说"的旧有意义（作为一个公理或基本原理）逐渐与非经验的或不可检验的命题相混淆。原来二者是有着清晰的区分的，它们现在被混在一起，而反对先验的和不可检验的假说的合法性的论述被错误地用来反对所有假说。[39] 正如我们所见，在里德的时代，假说法声名狼藉，以至于虽然里德能够极好地区分"假说"的两种意义，但也同样将之视为令人反感的，并要求对二者都应当小心。[40] 实际上，"假说"这个术语已变得如此模糊，以至于里德可以在其含义中加入"理论"，并宣称牛顿反对假说的论述也同样地反对理论！

97

在评价里德对假说的攻击的适当性——更不用说其正确性——时，人们必须考虑到某些可以减轻其过错的细节。如里德声称的那样，他最关心的是建立一门心灵的科学或"灵性学"。他严肃地对待方法论问题，是因为他感到有必要确保新科学有充分的解释标准和合理的研究指导方针。将初生的心灵哲学和自然哲学相比较，有一点对他来说是非常清楚的：虽然物理学中的假说可以很容易地被发现和揭露，但关于心灵现象的假说却不那么容易处理。举一个基本的例子，如果有人认为人类出生时心灵是一块白板，那么并没有明确的办法证实或反驳这样一个假说。里德对关于心灵事件的假说与可观察现象的隔绝这一点是很敏感的，他采取了极端的立场，主张对假说必须一贯地加以拒斥。

我们也必须记住，里德完全有能力如此轻率地对待假说，也可以在对其表示轻视时不分青红皂白。毕竟，里德认为他有一种可以一劳永逸地拒绝假说的方法——归纳法。

归纳与自然的一致性

在开始检验里德关于归纳的观点的起源和结构之前，我们应该先谈谈"牛顿式的"和"培根式的"归纳，否则，就很难确定里德的归纳理论到底是源自谁。在一开始必须注意到，里德认为培根和牛顿的归纳理论是一回事，他对这两者都很欣赏。通常说来，他认为培根建立了归纳理论，牛顿随后以一种成功的方式将之应用于天文学和光学。[41] 此外，牛顿在其《哲学思考法则》中对培根的归纳原理进行了简化和概念化。这可能导致人们相信里德实质上是一个培根主义者，只是偶尔是一个牛顿式方法论家。但采纳这种观点将是一个严重的错误。培根式归纳关心的是通过对**简单的性质**进行研究和分类来发现**形式**。培根的方法实际上是 98 亚里士多德式的种属关系。这并不是一种确定法则的方法，而是一种产生定义的技巧。然而，对于牛顿和里德来说，归纳是以一种完全不同的方式设计的。在他们的著作中，并没有培根式的形式或简单性质，他们的归纳也并不像培根的归纳那样简单。此外，排除法，作为培根的方案的一个重要部分，遭到了牛顿和里德的批评。[42] 因此，我们所能找到的证据都指向这一结论：里德只是对培根的《新工具论》的细节有很模糊的了解，而且他认为——这在那个时代很平常——牛顿（里德确实很熟悉其著作）从培根那里获得了归纳的思想；牛顿关于方法论的论著是对培根的观点的扩展，且与培根的观点完全一致。[43]

基本上，里德的归纳法有三个组成部分：（1）对于事实和实验的观察；（2）将这些事实"还原"为一个普遍的法则或原理；（3）从普遍法则中得出进一步的结论。[44]对里德而言，这三个步骤体现了牛顿的基本学说的精华，[45]里德很坦白地承认这是"我从牛顿那里学来的自然哲学观点"。[46]当然，最重要的就是第二个步骤，而在这一点上，里德和绝大多数归纳主义同道们一样含糊其辞。[47]无论如何，他都不相信我们能够合法地概括每种相似的观察。和培根一样，他认为资料的数量应该很庞大，我们的概括也应该是渐进的。实际上，他认为真正的科学与伪科学之间的唯一真正差异就是，在前者中，我们的观察更多，概括也不那么匆忙：

> 预兆，征兆，好运和坏运，手相术，占星术，所有占卜和解梦技术，错误的假说和体系，以及自然哲学中的正确原理都建立在人类建构的同一基础之上，其区别仅在于我们是从极少的例子中轻率地得出结论，还是通过充分的归纳小心地得出结论。（《人类心灵》，第 113 页）

从里德的论述中可以看出，他通常是在从特别到一般的简单列举法的意义上使用"归纳"这个词。从所有被检验的特定类型的个体中发现的任何性质都被认为属于这一类型的所有实例。这种从特定事实到一般结论的归纳"是关于自然的知识的万能钥

匙，没有它我们将无法得出普遍性结论……"（《论人的理智能　99
力》，第 402 页）在自然科学中，我们所能了解的一切就是我们
能够通过归纳掌握的东西：

> 在解释自然现象时，人类的能力所能达到的最高水平，
> 仅仅是从特殊现象中通过归纳得出普遍现象，而那些特殊现
> 象是普遍现象的必然结果。[48]

不过，里德从未提出任何标准来区分**合理**或**充分的**归纳与
不成熟的概括。另一方面，如果有人指责里德对归纳法的含义含
糊其辞，他可能会为自己辩护说，培根和牛顿已经描述了归纳推
理的性质和条件，而他本人仅仅是默认了他们的分析。因此，对
于培根，他写道："归纳推理的法则，或者说对自然的合理解释，
已由具有伟大才能的培根勋爵以令人惊奇的智慧做了描述，所以
他的《新工具论》可被公正地称为'自然之语言的语法'。"（《人
类心灵》，第 200 页）他还评论道："培根勋爵首先描述了严谨和
严格的归纳法。从他的时代起，这个方法就被非常成功地运用在
自然哲学的某些领域，而且很少在其他的地方运用。"[49]

尽管他对培根非常尊敬，里德还是坚持认为，正是牛顿的哲
学法则吸纳了培根的归纳原理并将之编纂成文，当里德处理科学
方法的问题时，他总是求助于这些法则。[50]他认为，牛顿的法则
"是常识性公理，在日常生活中每天都得到应用。而那些运用其
他法则进行思考的人，无论是关心物质体系，还是关心心灵，都
误解了他的目标"（《人类心灵》，第 97 页）。实际上，里德的全

部著作——发表或未发表的——都充满了对牛顿的哲学法则的赞赏性言辞。在这种情况下，当他向培根致以口头上的敬意时（这是一种误导），这暗示着里德从《自然哲学的数学原理》第 3 卷开头的四个命题中受益颇多。他将之称为"自然哲学得以牢固建立的唯一坚实基础"（《论人的理智能力》，第 346 页），并认为牛顿物理学"将永远不会被驳倒，因为它们建立在这些自明的原理之上"（同上）。里德的手稿中有一本非常有意思的分册表明了他对这些法则的高度敬意，其题目是"自然哲学教学的顺序"。在其提纲的九个标题中，第二个是"来自牛顿爵士的《原理》第3 卷的哲学法则"。[51] 此外，在其关于圣灵学的演讲笔记（约 1768—1769 年）中，他把这些法则称作"人们进行物理推理时所依据的公理"。[52] 在未发表的《论人的理智能力》手稿中，他写道：

> 物理学或自然哲学总是有第一原理，艾萨克·牛顿爵士已经在其《原理》的第 3 卷中以哲学化公理或法则的名义确立了其中最重要的一部分，并以这种方式使科学获得了前所未有的稳定性。[53]

正如三段论的法则统治了演绎推理一样，牛顿的法则也应当是评价所有经验性推理或归纳推理的可靠性的标准。[54] 尽管里德承认这些法则并不像三段论的法则那样是先验的，但他认为它们对那些具有良好判断力的人来说是如此明显，以至于它们完全可以被当作所有科学和哲学研究的标准。[55] 除了常常提到牛顿的法则以外，在讨论科学方法的问题时，里德也采用了牛顿的《疑问》中的分析与综合语言。里德几乎对《疑问》第 31 项中的一个片段进行了逐字抄写，他写信给凯姆斯道：

> 我们的感觉只能证明特殊事实，借此我们运用归纳总结出一般事实，并将之称为自然原因的自然法则。因此，通过有充分根据的和丰富的归纳，其普遍性也在提高，我们尽自己所能地发现自然原因或自然法则。这就是自然哲学的分析的部分。综合的部分认为通过归纳发现原因理所当然，并将之作为基本原则，通过这些来说明或解释由之产生的自然现象。分析与综合构成了自然哲学的理论的全部……我从牛顿那里学到了这种自然哲学观点，以此种观点来看，阁下会发现没有哪个理解自然哲学的人会假装证明它的任何原则……[56]

尽管里德非常重视作为一种方法的归纳法，但他再次和牛顿立场一致，很愿意承认这种方法的易错性。[57] 无论我们的归纳是多么小心，无论我们的证据是多么广泛，我们都可能发现被我们当作自然定律的一些命题实际是错的。[58] 不过，无论里德多么热切地想证明牛顿的法则是不可错的第一原理，在休谟之后没有哲学家能够忽视《道德哲学研究》和《人性论》对归纳的合法性以及自然的齐一性所提出的怀疑。实际上，休谟的分析似乎把哲学思考的第二[59]和第三[60]法则都破坏了。里德认为，在休谟的攻击下为这些**法则**（这毕竟是"常识哲学的基础"）辩护是他的使命之一。

休谟认为，我们对自然法则的持续性的信念无法得自理性，

101 我们永远都无法知道或合理地期望将来会和过去一样。在他看来，我们对自然齐一性的信心仅仅是一种信念或期望，应当与感觉、记忆和想象严格区分开来。休谟根据相关观念的活跃性或微弱性来区分这四者。例如，假设有一个关于日出的想法，在此时此地关于日出的感觉是非常清楚的，关于日出的记忆要模糊一些，关于太阳将会在明天升起的信念要更为模糊一些。我们对日出的想象是如此模糊，以至于毫无真实性。这个区分感觉、记忆、预言和想象的努力，主要依据相伴随的观念的确定性，里德对此是拒斥的。他指出，如果一个人拥有对昨天日出的记忆，并稍微淡化其活跃性，那么他得到的不是关于将来的日出的想法，而是关于更为遥远但仍有记忆的过去的日出的想法。他论述道，认为"在这种活跃性衰退过程中有一个确定的节点是荒唐的，就好像它在后退运动中遇到了一个有弹性的障碍，一下子就从过去弹到了将来，完全不考虑现在"（《人类心灵》，第 198 页）。

对于休谟根据过去、现在和将来的活跃性来对之进行区分的做法，里德虽然加以拒斥，但他接受了休谟的下述观点，即我们对自然齐一性的信念是本能的、非理性的。不过，在里德看来，它是本能的不是因为经验的习惯性联系，而是因为人类本性中一种天生的倾向，里德称之为**归纳的原则**：

> ……我们对自然规律的持续性的信念并非得自理性。它是对自然的运作方式的一种本能预感，与那种对人类行动的预知类似，它使我们依赖于我们同类的证词……后天感知、

归纳推理，以及我们的类比推理，都建立于这一原则之上。因此，由于缺少其他名称，我们应当称之为归纳原理。（《人类心灵》，第 199 页）

这种相信自然齐一性的倾向是天生的，而不是如休谟所说的那样是得自经验的习惯。里德主张："先于所有推理，**我们的习惯使我们拥有一种预期——自然有一个固定和稳定的过程……**"（同上，黑体为我所加）一个小孩子在他能与火焰保持安全距离之前不会被火烧上两次。实际上，经验不仅不会像休谟所认为的那样引出归纳原理，反而倾向于限制该原理，并使我们在遵循其指示时更为严格和小心："这个［归纳］原理，就像轻信原理一样，在萌芽时不受限制，后来逐渐［变得］受到约束和管制。" 102（同上）然而，重点却在于，人类的思维方式使其不可避免地要假定自然之中具有齐一性：

> 我们是这样建构的，当发现两个事物在一定环境下联系在一起时，我们倾向于相信它们本质上是联系在一起的。在这种情况下，我们产生的信念并非推理之结果，亦非来自所确信之物的直觉的证据。在我看来，这是我们的本性的直接结果。（《论人的理智能力》，332 页，参见 451 页）

像休谟那样追问我们对自然的齐一性的信念的合理性，就是误解了归纳原理的性质。它就是本能的、天生的、与生俱来的。和约翰逊博士一样，里德感觉到我们无法为归纳原理辩护，也无法摆脱它。里德认为，归纳原理被解释成一种信仰的倾向，作为牛顿第二法则的基础和证明："正是由于这一法则的力量，我们才能立即同意我们的全部知识都建立于其上的公理。同样的结果必须有同样的原因……"[61]

在拥有经验和感觉之前我们并没有关于自然齐一性的观念，而且在此意义上，经验是我们相信自然齐一性的一个必要条件。但是（里德在这里对休谟的反应与康德类似）我们对自然齐一性和因果公理的信念并非得自经验。没有归纳原理，我们将无法从自然中学到任何东西，因为普遍化将成为不可能的[62]，而无论是自然科学还是心灵科学，都将变得不可思议。[63]

里德不仅认为对自然齐一性的信念是非常自然和不可变的，他也认为自然本身就是统一的，物质系统中的每个变化都由永恒的法则统治着。他声称上帝是所有事物的创造者，上帝运用自己的智慧创造了一个以固定不变的法则运行着的宇宙。我们无法确定我们视作法则的命题实际上是不是宇宙的真正法则，因此我们的归纳必须小心翼翼，而且我们的结论永远有待修正。然而，人类的易错性肯定不是宇宙由偶然性统治的证据，而且在承认所有物理事件都服从科学定律时，里德并无疑虑。里德的论述没有构成对休谟之问的满意答复，而且人们倾向于认为他仅仅是采用了休谟眼中最可疑的立场（如自然是统一的），并认为它们是第一原理或信仰问题。

103

结论

在讨论里德的科学哲学的一些特征时，我希望我已经表明他的作品中普遍存在着牛顿的影响。不像那些更老的经验主义者——他们不具备对牛顿进行同理性解释所必需的科学背景和哲学偏见——里德能够同等地借鉴经验主义者和归纳主义者的见解，并将二者融为一体，因此能造就经验归纳主义传统，它在 19 世纪的科学哲学中起到了十分重要的作用。

注释

1　大卫·休谟，《人性论》（L. A. 塞尔比·比格编），牛津，1896 年，第 20 页。牛顿本人曾表示，他的新方法有可能对道德哲学产生影响："如果自然哲学的每个部分都通过贯彻这个方法来最终加以完善，那么道德哲学的范围也将会得到扩展。"见艾萨克·牛顿爵士的《光学》（纽约，1952 年）中的《疑问》第 31 项。在讨论这一问题时，蒲柏坚持认为我们应当"像对待自然事物一样对待道德问题"。见亚历山大·蒲柏，《论人》，伦敦，1786 年，《第四封信》。

2　在上述及其他领域中，人们可以指出数个想要以不同方式将其主题"牛顿化"的人物。这些尝试中最明显的就是严格依照《自然哲学的数学原理》的演绎方式来仿造出政治学或神学著作。例如，乔治·切恩在其《宗教的哲学原理：自然的与天启的》第二部分（伦敦，1715年）中构筑了一个精美的神学体系，他从定义和公理出发演绎出一系列的定理和推论。

3　即使只在18世纪的著作中选取简要的样本，也能表明物理学家们是多么热心地响应了牛顿对非猜测性的科学的号召。因此，奥利弗·戈德史密斯描述了科学怎样从一个"假说性的体系"发展成一个"可靠的实验体系"（《实验哲学概览》，伦敦，1776年，第4页）。著名的荷兰牛顿主义者威廉·斯格拉维桑德注意到，由于艾萨克·牛顿爵士，自然哲学中的"所有假说都被丢弃了"（《借由实验证明的物理学的数学要素》，伦敦，1720年，第1卷，第5页）。斯格拉维桑德继续坚持说："研究物理的人应当只依据现象进行推理，拒斥所有虚假的假说，竭尽所能地采用这种方法，尽力追随艾萨克·牛顿爵士的步伐，并非常公正地宣称自己是一位牛顿派哲学家……"（同上，第11页）亨利·彭伯顿在其《论艾萨克·牛顿爵士的哲学》（伦敦，1728年）一书中，将"从我们对事物最初的、不牢靠的观察中匆忙得出普遍性公理"的不可靠的假说法与

104　牛顿和培根的非常谨慎的方法进行了对比（第5页）。大约在同一时期，即1731年，荷兰物理学家穆森布罗克宣称，作为牛顿的一项工作成果，"所有假说都在物理学中被禁止了"（引自罗森伯格的《物理学史》，布伦瑞克，1887年，第3卷，第3页）。牛顿最初的追随者之一乔治·切恩断言："……在真正的哲学中，想象或假设性的原因没有立足之地。"（上文，注2，第1卷，第45页）

对牛顿物理学的绝对正确性的最直白的表述可能来自爱默生："有人无知地认为牛顿的哲学和此前所有哲学一样，将会变得陈旧过时，并被某个新体系取代……但这是个错误的观点。因为在牛顿之前不曾有任何哲学家采用过他的方法。因为他们的体系无非是些随意编造的假说、幻想、

虚构、猜想和小说，在事物的本性中并无任何基础［原文如此］，而牛顿却恰恰相反……他只肯承认从实验和精确的观察中得到的东西……因此，谈论一种新哲学就只能是个笑话……牛顿的哲学实际上可以进行改进和进一步提高，但它永远不会被推翻，尽管有贝努利和莱布尼茨的努力……"（《力学原理》，伦敦，1773 年，无页码）

4　很多哲学史家都忽略了这一事实，即关于牛顿的方法论观点的主要文献在洛克撰写《人类理解论》时仍不存在。这已导致了两个严重错误：（1）认为洛克是一个牛顿主义者，反对科学中的假说；（2）认为洛克关于方法的总体理论，包括所谓的他对假说的厌恶，都来自牛顿。关于这两个问题的讨论，见第 5 章。

5　参见 K.波普尔的《对于马赫之先驱——贝克莱的评论》，《英国科学哲学杂志》，第 5 卷，1953 年，第 26—36 页，以及 G. J.惠特罗的《贝克莱的运动哲学》，同上，第 37 页及以后。

6　对里德在《皇家学会哲学学报》上的文章的讨论及摘录，见拙文《活力论之争的事后讨论》，《爱西斯》，第 59 卷，1968 年，第 131—143 页。

7　除了训练有素的数学家之外，能够阅读《自然哲学的数学原理》乃至《光学》而不感到极其困难的知识分子寥寥无几。因此，通俗化的著作非常流行，如伏尔泰的《牛顿哲学原理》，彭伯顿的《论艾萨克·牛顿爵士的哲学》（伦敦，1728 年）和麦克劳林的《对艾萨克·牛顿爵士的哲学发现的说明》（伦敦，1750 年）。尽管这些书籍都因其结论的确定性和其创立者的实验倾向而赞扬了牛顿科学，但它们都未能公允地评价牛顿的科学方法理论。对其中某些著作的讨论，见 I. B.柯恩的《富兰克林和牛顿》，费城，1956 年。

8　在这一点及其他方面，里德和康德的思想生涯都是非常相似的。

9　里德致休谟的信，1763 年 3 月 18 日，《托马斯·里德著作集》（哈密顿编），第 6 版，爱丁堡，1863 年，第 1 卷，第 91 页。此后所有页码出处均来自《托马斯·里德著作集》，除非另有说明。

10 将休谟视为一个彻底的怀疑论者且不能区分合理与不合理的判断，这种解读并不像初看之下那般牵强附会。毕竟，正是休谟写道："对人类理性中多种矛盾和缺陷的深刻观察已经对我产生了如此强烈的影响，使我头脑发热，以至于我准备拒斥所有的信念和推理，甚至不能认为一个观点比另一个观点具有更大的可能性。"

11 "……如果我们关于人类心灵的哲学能够进化到足以被称为一门科学——对此我们永远不应失去希望——那么这必然要通过观察事实，将其归纳为一般原则，并从中得出合理的结论。"《按常识原理探究人类心灵》（1765 年），简称《人类心灵》，载于《托马斯·里德著作集》，第 1 卷，第 122 页。

12 《论人的理智能力》（1785 年），以下简称为《理智能力》，载于《托马斯·里德著作集》，第 1 卷，第 235 页。

13 "当一个人靠着努力和机巧，将一个假说打造成一个体系，他就会形成对它的喜爱，这将扭曲最好的判断力。"（《理智能力》，第 250 页）"当一个人用尽其全部的独创性来创建一个体系时，他会用一位父亲的眼光来看待它。他会扭曲现象以使之适应它，并使它看上去像是大自然的作品。"（《理智能力》，第 472 页）

14 "事实是……大自然的现象，我们可以借助它们合理地反驳任何假说，无论人们多么普遍地接受它。但要借助假说来驳倒事实，则有悖于真正的哲学法则。"（《理智能力》，第 132 页）

15 牛顿致信奥登堡："进行哲学思考的最好和最安全的方法就是先勤勉地研究事物的性质并通过实验加以确定，然后寻求假说加以解释。**因为假说仅应被用于解释，而非决定事物的性质……**"[《艾萨克·牛顿通信集》（特恩布尔编），剑桥，1959 年，第 1 卷，第 99 页，黑体为作者所加] 还可参见牛顿的《哲学思考法则》。

16 因此，他写道："人们常会被对简单性的热爱引入歧途，它使得我们愿意把事物简化为少数的基本原则，并在大自然中构想出比实际情况更简单的情形……我们会从事实和观察中多少了解一些大自然运作的方式，但若我们得出结论说它以此种方式运转，仅因为对我们的理解力来说这是最好和最简单的方式，我们就总是会误入歧途。"（《理智能力》，第470—471 页）参见《人类心灵》，第 7 章，第 206 页，在这里，里德也同样指出："人类天性中有一种将事物简化成尽可能少的原则的倾向。"将这一看法与培根的评论相比较："人类的理解力有一种倾向，它假定更多的秩序与规律存在，超出了自己所能发现的。"（《新工具论》，第 1 卷，格言 45）

17 《理智能力》，第 472 页。他曾以一种类似的风格写道："尽管在很多情况下，我们可以形成有关人类作品的非常可能的猜想，但关于上帝的作品，我们能形成的所有猜想的可能性都不大，就如同一个小孩不太可能猜出大人的作品一样。"（同上，第 235 页）他写道："只有在人类学会以公正的轻蔑态度对待假说，将之视为永远不会与上帝的杰作有任何联系的空想后，他们才开始拥有真正的哲学品位。"（同上，第 309 页）

18 里德的对手戴维·哈特利曾经是反证法的重要倡导者之一，也是一位精力旺盛的假说演绎法的拥护者。尤其应当重视哈特利的《人之观察》（伦敦，1749 年，第 1 卷，第 1 章，命题 5）。后文第 8 章讨论了哈特利的观点。

19 牛顿写道："我无法设想怎样才能有效地确定解释现象的几种方式是否正确，除非对所有这些方式进行完美的列举。"（特恩布尔，上文注 15，第 1 卷，第 209 页）

20 在牛顿的四条法则中，里德对第一条评价最高。他说，这是"一条黄金法则，它是正确和适当的检验标准，通过它，可以将哲学中天然和可靠的知识与空洞愚蠢的知识区分开来"（《理智能力》，第 236 页）。鉴于里

106　　德对简单性原理的反对，他如此热心地谈论第一法则看起来就很奇怪了，因为这一法则似乎以自然的简单性为前提。另一方面，如我在后文所述，里德对第一法则的含义有着相当新颖的诠释。

21　里德致凯姆斯的信，1780 年 12 月 16 日，《托马斯·里德著作集》，第 1卷，第 57 页。

22《理智能力》，第 261 页。在同一著作中，他注意到，牛顿"将之拟定为一条哲学思考法则，即未经证明其真实存在，不能确定自然事物的原因。他发现……真正的思考方法是从通过观察和实验检验的真正事实出发，通过合理地归纳搜集自然法则，然后使用通过此种方法发现的法则来说明大自然的现象"（同上，第 271—272 页）。

23　里德多年来的对手戴维·哈特利曾用一个与此非常相似的论证来证明以太的存在。他写道："让我们假设以太存在，其性质缺少任何直接证据，如果它［即以太］仍能解释大量不同的现象，它就以这种方式获得了间接的支持性证据。"（《人之观察》，伦敦，1749 年，第 1 卷，第 15页）这种论述中最似是而非的可能是布莱恩·罗宾森为以太所做的辩护："**以太是一种非常普遍的物质原因，没有出现任何与之矛盾的现象，其存在无可怀疑。因为任何原因越具有普遍性，理性就越是支持其存在。以太是一种比我们的空气更普遍的原因，有鉴于此，支持以太的证据要比支持空气存在的证据更有力。**"（《论艾萨克·牛顿爵士的以太》，伦敦，1747 年，序言，无页码）

24《理智能力》，第 397 页。数年之前，他曾致信凯姆斯："一个猜想中的原因若真实存在，就会产生结果……假定它具有这种性质，但问题仍然是——它是否存在呢？……如果没有证据支持它，即使没有任何反证，它仍只是个猜想，不应在朴素的自然哲学中占有一席之地。"（1780 年 12月 16 日，《托马斯·里德著作集》，第 1 卷，第 57 页）

25　弗朗西斯·培根，《弗朗西斯·培根著作集》（埃利斯和斯佩丁编），伦敦，1858 年，第 4 卷，第 63 页。

26 里德的老师乔治·特恩布尔特别强调科学发现的机械特征："通过检查自然哲学中的发现，我们知道，事实一经搜集并按恰当的顺序排列起来，处于疑问中的现象的理论就会自动浮现。"（《道德哲学原理》，伦敦，1740 年，第 59 页）

27 《理智能力》，第 472 页。在更早的时候，他对这点表述得甚至更直白："这世界已被哲学的所有领域中的假说愚弄得如此之久，以至于对在真正的知识中能取得任何进步的所有人来说，最大的成就只能是轻蔑地将假说视为愚蠢和想入非非的人的幻想，这些人骄傲地以为可以凭借他们天才的力量破译自然的秘密。"（同上，第 236 页）

28 《理智能力》，第 181 页。里德的同时代人让·达朗贝尔也对用漫不经心的猜想与反驳来发现真理持有类似的怀疑："可以肯定地说，一个纯粹的理论家，如果试图通过推理和计算预测自然现象，并在事后将其预测与事实加以比较，他会很惊讶地发现自己的所有预测都与事实相去甚远。"（《文学、历史与哲学杂纂》，阿姆斯特丹，1767 年，第 5 卷，第 6 页）

29 因此，他写道："在物理学中，猜想通常被称作**假说**或**理论**。"（《理智能力》，第 235 页）威廉·哈密顿爵士在其《形而上学演讲录》中批评里德将理论与假说混为一谈。特别是在上书中，第 120 页。

30 里德致凯姆斯的信，1780 年 12 月 17 日，《托马斯·里德著作集》，第 1 卷，第 56 页。

31 当他赞许地做出下述评论时，所表达的意思也是类似的："艾萨克·牛顿爵士，在其所有哲学著作中，都十分注意区分他的学说和他的猜想，前者是要通过公正的归纳来证明的，而后者则是根据未来的实验来确定或反驳的。"（《理智能力》，第 249 页）在他自己的著作中，里德遵循牛顿的先例，将关于人类心智的"事实"与猜想区分开来。例如，在《按常识原理探究人类心灵》中有单独一章，名为《关于可见特点的一些已得

107

到解答的疑问》，在《理智能力》中则有一章名为《关于神经和大脑的假说》。里德对戴维·哈特利的心理学著作的主要批评之一是，这些著作将假说与事实混淆了。

32 有关这点的讨论，见 I. B. 柯恩的《富兰克林和牛顿》（费城，1956 年）及其更为晚近的著作。

33 里德致凯姆斯的信，1780 年 12 月 16 日，《托马斯·里德著作集》，第 56 页。

34 同上。他在别处也做了类似表述："让假说尽可能广泛地发挥作用，让它们提出实验或指导我们的研究，但只允许合理的归纳支配我们的信念。"（《理智能力》，第 251 页）

35 《理智能力》，第 235 页。一个多世纪前，牛顿曾强烈反对他的科学同僚对假说的执着。他注意到，寻找一个能解释所有现象的普遍性假说已经成了"哲学家们的共同话题"［特恩布尔，上文注 15，第 1 卷，第 96—97 页；参见《艾萨克·牛顿自然哲学论文与书简集》（I. B. 柯恩编），剑桥，1958 年，第 179 页］。

36 B. 马丁，《哲学语法》，第 7 版，伦敦，1769 年，第 19 页。马丁比绝大多数同时代的英国人都更为赞成假说。

37 有关在牛顿著作中"假说"之含义的演变过程的讨论，见柯恩的《富兰克林与牛顿》。

38 牛顿，《自然哲学的数学原理》，总论。将之与里德的评论相比较："假说不应再在自然哲学中占有一席之地。"（《论人的行动能力》，1788 年，《托马斯·里德著作集》，第 2 卷，第 526 页）重要的是，牛顿对假说的拒绝仅限于"实验哲学"，里德将其拓展并应用于整个自然哲学。

39 里德的同时代人，詹姆斯·格里高利，注意到当时流行的对假说的蔑视主要是由于术语上的模糊，正如我在上文简单描述的那样："很多人对假说持有偏见是因为这个词语的含义模糊不清。它［即假说］常常与理论

混为一谈……"（引自杜加尔德・斯图亚特，《著作集》，伦敦，1854 年，第 2 卷，第 300 页）

40　可以毫不夸张地说，只需仔细留意这一重要术语在含义上的细微变化，即可了解相当可观的 18 世纪方法论思想史。

41　里德一直认为，牛顿与培根薪火相传。在其《理智能力》（第 436 页）中，他宣称"培根爵士阐述了自然哲学矗立于其上的唯一坚实基础，随 108 后，艾萨克・牛顿爵士将培根指定的规则简化为被他称为'哲学思考法则'的三四条公理"。在其《亚里士多德逻辑学简述》（《托马斯・里德著作集》，第 2 卷，第 712 页）中，他主张牛顿"在其《原理》第 3 卷及其《光学》中，一直留意着《新工具论》中的法则"。或者，在其他地方，"……归纳推理的最佳模式已经出现，我认为是在牛顿的《原理》第 3 卷和《光学》中，而且得益于培根的法则"（《人类心灵》，第 200 页）。

42　见本章前文。

43　认为牛顿总是求助于《新工具论》，这在 18 世纪是一个很常见的错误。一个较早也非常有影响的此类例证，可见彭伯顿在《论艾萨克・牛顿爵士的哲学》中的序言。在里德存世的手稿中有一份对彭伯顿这本书的摘要，这可能很有意义。

44　"真正的思考方法是从通过观察和实验检验的真正事实出发，通过合理地归纳搜集自然法则，然后使用通过此种方法发现的法则来说明大自然的现象。"（《理智能力》，第 271 页及以后）

45　"自然哲学的整体目标，正如牛顿明确指出的那样，可以简化为如下两项：首先，通过对实验和观察的合理归纳，发现自然定律；其次，运用这些定律来解决自然现象。这就是这位伟大的哲学家试图做到和他认为可以做到的全部工作。"（《论人的行动能力》，第 529 页）

46　里德致凯姆斯的信，1780 年 12 月 16 日，《托马斯・里德著作集》，第 1 卷，第 57 页；参见第 59 页。

47 甚至连里德最热心的仰慕者之一，杜加尔德·斯图亚特，都承认里德对他所支持的归纳类型表述得不够明确。在一篇写于1803年的里德生平介绍中，斯图亚特指出："要是他［里德］对他评价甚高的［归纳］逻辑的基本法则多做些说明就好了……"（载于里德，《托马斯·里德著作集》，第1卷，第11页）当时有一篇很有意思的对里德归纳理论的评论，见约瑟夫·普里斯特利的《对里德博士的研究的检视》，伦敦，1774年，第110页及以后。

48《人类心灵》，第163页。他在别处断言："我们所有稀奇古怪的理论……只要超出了基于事实的合理归纳的范围，那就是自负和愚蠢……"（同上，第97—98页）里德将"缓慢而耐心的归纳法"视为"获得关于自然的作品的任何知识的唯一办法"（《理智能力》，第472页）。他再次提到，**归纳性**定律的发现"是真正哲学的全部目标，也是它所能获得的全部知识"（《人类心灵》，第157页）。

49《人类心灵》，第202页。里德认为培根是归纳逻辑毋庸置疑的创始人。在其《亚里士多德逻辑学简述》中，他写道："人们在三段论的帮助下为探寻真理苦苦努力了将近两千年，培根勋爵提出了归纳法，作为达到此目的更有效的方法。因此，其《新工具论》应被视作对古代逻辑的一个最重要的补充。理解它的人……将学会以应有的轻视态度对待所有的假说和理论。"（第711—712页）

50 "自从艾萨克·牛顿爵士制定了我们探究自然的思考法则以来，很多哲学家在实践中都已经背离了它们，可能很少有人对之抱有应有的尊重。"（《理智能力》，第251页）

109

51 伯克伍德档案，2131.7盒，第2包。所有条目的完整清单如下：1."身体的定义及对其主要性质的……解释"；2."来自艾萨克·牛顿爵士的《原理》第3卷的哲学法则"；3."同前一条，法则1的定义"；4."大自然的三定律……"；5."引力……"；6."凝聚的吸引力"；7."粒子的吸引力"；8. "磁"；9. "电"。此清单及后面引自伯克伍德档案的资料，版权均属阿伯丁国王学院图书馆。在此感谢国王学院允许我引用这些文章。

52 伯克伍德档案，第 2131.5（8）盒，第 37 叶。

53 同上，第 2131.6（Ⅱ）（53）盒。

54 在收藏于阿伯丁大学图书馆的未发表的《自然哲学演讲集》（1758 年）中，里德将法则称为"归纳推理法则"（第 7 页）。

55 "艾萨克·牛顿爵士，最伟大的自然哲学家，已经树立了一个非常值得效仿的榜样，他指出了普遍的法则或公理，自然哲学的推理就建基于此……［法则］是这样一些原则，它们虽然并不具有数学公理所具有的强力的证据，但仍能让所有具有常识的人欣然同意……"（《理智能力》，第 231 页）

56 1780 年 12 月 16 日，《托马斯·里德著作集》，第 1 卷，第 57 页。将之与牛顿的观察相比较："在自然哲学中，和在数学中一样，对难懂事物的研究所用的分析法，应当位于综合法之前。这种分析包括进行实验和观察，并通过归纳从中得出普遍结论……借助此种分析法，我们可以从复合物发展到组成部分，从运动发展到产生这些运动的力，并在总体上从结果发展到原因，从特殊原因发展到更普遍的原因，直到论证以最普遍的原因作为结束。这就是分析法。综合法就是假定所发现和证明的原因是基本原理，然后以此来解释由之产生的现象，并证明这些解释。"［《光学》（柯恩编），纽约，1952 年，第 404—405 页］

57 参见牛顿的第四法则，他在其中承认"通过对现象进行普遍归纳得出的命题……要么变得更精确，要么可能被驳倒"。

58 "除事物间的自然联系之外，一定还有很多偶然联系，很容易就把偶然联系当作自然联系……哲学家和科学家们也难免会犯此类错误。"（《人类心灵》，第 197 页）科学定律"并不例外，它们将来是否会和过去一样，这永远都无法证明"（《理智能力》，第 484 页）。参见同上，第 272 页。

59 第二法则是："对于同样的结果，应归结为同样的原因，要尽可能如此。"

60 第三法则的开头如下："那些既不允许强度增加也不允许减弱，并且在我们的实验范围内被发现普遍适用于所有物体的物体性质，应被视为一切物体的普遍性质。"

110 61《人类心灵》，第 199 页。这一公理是对牛顿第二法则中的评论的精确翻译，其含义是"同种自然结果具有相同原因"。里德在别处评论说第二法则"具有第一法则的最真实的标志"（《理智能力》，第 451 页）。

62 "若无此归纳原理的指导，经验就会同鼹鼠一般盲目。实际上，她所能感知的将是近在眼前、唾手可得的事物，但在此前和此后、左边和右边、过去和未来的任何事物，她都会一无所见。"（《人类心灵》，第 200 页）

111 63 "一个自然哲学家什么都不能证明，除非想当然地认为自然的过程是稳定和一致的。"（同上，第 130 页；参见同上，第 198 页）

第 8 章 关于光的认识论：在精微流体之争中的一些方法论论题

引言

新的科学理论经常激起关于其认识上的优点及形而上学假设的长期讨论，这点是有广泛共识的。超距作用、活力、进化论，还有原子之争都是耳熟能详的例子。然而，精微流体理论在其 18 世纪和 19 世纪的黄金时代所引起的哲学讨论至少与关于原子论和超距作用的讨论一样深刻，甚至更加深刻，这一点却尚未得到广泛的认识。本章的目的即在于简短地探讨一下"以太之争"的一些哲学方面的问题，以证明这些论战对精微流体的物理学命运以及对经验主义方法论在 19 世纪的修正的影响。

虽然从古代起，巫术性解释就是科学反复出现的特征，但我想讨论的是从 18 世纪中期到 19 世纪中期的与其相关的发展水平。主要就是在这个阶段，精微流体物理学和经验主义认识论出现了显著的相互作用，这一相互作用将是本章的焦点。我认为在这一时期，这一相互作用发生了深刻的变化，既改变了科学也改变了哲学。[1]

本章的中心论题将是：

（1）18 世纪下半叶流行的认识论与当时自然哲学中出现的各种以太理论完全不相容；

（2）以太学说的一些早期拥护者选择放弃或修正流行的认识论来为以太的理论化提供哲学辩护；

（3）这样的修正是无法令人信服的，也是不充分的，到 19世纪初，以太理论的科学地位十分模糊；

112 （4）光以太在 19 世纪早期的出现对经典认识论提出了更加激进的批判，这一批判产生了一些创新的和具有历史意义的方法论思想。

第一阶段，1740—1810 年

我们的叙述应当和任何对启蒙运动时期的认识论的说明一样，必须从回顾牛顿力学的胜利和与牛顿的成就相关的有力的归纳主义开始。正如大量著者所指出的，在《自然哲学的数学原理》发表后的半个世纪，对假说和猜想的反感不断增长。[2] 归纳和类比推理风行一时，牛顿的"真正的原因"学说被认为排除了任何不是严格可观察的实体和过程的假设。[3] 不管是英国的贝克莱和休谟，荷兰的斯格拉维桑德和穆森布罗克，还是法国的孔狄亚克和达朗贝尔，他们的论调都是相似的：猜测性的体系和假说都是无用的，科学理论只能研究那些可观察或可测量的实体。半个世纪以来，很多自然哲学家试图建立一些理论来满足这些严格的要求。"伦理学家"（如贝克莱、孔狄亚克和休谟）则探索了这种关于科学本质的新观点对逻辑学和认识论的影响。

　　然而，远在科学认识论家能消化这些对科学的传统理想的新挑战之前，科学发展自身已经促成了一个重要的转变。尤其在1745年到1770年这段时期，很多在科学中新出现的理论已经大大突破了由以往的经验主义者（不管是牛顿的信徒还是其他人）所施加的归纳和观察的限制。这一点在对巫术和以太的说明的发展方面最为明显。仅在18世纪40年代，就至少有六次重大的努力，通过假定各种不可见（或不可察觉）的弹性流体来解释可见物体的行为。在1745年，布莱恩·罗宾森出版了《艾萨克·牛顿爵士对以太的说明》。一年后，本杰明·威尔森发表了《电现象阐释——对艾萨克·牛顿爵士的以太的推论》。更具意义的是，本杰明·富兰克林发表了其将电作为一种精微流体的说明；瑞士物理学家乔治·勒萨热阐述了一种关于重力和化合作用的以太解释；极富争议的哈特利开始了一项计划，最终写成了《人之观察》（1749年），为心灵和感觉提供了一种机械论的理论，其最重要的组成部分就是振动在一种精微流体或以太中通过中枢神经系统传播。到18世纪60年代，科学著作中充满了对热、光、磁力和几乎所有其他物理过程的以太化说明。 113

　　在这些发展中，有两点与我们的目的尤其相关。首先，到了18世纪70年代，以太或精微流体的解释在自然哲学家中已经相当普遍（但很多苏格兰科学家却是例外，后文很快就会予以说明）。其次，这种解释不可避免地要突破当时占统治地位的认识论和方法论的限制。这种限制，如前所述，不会支持用理论性的或"推论出来的"实体来解释自然过程。（毕竟，一种在原则上被认为是不可观察的实体与一种经验主义的认识论并不契合，后者将正当合理的知识限定在可以直接观察到的范围内。）

实际上，在 18 世纪的科学理论中，没有哪一个能像以太理论那样为关于看不见的力的猜测性假说留下那么大的余地。正如约瑟夫·普里斯特利在其《电学史》一书中所言：

> 实际上，在哲学的整个领域中，没有任何其他部分能为机智的猜测提供如此良好的场合。在这里，想象力可以充分发挥作用，来构想一种看不见的力产生无穷变化的可见效果。由于这种力是看不见的，每个哲学家都可以随心所欲地自由想象它是何模样，把那些能说明其目的的最为方便的性质和力量归结于它。[4]

即使在最好的情况下，古典经验主义（我是指那些迥然不同的思想家，如贝克莱、孔狄亚克、休谟和里德的经验主义）都不是一种宽容的认识论，它没有给以太之类的实体留下什么余地。这个时期有少数几位自然哲学家没有认识到在公认的认识论与以太理论之间的紧张状态。例如，莱昂哈德·欧拉认为光的传播依赖于不可察觉的介质中的振动，但又在其《致德国公主的书信》中，认为科学应当通过枚举式归纳前进，避开所有不可观察的实体。但当时绝大多数科学家和哲学家都看到了精微流体理论与一种朴素的归纳经验主义之间的张力。在这一群人中，有一些

人，如托马斯·里德，相信认识论学说优先于物理学理论，因此
应当立法把流体理论赶出科学舞台。另一些人，如哈特利和勒萨
热，认为这种选择是自相矛盾的，因而希望建立一种新的、更自 114
由的、能支持精微流体理论的经验主义认识论。我想对这两种反
应都予以检视。

以太论的支持者。 18 世纪后半叶，最坚定的精微流体理论的
支持者是哈特利和乔治·勒萨热。哈特利预见了被他称作"以太"
的弹性精微流体的很多说明性作用，其中包括解释热的传播以及
重力、电和磁力的产生。然而，哈特利最关心的是运用以太，或
者说以太中的振动来说明关于感觉、记忆、习惯和心灵的其他活
动的一系列问题。在哈特利看来（其观点是对牛顿《光学》中一
个更具猜测性的假说的极其详尽的解释），大脑和神经系统之中
充满了极其稀薄的流体，它能把感觉系统中一个点上的振动传到
另一个点上。这种以太中的震动，由某种外部的刺激所引起，随
后导致构成神经和大脑的脊髓物质也以相关刺激特有的方式发生
振动。在他的《人之观察》（1749 年）中，哈特利运用"神经"以
太中的振动来解释相当广泛的现象，包括"可感知的快乐与痛苦"
（第 34—44 页）、睡眠（第 45—55 页）、简单思想与复杂思想的产
生（第 56—84 页）、随意与不随意的肌肉运动（第 85—114 页）、溃
疡（第 127 页）、瘫痪（第 132—134 页）、味觉（第 157—179 页）、
嗅觉（第 180—190 页）、视觉（第 191—222 页）、听觉（第 223—
238 页）、性欲（第 239—242 页）、记忆（第 374—382 页），以及激
情（第 368—373 页）。实际上，《人之观察》第一部分的 500 多页内
容的绝大部分就是哈特利用振动以太假说来解释一大串现象。

哈特利很清楚，其论述的整个结构与当时占统治地位的归纳主义倾向格格不入。哈特利从未试图"从现象中推导出以太"，他也无法运用培根的排除归纳技巧来证明其研究在认识论上的可信性。他也无法提出任何直接（即非推理性的）证据来证明无处不在的稀薄流体的存在。因此，它不是"真正的原因"，正如托马斯·里德很快指出的那样。更恰当地说，哈特利只能满足于"事后确认"。他的论述不可避免地具有皮尔斯的"溯因推理"的结构：

这里有现象 x。

但若以太存在，则 x。

（可能）存在着以太。

115　　简而言之，直接的假说演绎法是《人之观察》的正式方法论。

不用多说，麻烦就在这里。因为无论后人对溯因推理是多么宽容，哈特利的同时代人（对此他心知肚明）认为假说推理本质上是错误的（毕竟，"溯因推理"是一种具有可错性的肯定后件的形式）。哈特利对其方法的主要辩护涉及对其理论可以证实的范围广泛的事例的强调。他认为其广泛的解释范围弥补了其解释部分的不可观察性，并减轻了其不能提供传统的归纳保证的负面影响。他在《人之观察》中强调：

让我们假设以太的存在以及它的这些性质缺乏直接证

据，但如果它能解释非常多的不同现象，那么通过这种方式它仍能拥有支持它的间接证据。[6]

哈特利把探索理论的深层结构比作解码信息的过程。就如同解码员的任务是找到破解这个加密信息的密码一样，自然哲学家的工作就是找到能够解释现象的假说。后者和前者一样，必须满足于间接证据：

解码员根据他对密码的解释的程度来判断他是否得到了正确答案，而这根本就没有什么直接证据。[7]

坦率地说，哈特利一定知道这个类比不会让他走得很远。如果他想要证明讨论没有直接证据的不可观察的实体在科学上是值得尊敬的，那么他就必须重新定位那个时代的认识论信念。那个时代的人认为，对于假说，间接证据根本就算不上证据。

为此，他在《人之观察》中写了一个很长的段落，讨论"命题和［理性的］认同的本质"。这些文字的明确目标就是想表明枚举归纳法和排除归纳法不是通往知识的唯一路径。他在这个段落的开头说了一句当时很常见的话，即归纳法和类比法是自然哲学研究中最可靠的方法。他甚至提出了一种联想论和振动论的解释，用来说明在什么机制下，对某一概括的特定实例的重复会相互强化，从而使我们逐渐接受这些实例所代表的那个概括。除了把归纳法相对新颖地同化为概率微分学之外，哈特利在这里探讨的内容其实是其同时代人所熟悉的领域。

116

但是，哈特利进一步主张，归纳和类比的技巧并未穷尽自然哲学家的全部本领。除此之外，还有**假说法**。对于牛顿坚持的"假说在实验哲学中没有地位"的主张，哈特利毫不妥协，他解释道："命令一个研究者不做假说是徒劳的，每个现象都会暗示着某些假说。"那些假装不做假说的人是在自欺欺人，并将其猜测性假说和"来自归纳和类比的真正真理"混在一起。[9] 既然头脑在面对任何现象时都会不自觉地形成假说，承认尝试性的假说要比无意中默认它们好得多：

> 他从一开始就［明确地］形成假说，用事实来检验它们，很快拒斥最不可能的那些。在摒弃了这些［假说］以后，就更有资格检验那些可能的假说。[10]

此外，哈特利还坚称，对（甚至是错误的）假说的检验和研究能引导我们迅速发现关于这个世界的新事实，这些事实我们可能无法以其他方式发现：

> 经常提假说，并对之进行综合性论证，根据其可能的几种变化与组合去说明大量原来可能被忽视的现象，并进行**判决性实验**，这项实验不仅关系到所考虑的假说，也关系到很多其他假说。[11]

但即使承认（正如一些最尖锐的归纳主义者也承认的的那样）[12] 假说法具有启发性价值，哈特利仍需要说明在何种情况下，接受或相信一个涉及不可观察的实体的假说是合理的。除非能表明，在某些情况下，接受并非由归纳法产生的假说是正当的，否则哈特利关于假说性的心灵科学的计划将是空中楼阁。哈特利本人提出了这个难题：

> 但在化学理论、手工艺与医学理论中，以及在物质的较小部分的力量和相互作用的一般理论中，不确定性和混乱性与科学的其他领域一样大。因为物质的较小部分过于微小以至于无法观察。我们既无法拥有足够丰富和有规律的现象的细节作为［归纳性］研究的基础，又没有一种足够精妙的调查方法来了解自然的精微之处……[13]

令人颇为失望的是，在大肆宣扬之后，哈特利为一个能解释很多现象的推测性假说的辩护，并没有比《人之观察》前面的篇幅更进一步。他再次运用了破解密码的类比，只是主张如果一个假说与所有可得的证据相一致，那么这个假说"就拥有所有支持它的证据，它可能是密码的答案，能够说明这个密码"。[14]简言之，哈特利的假说法可以总结为：若一个假说有大量已知的肯定性例证，并且没有已知的反例，则能确保其可信性。对哈特利来说，**已证实的说明范围**成了假说的可接受性的决定性标准。

哈特利立即承认这个标准并不能保证假说为真或它们能经受住进一步的检验。它们并不具备与归纳法和类推法相关的可靠性。但由于假说是不可避免的，（他似乎在问）还有其他选择吗？如他所言，我们能形成的最好的假说，即与所有现象最符合的假说，并不比一个不确定的猜想强多少，但是作为我们能形成的最好假说，它仍好于其他假说。[15]

并不令人惊讶，这个认识论对与哈特利同时代的归纳主义者并没有什么影响。正如他们指出的那样，自然哲学有很多互相竞争的体系（经过适当的特别修正以后）能与所有已知现象相适应。笛卡尔的物理学、盖仑的生理学、托勒密的天文学，都能满足哈特利的标准。在哈特利的科学认识论方法中，不存在借助表面修饰或人为调整来拯救一个被丢弃的假说这种策略。[16] 正如哈特利的批评者所指出的那样，牛顿在认识论上的伟大创新就是坚持认为"解释现象"或仅说明已知资料对于接受一个理论来说是不充分的保证。无论牛顿还是其追随者们都不会反对这样的观点：与所有可获得的资料相符合是接受一个理论的必要条件。[17] 但他们不会容忍哈特利把这个看似合理的关于理论的适当性的必要条件变成理论可接受性的充分条件。此外，任何了解哈特利的认识论著作的人都清楚，它们都是对他的以太神经生理学的合理化。接受前者就意味着默认后者，而很少有人愿意如此。

如果说哈特利选择间接地接受归纳法优越论者，向他们承认归纳和类比是推理的可靠模式，希望（但没有如愿）他们承认假说法也有其用处，那么以太论的另一位拥护者，与哈特利同时代的瑞士人乔治·勒萨热，对占统治地位的认识论进行了更直接的正面攻击。根据他自己的说法，勒萨热在 1747 年发现了使他在一百多年的时间里既受到赞誉，也变得声名狼藉的理论。勒萨热

的方法是假设存在一种围绕着所有物体的介质。组成以太的微粒
向各个方向运动，而且偶尔会影响到组成可见物理物体的粒子。
后者对于以太粒子流来说具有"半可穿透性"，即绝大多数以太
粒子会完全穿过一个宏观物体（主要是因为其组成粒子的体积只
占这个物体所占空间的很小一部分）。然而，一些以太粒子却会
与这个物体的粒子相撞，这时将会有相应的动力传送，以太粒子
会发生反弹，这个物体的粒子会向相反方向运动。这个运动的以
太被勒萨热用来解释非常广泛的现象。在《法兰西信使》的一篇
文章中，他用它来解释重量；[18] 在他的《机械化学论文》中，[19]
它被用来解释很多化学亲和力现象；更具意义的是，他在 1764
年 [20] 和 1784 年 [21] 用这个方法来建立其著名的重力的运动学模型。

　　在这里，我们无需关心勒萨热以太模型的细节。[22] 麦克斯韦
在一个世纪前就对其进行了生动的、精密的评价，其数学和物理
的清晰度被普雷斯顿、开尔文、克罗尔、法尔、乔治·达尔文和
奥里弗·洛奇等人进行了广泛探索。就我们的目的来说，对勒萨
热的模型做一个非常简单的概括足矣。勒萨热通过假定存在着从
各个方向流向世界的以太的粒子流来说明重力。如上面已经指出
的那样，普通的物体是可渗透的，因此这些"超乎寻常"的微粒
中的绝大多数都会在不产生相互作用的情况下穿越物体。然而，
有少数几个会对物体的组成微粒产生影响。其结果就是某些以太
粒子倒转了方向，而物体自身得到了一个通过碰撞施加于其上的
纯粹的力。在只有一个物体的宇宙里，将不会有什么合成的运
动，因为在这个物体的所有方向上，碰撞数目都是相等的。但如
果我们在这个宇宙中再引入一个大的物体，那么每个物体都会对

119　这种"非同寻常的"微粒起到部分屏蔽作用。这将会导致压力上的差异，每个物体在一边经受的碰撞会比另一边少一些，因此，每个物体都会倾向于向另一边移动。这样，重力吸引的质量性质就通过接触作用而获得，而非超距作用。重力的量的特征（即它与距离的平方和物体质量的关系）在勒萨热的成熟的《机械物理学专论》（在他去世后由皮埃尔·普雷沃斯特出版）中得到了解释。[23]尽管很多前人（如法蒂奥、丹尼尔、贝努利）都曾试图寻找对重力的机械论说明，但勒萨热的解释是18世纪出现的唯一一个初看之下在物理上有充分根据的重力相互作用模型。正如詹姆斯·克拉克·麦克斯韦对勒萨热理论的评价：

> 　　这里看上去有一条通往对重力法则的说明的道路，如果能证明它在其他方面也与事实一致，那它可能会成为一条通往科学奥秘的坦途。[24]

　　但麦克斯韦这个相当令人高兴的声明与勒萨热同时代人对其以太模型的普遍反应却相去甚远。在发表之后（而且勒萨热常常在发表之前就广泛传播自己的思想），勒萨热的理论就面对着责难的洪流。

　　罗吉尔·博斯科维奇把勒萨热的体系称为"纯粹任意的假说"，因为没有直接的证明。[25]法国天文学家贝利反对勒萨热的模型，因为它假定了隐藏的或不可观察的实体，他坚持认为"我们只能通过外部了解自然，我们只能通过自然呈现给我们的法则来评价它……"[26]18世纪60年代，莱昂哈德·欧拉曾写了几封鼓励的信给勒萨热。然而，欧拉说得很清楚：

> 我还是极为反感超物质世界的微粒，我宁愿承认自己对
> 重力的原因一无所知，也不愿诉诸如此奇怪的假设。[27]

对勒萨热的模型的反应主要是负面的，**批评的理由主要是认识论的而非实质性的**。勒萨热的批评者们认为关于不可观察的实体的假说根本就不是合法的科学。早在 1755 年，勒萨热就抱怨说，对他的超微粒体系的普遍反对意见是"我的解释只能是个假说"。[28] 在 1770 年，他向自己的一个通信者抱怨道，除非他的体系表述得非常小心，否则"人们习惯将它判定为无稽之谈"。[29]

到了 1772 年，勒萨热已经确信其理论并未得到应有的重视，因为没有人愿意根据其科学价值进行评价。相反，人们把它当作一个单纯的假说而不愿信任它。他说这是他的时代的一个"几乎普遍的偏见"，任何处理关于不可观察的实体的理论都不能被视为真正科学的。[30] 十年后，他已经确信不会有人公正地对待其观点，以至于他撤回了原本要出版的作品。他痛苦地解释道：

> 你们物理学家对确定粒子存在的可能性抱有极大成见，
> 但它却有助于理解引力、亲和性与伸展性，而这构成了如今
> 全部的物理学。我将暂时停止相关作品的出版……[31]

如果故事就此结束的话，这也只不过是一个科学家因其著作与占支配地位的认识论潮流不合拍而受到压制的又一事例。但勒

萨热的情况要比这更有趣，也更重要。因为勒萨热在物理学方面遇到的困难促使他提出一种与占优势的归纳主义方法论相竞争的方法论。勒萨热在一些哲学文章中做到了这点，这些文章表明：一般的假说，以及涉及不可察觉的实体的特殊假说，都可以有合理的认识论基础。勒萨热在一篇由普雷沃斯特出版的被广泛引用的文章中详细讨论了这个问题。最初这篇文章是想发表在《百科全书》中，但却没有成功，这篇文章的题目是"论假说法"。[32] 在这篇文章中，勒萨热试图表明枚举归纳法和类推法（由那些无处不在的牛顿主义者所倡导的支配性方法）并不像其拥护者所声称的那样简明，而假说法 [33] 也不像其批评者们所说的那般无用。

正如勒萨热机灵地意识到的那样，枚举归纳法的核心假设就是在可观察与不可观察的事物之间可以做出清晰的区分。归纳法和猜想法的传统对比是，前者与感觉经验保持紧密联系，而后者则与之相距甚远，因此其不确定性要大得多。勒萨热承认在可观察事物与不可观察事物之间可能会有区别，但他认为，严格地和僵化地坚持前者将会产生一种非常衰弱的科学。他说："那些蔑视假说法的人不允许我们做猜想，**除了那些自然地和直接地从经验得出的。**"[34] 尽管这个观点被"迷信地加以重复"，但并没有什么"明确的思想"可以依附于它。因为"究竟什么是从对事实的观察中直接推导出的结论呢？仅仅是这个事实的存在，此外无他"。[35] 但这个观点的含义可能是，与那些和感觉的细节有几步之遥的推论相比，那些离观察较近的关于世界的断言得到了更好的支持。勒萨热对此并不同意。他说，若我们所做的断言"是仓促的，但如果它们同时又是直接的，那么我们能得到什么？"如果

121

我们所做的断言具有充分证据，"那么，[它们]是直接的，还是离现象的距离非常远，又有何关系？"[36]

勒萨热的意思是，任何理论化的推断都远远超出已有数据的范围，所以那些超出证据与不超出证据的理论并没有实质性区别。由于我们必须根据已知推测未知，而且这种过程通常是一项冒险的事业，我们能用何种方法论规则来保证此类推理是正确的？勒萨热的文章的绝大部分篇幅都在讨论这个问题，尤其是在说明假说法在科学推理中要比归纳法和类比推理有更大意义。勒萨热这样说："假说法是指任何将理论的逻辑结果与观察相比较的程序"。一个假说的最高证明形式是证明其所有的推论都是正确的，它表明了"与现象的精确对应"。[37]但是，正如他所承认的，我们很少能够获得如此详尽的证据。如果做不到这一点：

> 如果所假定的原因[即假说]能产生与主要的结果相关的**所有目前已知的特点**，那么在现有情况下，它就具有我们目前能够期待的最高的可信度。[38]

勒萨热在这里增加了一个重要条件。在我们接受一个能说明所有可以获得的证据的假说之前，我们必须确信我们的数据代表了一个很大的样本。在数据很有限时颇为有效的假说常常会在数据基础扩大后垮台。勒萨热认为我们对一个假说的确信是一个程度问题："[与假说]相符合的事实的数量越多，我们对它也就越信任。"[39]更进一步，他强调在假说和证据之间的单纯的一致（即逻辑上的一致）是一种非常弱的关系。如果一个假说要得到一条证据 122

的稳固的证实，那么它必须能推出这个证据性陈述，并且不能推出与之相反的陈述。假说能正确推导出的我们所观察到的事实的具体程度越高，证明也就越强。[40]

对很多勒萨热的同时代人来说，假说并非**得自**对证据的分析这一事实曾经是一个非常重大的打击。特别是归纳主义者曾强调，唯一合法的理论就是那些通过对经验的概括而得来的理论。勒萨热回应说，只要把我们的假说置于一个严格的"确证"过程中，它们最初是如何产生的并不重要。勒萨热对没有得到证实或不能证实的假说是同样蔑视的。但他认为我们不应当把不能证实的假说的缺点和已证实的假说的优点混为一谈。"已经说过了上千遍：不管对某种事物的滥用是多么的普遍，这永远都不能被当作反对其合法用途的论据。"[41]他认为牛顿在拒斥假说法时，"从未意识到人们可以使用一种对其缺点了如指掌的研究方法！"[42]

勒萨热的下一项工作是一个冗长的证明：尽管牛顿"不做假说"，但其光学和力学著作中充满了假说和假说性推理。[43]与之相似，开普勒、哥白尼、惠更斯的著作也依赖假说性推理。[44]

勒萨热承认有些假说是错的，特别是笛卡尔及其追随者的涡旋理论。他明智地评论道："在17世纪，人们愿意承认所有假说，不管多么不可信，而在我们的世纪，人们却很容易全盘否定它们。"[45]注意到认识论也遵循时尚和偏见的法则，勒萨热认为有一条中间路线，即允许假说的使用，只要对之加以严格的经验限制。在文章结尾，勒萨热指出类比推理的局限性，认为它是"非结论性的""武断的"，且"不切实际的"，而且在绝大多数情况下依附于假说法。[46]

纵观这篇文章以及勒萨热的其他方法论作品，存在两个层面的动机。在一个层面上，勒萨热真正关心的是理论上的认识论问题，并感到它们很重要。作为一个哲学家，他想尽可能地搞清楚科学的逻辑。但是，潜伏在背景中的是（就像与哈特利的讨论一样）：作为以太理论家的勒萨热，拼命地进行斗争，想为一个被站不住脚的方法论理由所排除的科学理论争取到合理的发言机会。这并无不妥之处。毕竟，我们会希望知识和关于知识的理论紧密缠绕在一起。勒萨热和哈特利对认识论的探索并不仅仅是自我辩护。当然他们确有自我辩护的成分，但实质上不止于此。最重要的是，在面对归纳论者的批评时，他们为假说演绎方法论进行了有理有据的阐释和辩护。

在哈特利和勒萨热的著作中，还有另一个常见的方法论主题使他们与同时代人区别开来：对科学渐进性的承认。在认识论的整个早期历史中，占支配地位的观点是：公认的科学理论或学说应被判定为绝对正确或错误的，而权威的科学方法论应能立即产生正确理论，当然，前提是遵守了合适的研究法则。哈特利和勒萨热都反对这种观点。他们承认自己的理论可能是错的（因为它们最多是可能的），他们强调科学研究的近似性。他们认为理论被公布以后，可以被修正或改进，使它们与其对象契合得更紧密。为说明这点，他们都把科学理论的发展比作某些数学近似方法（事实上，两个人都以试位法的法则和牛顿方程式的近似根的技巧作为例子）。正如哈特利所言：

这样就获得了第一个位置，尽管还不精确，却接近了真理。由此，应用该方程式，就能推导出第二个位置，这样就比第一个离真理更近……实际上科学中所有的进步都是这样完成的……[47]

勒萨热把长除法的步骤当作成功的近似值法的范例。[48] 在这个过程中的每一步都得到一个与真正的商更接近的数字。勒萨热认为，根据实验对假说进行检验和校正是一个合适的类似过程。

事实证明，这个策略对勒萨热和哈特利非常有用。面对归纳主义者说假说法是非结论性的，他们可以承认这一点；面对以太的特定模型可能是假的这一主张，他们也可以承认这一可能性。但在他们看来，无论是假说法的可错性，还是由之产生的某些理论的错误，都不能强迫人们得出假说在科学中没有作用这一结论。相反，一旦人们承认科学是近似的和自我校正的，就有可能正视一个**既是错误的，又是向前的一个步骤的**理论。

最终，这两位思想家的认识论观点要比他们所建立的以太模型更具影响力（正如我们将在下文所见）。但在我们转向关注假说法和以太假说后来的命运之前，我们需要更深入地研究一下反对派。

对以太及其认识论的早期批评。尽管对电、磁、重力和热的以太说明在 18 世纪下半叶变得越来越常见和有名，但仍然有很多自然哲学家拒绝支持它们。在苏格兰尤其如此，尽管苏格兰发生了"启蒙运动"，但很多重要的哲学家和科学家不愿意承认这种理论的重要性。如果说以太通常被苏格兰人认为是令人讨厌的，那么哈特利的神经以太尤其遭到辱骂。在 19 世纪的前几十年，苏格兰哲学家托马斯·布朗有些骄傲地注意到，"主要是在岛的南部，哈特利博士找到了他的追随者"。[49] 布朗对哈特利的理论的评论几乎可以套用在所有 18 世纪晚期的主要以太学说上，它们很少能越过哈德良长城。在苏格兰启蒙时代，很少有重要的自然哲学家（包括库仑、布莱克、莱斯里、里德和赫顿）接受了不可察觉的流体的假说，而这些假说在英格兰和欧洲大陆得到了广泛讨论（在某些情况下得到了广泛接受）。

反对以太理论的主要原因是苏格兰哲学家和科学家对严谨的归纳主义和经验主义的广泛接受，据此，猜测性假说和不可察觉的实体与可靠的科学探索是矛盾的。这种将对以太的反对与一种归纳主义哲学联系在一起的做法在《不列颠百科全书》（尽管书名如此，实际上却主要是苏格兰人的成果）的第一版（1771 年）的文章《以太》中得到了简要的总结。对以太几乎未做定义（"一种虚构的流体的名称，有几位著者认为它是自然中一切现象的原因"），[50] 作者就开始对假说法进行恶毒攻击，并对牛顿和培根的归纳主义进行英勇捍卫：

> 在人们知道通过归纳进行哲学思考之前，哲学家的假说 125
> 是疯狂的、古怪的、荒谬的。他们求助于以太、神秘的性质
> 和其他虚构的原因……[51]

文章认为"猜想的方法永远不会引导任何人走向真理"。[52] 这些选自《不列颠百科全书》的段落反映了影响了这个时期绝大多数苏格兰科学著作的彻底的归纳主义。其中绝大部分都源自托

马斯·里德的具有影响力的著作，里德是所谓的"常识哲学家"的领袖。正如我在前文所述，里德的著作中充满了对假说法的攻击。[53]

对我们的研究目的来说，重要的是里德对哈特利的以太假说的批判，与他对支撑这一假说的方法的抨击之间的明确联系。在他的《论人的理智能力》（1785 年）中，里德详细地讨论了哈特利的振动假说。在否定哈特利的"关于神经和大脑"的假说的过程中，[54] 里德进行了其作品中最为冗长的方法论讨论。里德很快就认识到，哈特利的《人之观察》直接站在他所支持的牛顿式归纳主义的对立面。他注意到，哈特利的《人之观察》的认识论章节是为了证明自己在研究中所运用的方法论的合理性："已经首先在实践中背离了［牛顿的］方法，［哈特利］最终只能在理论上证明这一背离是合理的。"[55] 里德声称哈特利是他所知道的唯一拒绝牛顿的归纳主义原则的著者："哈特利博士是我所遇到的唯一一位反对牛顿式归纳推理的著者，他还尽力想找到论据来为被驳倒的假说法进行辩护。"[56] 既然在里德看来，只有哈特利曾批评过"哲学思考的真正方法"，那么可以说里德绝大多数反对假说的激烈演说主要是在针对哈特利。

这个"真正方法"，对里德来说，是某种形式的枚举归纳法。[57] 里德在任何地方都没有说出他的归纳形式的法则（甚至连其追随者都不得不承认这一点），[58] 但是其某些特征是清楚的。里德在《论人的理智能力》中写道：

真正的思考方法是从通过观察和实验检验的真正事实出

发，通过合理地归纳搜集自然法则，然后使用通过此种方法发现的法则来说明大自然的现象"

问题的关键在于我们能够基于"观察和实验"进行的归纳概括的种类。里德坚定认为，在这个阶段，有两件事情必须坚持：

（1）在公认的法则中所假定的任何实体都应真正存在，"而不是仅猜测其存在但没有证据"；（2）这个法则的所有已知的演绎结果都应是真的。[60]

条件（1），里德将之作为对牛顿的"真正的原因"思想的注释，在其发表的著作和通信中都有广泛的讨论。[61]通常情况下，里德的第一个条件相当于一条法则，即科学家只被允许假定那些可观察的实体。因此，以太和其他不可观察的流体因其固有的性质而失去了科学上的合法地位。

在认识论上，我们很容易将哈特利和勒萨热归为与里德相对立的一方。毕竟，枚举归纳法并不足以建立科学，猜想和猜测在所难免。当它能说明非常广泛的现象时，这确实是对一个理论的支持，即使这个理论假设了不可观察的实体。但仅在这些条件下看待这个争论是有误导的。在很大程度上，对18世纪的归纳主义者和假说主义者来说，至关重要的认识论问题仅仅是：一个理论的证实性例证是否自动地成为接受或相信该理论的理由或原因？哈特利和勒萨热都认为任何一个证实性例证都为推导出这个例证的理论提供了证据。积累了足够多的此类例证后，该理论就成为可信的了。与那些后来的科学哲学家（如皮尔斯、贝叶斯主义者和波普尔）一样，托马斯·里德认为"仅仅"有证实性例证是不够的，在我们认为一个理论的正确的演绎结果能作为该理论的合法证据之前，必须满足一些附加条件。

在里德的情形中，导致了这一信念的是很多不可信的理论也会有一些正确的结果这一合理的直觉。如果我们把每个有一些正确推论的理论都当作成熟的理论，那么我们将永远无法判定一个理论比另一理论有更强的证据，因为"从来没有哪个机智的人发明的假说不能拥有［某种］支持它的证据。笛卡尔的涡旋假说、波普先生的精灵和侏儒假说，都能说明很多不同的现象"。[62] 里德相信不能仅因为一理论足以解释现象就认为它已被证实或已得到充分确定。当然，他并不反对合理的理论应与已有证据相适应这个观点。但对哈特利和勒萨热来说可作为接受一个理论的充分条件的，在里德那里却是一个必要但不充分的条件。[63]

但在婴儿和洗澡水的典型例子中，里德要求得太多了。里德

127 对有理由断言事物存在的基础所做的非常狭隘的观察性说明，使得他完全无法对很多他的时代的深层结构理论做出成功说明。由于要求太多，其认识论完全无法应对他的时代的理论科学。但如果里德和归纳主义者要求得太多，哈特利和勒萨热所冒的风险则是他们要求得太少。毕竟，很多空洞的说明（如莫里哀经典的**"睡眠能力"**）都有正确的演绎性结论。哈特利和勒萨热没有提供任何区别空洞的真理论和合法的科学理论的可信标准。在缺乏这样一个划分标准的情形下，他们没有理由宣称，在存在很多同样得到充分确证但却空洞无物的理论的情况下，应当接受他们的

理论。

　　总而言之，到 18 世纪后期，无论是归纳主义者还是假说演绎论者，都没能建立起一种有说服力的科学认识论。同样，以太理论的命运仍未确定，主要是因为尚不清楚它们是否有真正的证据。所有这一切在接下来的半个世纪中发生了深刻变化。科学哲学家将会阐述新的和更为详细的标准，来确定一个理论的哪些演绎性推论是真正确定的，而以太理论，至少是某些以太理论将成功地符合这些标准。

第二阶段　1820—1850 年

　　在 19 世纪早期，关于不可观察的流体和证明其存在的方法的争论主要集中在关于光的波动理论上（以及附带的对光以太的承认）。从认识论的角度来看，绝大部分兴趣都集中在一种新的评价假说的方法论标准的出现上。简而言之，该标准在 18 世纪后期关于精微流体的方法论的可信性的争论中根本就不突出。它相当于声称：当一个假说能成功预测事件将来的状态（尤其当这些状态"令人惊讶"时），或能说明那些并非特意设计出来予以解释的现象时，这个假说就获得了仅能说明已知现象的假说所不具备的合理性。这段历史的主角是赫歇尔、休厄尔和穆勒。赫歇尔接受了这个新标准，发现它为光的波动论提供了基本原理，却没有认识到这个标准威胁了他以其他方式承认的归纳主义的传统

纲领。休厄尔接受了新标准，既用它来为光的波动说辩护，又用
128 它来攻击传统的归纳法。最终，约翰·斯图亚特·穆勒意识到这
个新标准破坏了归纳法，他对该标准进行了批判，同时也批判
了光的振动理论。在这个部分，我所关心的主要是这一系列相互
联系。

当然，光的波动说主要是由托马斯·杨和奥古斯丁·菲涅
耳在 19 世纪早期复兴的。在这个世纪的前三十年，自然哲学家
对光的波动说或粒子说的优点的看法出现了分歧。[64]就干涉现象
而言，波动说比粒子说提供了更可信的说明，但后者似乎更能解
释恒星的色差及双折射问题。（以太论战的一些参与者，如孔德，
实际上错误地相信两种理论在观察上是等价的，采用哪个理论完
全无关紧要。）[65]

然而，到了 19 世纪 20 年代后期，可以察觉到天平开始向波
动说一方倾斜。有很多因素与此有关，但其中最重要的可能是菲
涅耳和泊松实验。1816 年，菲涅耳写了一篇论述衍射性质的文
章。在该文中，菲涅耳详细地阐述了光的波动说，并用它来说明
衍射现象。泊松，一名坚定的粒子论者和菲涅耳论文的评审小组
成员，注意到根据菲涅耳对光所做的分析，圆盘形阴影的中心会
出现一个亮点。这个预测结果是相当不可能发生的，这与粒子说
和科学家对"自然"的直觉都是矛盾的。实际上，波动理论拥有
这个奇特结果的事实早在该实验前就已为人所知，这被当作它的
一种归谬法。在实施了适当的检验之后，波动说的预言与所观察
到的结果的一致为之做了辩护。

对于这个实验的结果有两个明显的方法论说明。一种解释

是，这个实验相当于一个培根式判决性实验，证明了粒子说的错误和波动说的正确。（有趣的是，尽管傅科对测定光在水中和空气中的速度的实验也做了这种解释，但这并不是对这一早期结果的主要解释。）根据另一种在当时得到了广泛认同的解释，圆盘实验可被视为为波动说提供了令人信服的证据，因为它成功地预测了一个令人惊讶的（即就知识背景来说是意外的）观察结果。　129 支持前一种（严格的实验）解释的逻辑是我们熟悉的排除归纳的逻辑。但为后一种解释提供了认识论基础的是对假说的评价的方法论的一系列发展。

　　如我们所见，在整个 18 世纪，假说法的支持者都将对已知现象的后验说明（根据这个方法的批评者的说法，这是特设性的）作为证明其可靠性的主要工具。但没有哪个假说法的早期支持者能表明，是什么使得武断和空洞的假说与可靠和有价值的假说区别开来，因为两种假说都有大量后验的证实性例证。

　　在 19 世纪 20 年代和 30 年代，假说法的支持者阐述了区分"假的"假说与合理的假说的方法。具体来说，他们主张一个正常的假说不仅说明已知事物，而且能成功地扩展到它被设计出来用以说明的现象的范围之外。尤其当假说能预测不寻常或令人惊讶的结果时，这个假说就不再是假的，而成了理性信念的一个合法竞争者。这一对假说法的修正（在赫歇尔和休厄尔的著作中特别突出）意味着**对构成证据的条件的重新定义**。赫歇尔和休厄尔强调，一个假说必须通过超出其最初的数据基础来证明其可信性，从而界定了一条一端是哈特利和勒萨热，另一端是里德和其他归纳论者的颇有希望的中间道路。他们宣称，如果一个假说成功地通过了一系列证据的检验，而这些证据又独立于该假说最初被创造出来用以解释的情况，那么这个假说就不是武断的。他们借此缓解了针对假说法的传统指控。

考虑到现代读者对"独立检验"这个概念的熟悉程度，人们很容易低估其所代表的方法论转折的重要性。[66] 其重要性部分在于，它强调检验那些未知命题，而非已知命题。在假说法能令人信服地被认为不再是逻辑谬论之前，需要引入一些新东西，这些东西要能区分严肃合理的假说和假的或似是而非的假说。至少130 在 19 世纪 30 年代，这种"新东西"是我所说的**独立或间接支持的要求**。简言之，这个要求的内容是：在一个假说具有可信性以前，它必须能说明（或预测）那些与它最初被创造出来用以说明的情况大相径庭的事态。这种证据可以来自两个地方：对未知结果的令人惊讶的预测；对已知现象的成功说明，但该现象并不是构建该假说的最初基础。

这个独立支持的方法论要求不应与之前的经验主义要求，即理论必须包括"真正的原因"相混淆。这个较早的要求与理论预测惊人结果的能力毫无关系。它要求在理论中所假定的实体必须是直接可观察的，或直接能"从现象中推导出来"。简言之，"真正的原因"的方法论传统依赖直接可观察的实体与并非直接可观察的实体之间的严格区别，它认可前者而避免后者。与之相比，我所说的独立支持的要求对理论实体是否可观察的问题并不关心。相反，它主要关注的是能从理论中推导出来的陈述的认识论性质。

勒萨热的引力以太理论，即使在解释上完全成功，但并没有这种独立支持。更重要的是，18 世纪没有哪个认识论家对这一理论留下深刻印象，因为这里所讨论的独立支持的概念很大程度上是 19 世纪早期的产物。正如我们将会看到的那样，通过引入这个要求，光以太的支持者能宣称——而他们在 18 世纪的以太论先驱就不能——存在一些可以得到的令人印象深刻的光以太证据，这些证据远远超出了仅仅"解释现象"的假说的能力。菲涅耳的圆盘实验（一个已证实的预言）以及光的波动说向偏振和二次偏振及双折射的成功扩展，为光以太提供了间接支持，而早期以太学说却没有这种支持。

这一系列问题得到了约翰·赫歇尔和威廉姆·休厄尔的特别强调。赫歇尔认为我们不能合理地期望一个理论能可靠地预测未来，除非它过去一直如此。除非我们已经看到一个理论使我们能"向这个理论的例证之外扩展我们的见解"，否则"我们不能依赖它"。[67] 在我们接受任何理论之前，我们必须试着"将其应用扩展到那些最初预期的情况之外，并将［其］应用到极端情况下"。[68] 尽管赫歇尔常常阐述该要求，并将之视为使我们远离"不受限制的想象力的运用……［和］武断的原理……［和］仅仅是幻想出来的原因的工具"，[69] 他却没有就其理论基础进行任何讨论。

他所做的是不断反复借助这个要求来表明光以太假说是合理的。赫歇尔指出，杨的波动说最初是为了说明反射、折射和干涉现象而建立起来的，最终却被成功地用来说明偏振和双折射现象。[70] 他指出，（菲涅耳的）波动说不仅说明了"在一个主题之下最为丰富多样的事实"[71]，而且菲涅耳的理论也预言了"一个从未被观察过的事实，而所有观点都是反对该事实的"。[72] 在赫

131

歇尔看来，对这一令人惊讶的预言的证实，证明了波动说的"可能性"。

和赫歇尔一样，休厄尔发现有必要通过进一步的限制来补充传统假说法的比较宽松的要求。他在《归纳科学的哲学》专门讨论"假说的检验"的一章中用了很长的篇幅对此进行了详细阐述。和勒萨热及哈特利一样，休厄尔坚持最低条件："我们所接受的假说应能说明我们已观察到的现象。"[73] 更准确地说，他规定每个假说都必须"与所有已观察到的事实相一致"。[74] 但不像哈特利和勒萨热——他们把这个要求看作适当性的充分条件——休厄尔认为假说"应当不止于此：我们的假说应当［成功地］**预言**［原文如此］尚未观察到的现象"。[75] 至少，应当通过检验与某种现象相对照的假说来证实这些预言，而这种现象"与该假说被发明出来用于解释的那些现象属于同一个类型"。[76]

这个更严格的要求驱散了围绕着假说的那种随意性，因为假说的唯一已知实例就是产生假说时使用的那些实例：

> 当发现者事前预言的模式与大自然自身的模式完全相同时，人们不能不相信由发现者们所确立的法则肯定会在很大程度上与自然的真正法则相一致。[77]

对那些与已知结果相类似的结果的成功预言能极大地增强我们对假说的信心。"但当支持我们的归纳的证据能使我们说明和确定［即，预言］不同于那些在我们的假说形成时就已经考虑到的情况的事态时，它具有更高的说服力。"[78] 休厄尔描述这种特殊的证据模式（针对不同类型的过程或事件来检验假说，而这些过程或事件与该假说所要说明的不同）的术语是"归纳的一致性"。在他看来，这是理论所拥有的能给人最深刻印象的证据。休厄尔对成功预测的特殊证实价值的强调，以及它与 18 世纪早期关于假说法的讨论的对比，在其对破解密码类比的不同寻常的运用中表现得非常明显。我们已经在哈特利那里看到了这个类比（在笛卡尔、波义耳和其他人那里也出现过）。在休厄尔之前的形式中，这个类比意味着：如果针对一个加密的密码，某一个假定的对字母的排列能产生可理解的消息，那么这就构成了这种假设性的字母排列的正确性的一个证据。在这种类比中，人们假定解码的人事先已经知道了整个密码。然而，在休厄尔对这一类比的解释中，密码的一部分最初对解码者是隐藏起来的，他的挑战在于能否预测隐藏起来的字母。[79] 休厄尔对这个传统类比的更改表明，他关心的是**为一个理论的不同的证实性例证赋予不同的分量**。

休厄尔还未定义这个一致性的概念，就原封不动地引用了光的波动理论，认为它是通过了这个极为苛刻的检验的少数理论之一。很快，他简略地描述了波动说在解释方面的成功：反射、薄膜的颜色、偏振、双反射、二次偏振和圆偏振。与之相比，微粒理论表现出"一个错误理论的发展过程"。[80] 它可以很好地解释"它最初被设计出来应对的那些现象。但随着观察的深入，每一组新事实都需要一个新假设，这些不和谐的附属物不断积累，直到它们颠覆了最初的框架"。[81]

波动说预言的成功给休厄尔留下了如此深刻的印象，以至于他将之视为两个模范性的理论发展范例之一（牛顿的引力理论是另一个），他精心制作的"光学归纳表"也在波动说中得以确立。甚至在其较早的《归纳科学史》中，休厄尔就把波动说看作牛顿力学在光学上的对等物。在对所谓的"波动理论"进行了长时间讨论之后，他评论道：

133

我们曾经渴望表明，在物理天文学和物理光学这两门伟大科学的历史中，进步的类型是相同的。在这两门科学中，我们拥有由机敏而善于创造的人所发现和积累的现象定律；我们拥有触及正确理论的前奏式的猜测……最终，当这个真正的理论……通过充分说明其最初打算说明的事物而被接受，并由那些它并未打算说明的事物加以证实的时候，我们就开启了一个新纪元。[82]

这个段落简洁地预示了休厄尔的科学哲学（其重点在于独立支持的要求）以及波动说在其形成过程中发挥的关键作用。

但反对意见又如何呢？如我们所见，赫歇尔和休厄尔都将其对波动说的认可建立在它对一个新奇的、引起高度争议的方法论要求（即独立支持的要求）的满足之上。如果我对光学与这一方法论规则的联系的说明是正确的，我们应当预料到，那些不接受赫歇尔/休厄尔的方法论的人也不会分享他们对波动说的热情。约翰·斯图亚特·穆勒的著作证实了这一预期。当然，穆勒就是休厄尔在 19 世纪 40 年代和 50 年代的主要反对者。他们各自的科学哲学几乎在每个重要方面都有分歧。关于一个理论的不同实例的相对证实价值，二人的分歧颇大。如我们所见，休厄尔认为，当一个理论拥有预见性例证或说明了那些并非创造它来说明的事例时，要比仅仅说明了那些专门创造它来说明的现象更有说服力。相反，穆勒则认为，预见性的成功，和那些事后的说明性的成功完全一样，都是高度非结论性的。如果将之作为支持理论的理由，那是十分不可靠的。

值得注意的是，这种争论出现在穆勒的《逻辑体系，推理与归纳》中，并特别提到了光以太理论。穆勒的主要论点是，一个理论无论有多少个证实性例证，都不能获得最终证明，主要是"因为在这种假说（即光以太）的情况下，我们无法保证如果这个假说是假的，它肯定会导致与真正的事实不一致的结果"。[83] 光的波动说"说明了所有已知现象"这一事实并不能证明它"可能为真"。[84] 随后，他转而考虑休厄尔（和赫歇尔）的主张，即主要是波动说的成功预测使其成为可能。穆勒注意到："看来人们认为，如果讨论中的假说除了能说明所有已知事实外，还能做出其他后来得到经验证实的预言，它就更容易被接受。"[85]

穆勒严厉地指出，这种观点公然混淆了惊讶的心理状态和关于支持的方法论。在谈到波动说的一个预言时，他说道：

这些预言及其实现实际上只能给那些愚昧无知之人留下印象，[86] 这些人对科学的信念主要依靠预言和后来发生的事情的一致。但对于具有科学造诣的人来说，如此强调这种一致是很奇怪的。如果光的传播法则与那些弹性流体的振动法则在很多方面一致，而这能使该假说为几乎所有的已知现象提供一个正确的表述，那么它们应在多个方面是一致的，这

134

没有什么好奇怪的。[87]

　　穆勒并不反对休厄尔的心理学观察，即很多人对一个能成功进行惊人预言的理论都有深刻印象。他所要求的是一种逻辑的或认识论的说明：为何我们应当认为这种事例具有特殊地位？像一个世纪之后的波普尔一样，休厄尔最终没有应对这一挑战。他从未表明为什么一个理论的新奇预见能有这么大的价值。

　　尽管如此，休厄尔还是试图在《论归纳，尤其关于 J. S. 穆勒先生的逻辑体系》（1849 年）中重申他的观点。休厄尔正确地概括了穆勒对他的攻击，他说这相当于传统的归纳主义指控：人们不应允许"假说仅根据其结果与现象相一致就得到证明"。[88]休厄尔重申，他的方法绝不仅是老式的假说法，因为他增加了独立支持和一致性要求。对于穆勒的告诫，即成功的预言只能给那些"无知的百姓"留下印象，休厄尔坚持说："大部分科学思想家已经允许理论所预言的结果与后来观察到的事实间的一致对他们的信念产生最强烈的效果。"[89]（他在同一页提到了"光的波动说的奇妙证明"）但休厄尔的绝大部分回答主要是真诚的挥手示意，而非有说服力的论述。他从未能令人满意地应对穆勒的挑战，即为独立支持的要求提出一个有说服力的认识论的理论基础。

　　然而，在另一层面上，穆勒也许忽略了一点。在他正确地反135对休厄尔时，有一点需要强调：一两个令人惊讶但得到证实的预言不能证明产生它们的理论。但如果我是对的，引入独立要求的动机本就不是将假说法转换成一种证明技巧。更恰当地说，人们关心的是找到某种降低假说的随意性与任意性的方法。只要一个假说所能证实的事例是其产生过程中使用过的，就没有什么理由指望将它应用于更多的事例时会成功。毕竟，这些假说可能完全捆绑在所研究的情况的某些非因果或非惯常的偶然事件上，并将其概括成一个普遍理论。但是，恰如赫歇尔和休厄尔所注意到的那样，如果假说能成功地扩展到那些在其建立过程中未曾涉及的情况乃至领域中，那么就不能再声称假说的可靠性仅限于它被设计来解释的现象。[90]

虽然我主张独立支持的要求在 19 世纪 30 年代和 40 年代对波动说的接受中起主要作用，但这并不意味着波动说的所有支持者都引用了这个要求。实际上，很多人没有。正如杰弗里·康托在其对波动说的早期接受的研究中所说，很多自然哲学家接受这个理论仅仅是因为它满足了更早的（哈特利／勒萨热）和解释范围更大的条件。[91]康托强调需要引用传统的和已充分证明的方法论学说（如范围）来评价波动说，我所关心的则是说明波动说在多大程度上促使一些主要的思想家打破正统的方法论，并为假说提出新的检验标准。

结论

到了 19 世纪 50 年代，光的波动说（以及与之相关的光以太假说）得到了自然哲学家一定程度的接受，而 18 世纪的精微流体以太理论却没有得到这种认可。我在这一章中已经试图表明，这两类理论受到不同程度的接受的主要原因，主要应根据波动说所具备的某些认识论或方法论特征来解释，而这些特征是早期的以太理论不具备的。但这个故事的寓意并不完全在于这种差异，因为即使早期以太理论具有预言性并且可以独立检验（在上文所说的意义上），也并不确定它们是否能被广泛接受。所需要的不仅是物理学中的转变，而且也是认识论上的转变，所以这个独立支持可以被当作一个确定的认识论上的优点。这个转变发生在19世纪30年代（我已经做了论述），部分地由波动说引起，对赫歇尔和休厄尔这样的哲学家来说，它作为认识论的原型发挥了作用。当然，这里有一个循环论证问题。但是，它绝非恶性循环，而是反映了理论和实践的相互依赖，这种相互依赖一直是科学和哲学的最佳特征。[92]

136

注释

1　关于这种相互作用的根本原因的更详细讨论，见拙著《进步及其问题》，伦敦，1977年，第2章。

2　例如，可参见前文第7章以及I.柯恩，《富兰克林与牛顿》，费城，1956年，全书多处。

3　18世纪对牛顿第一法则的主流诠释包含一个要求，即所有理论都必须严格限制在纯粹可观察的实体上——这只是一个猜测。可以肯定的是，英法两国通常都是以这种方式来解释牛顿的《哲学思考法则》的。有一个典型的并且颇有影响的对牛顿第一法则的讨论，见托马斯·里德，《哲学著作集》，第 6 版，爱丁堡，1863 年，第 1 卷，第 57、236、261、271—272 页。

4　J.普里斯特利，《电学史》，第 3 版，伦敦，1775 年，第 2 卷，第 16 页。

5　见牛顿《光学》中《疑问》的第 16 项。

6　D.哈特利，《人之观察：他的结构、责任及期望》，伦敦，1791 年，第 1 卷，第 15 页。（此书最早出版于 1749 年。）布莱恩·罗宾森曾在两年前做过一个非常类似的方法论论述："以太是一种非常普遍的物质原因，没有出现任何与之矛盾的现象，其存在无可怀疑。因为任何原因越具有普遍性，理性就越是支持其存在。以太是一种比我们的空气更普遍的原因，有鉴于此，支持以太的证据要比支持空气存在的证据更有力。"（《论艾萨克·牛顿爵士的以太》，伦敦，1747 年，序言，无页码）

7　哈特利，《人之观察》，第 1 卷，第 16 页。在假说法的早期倡导者中，这个破译密码的比喻由来已久。例如，可在笛卡尔 [《文集》（亚当及汤纳利编），巴黎，1897—1957 年，第 10 卷，第 323 页]，波义耳（《皇家学会，波义耳论文》，第 9 卷，第 63 叶）和其他 17 世纪著者的著作中发现它。正如我在下文所述，甚至在哈特利之后的一个多世纪中，方法论家仍在继续使用这个比喻。

8　哈特利，《人之观察》，第 1 卷，第 346 页。

9　同上。

10　同上。

11　同上，第 347 页。

12　很多归纳主义者区分了后来所称的"发现的语境"与"辩护的语境"。他　137
们很愿意承认假说法对前者有用，但坚持认为它对后者毫无裨益。正如
托马斯·里德非常简洁的论述："让假说法……提出实验或指导我们的探
索，但让归纳法统领我们的信念。"（里德，《托马斯·里德著作集》，第
1 卷，第 251 页）

13 哈特利，《人之观察》，第 1 卷，第 364 页。

14 同上，第 350 页。

15 同上，第 341 页。

16 实际上，哈特利甚至似乎赞成这种做法。他说，如果我们的假设和假说"不能以某种说得过去的方式［对真正的现象］进行解答，［我们就应该］马上将其抛弃；如果能解答，我们就该增补、删除、改正和完善，直到我们已经竭尽所能使假说与大自然一致"（《人之观察》，第 1 卷，第 345 页）。

17 实际上，牛顿的"哲学思考法则"坚持认为理论必须"足以解释现象"。

18 G. 勒萨热，《致科学院院士的信》，《法兰西信使》，1756 年 5 月。

19 1758 年出版于巴黎。

20 G. L. 勒萨热："法则尽管简单，却拥有所有吸引力……"《学者报》，1764 年 4 月，第 230—234 页。关于该主题，他写了一些后续的论文，发表于《艺术杂志》（1772 年 11 月和 1773 年 2 月）以及《物理学杂志》（1773 年 11 月）。

21 G. 勒萨热，《牛顿派的卢克莱修》，《皇家科学院回忆录及柏林书信集》（柏林，1784 年），第 1—28 页。（此文重新刊印于普雷沃斯特，《乔治·路易·勒萨热的生平与著述简介》，第 561—604 页）

22 读者如想寻找关于勒萨热的引力以太的细节，应参阅勒萨热的《卢克莱修》，或者 S. 艾若森，《乔治·路易·勒萨热的引力理论》，《自然哲学家》，第 3 卷，1964 年，第 53—73 页。

23 参见普雷沃斯特，《机械物理学论文两篇》，日内瓦，1818 年。

24 《詹姆斯·克拉克·麦克斯韦科学论文集》（W. 尼文编），伦敦，1890 年，第 2 卷，第 474 页。

25 普雷沃斯特，《乔治·路易·勒萨热的生平与著述简介》，日内瓦，1805 年，第 358 页。

26 普雷沃斯特，《乔治·路易·勒萨热的生平与著述简介》，第 300 页。

27 欧拉补充道："但我很乐于将这种自由赋予他人。"1765 年 9 月 8 日，欧拉致勒萨热的信，日内瓦大学图书馆，手稿编号 Suppl. 512，第 314ʳ 叶。（勒萨热对欧拉来信的誊写稿，手稿编号为 Fr. 2063，第 141ʳ 叶。）

28 普雷沃斯特，《乔治·路易·勒萨热的生平与著述简介》，第 464—465 页。

29 普雷沃斯特，同上，第 237 页。

30 他谈道："不可能牢固地建立一个以本质上不可感知的物体为基础的系统。"（普雷沃斯特，《简介》，第 264 页）

31 普雷沃斯特，《简介》，第 242 页。

32 这篇文章的全文发表于皮埃尔·普雷沃斯特的《哲学论文集》，日内瓦，法国共和 13 年，第 2 卷，第 258 页及以后。在日内瓦大学图书馆手稿编号 Fr. 2019（2）中，可找到其原始手稿。由于在印刷稿与手稿之间存在一些（大体上不是很重要的）不一致之处，我所有的引文都来自手稿。我会在括号中注明普雷沃斯特文本中的相应段落的出处。

33 勒萨热用"假说法"这个术语表达了下述观点：科学"是借助试错法加以推进的……借助经过证实的探索，借助与现象一致而得到证实的假说"［日内瓦大学图书馆，手稿编号 Fr. 2019（2），第 5 段］。　138

34 日内瓦大学图书馆，手稿编号 Fr. 2019（2），第 26 段。

35 同上。

36 同上。

37 日内瓦大学图书馆，手稿编号 Fr. 2019（2），第 7 段。约瑟夫·普里斯特利也类似地坚持认为，如果一个科学家能将其理论构建得符合所有事实，"那么这个理论就拥有了事物的本质所能承认的所有真理性证据"（普里斯特利，《电学史》，第 16 页）。有关这一原理的非常早期的历史的引文，见第 6 章。

38 日内瓦大学图书馆，手稿编号 fr. 2019（2），第 7 段。（黑体为我所加）。

39 日内瓦大学图书馆，手稿编号 fr. 2019（2），第 15 段。

40 参见同上。勒萨热甚至看上去和哈特利一样，认为只要有足够多的证实性例证，假说几乎就会成为确定的。正如他在其《目的论的一般原则》中所述："现象越多，精确度越高。他们也充满信心地断定，就同一问题不会有其他具备同样优点的假说。"

41 日内瓦大学图书馆，手稿编号 fr. 2019（2），第 18 段。

42 日内瓦大学图书馆，手稿编号 fr. 2019（2），第 19 段。

43 他声称，牛顿的《原理》前两卷的几乎所有内容无非是"奇怪的假说"的汇集而已。[日内瓦大学图书馆，手稿编号 fr. 2019（2），第 20 段]

44 日内瓦大学图书馆，手稿编号 fr. 2019（2），第 23—25 段。

45 日内瓦大学图书馆，手稿编号 fr. 2019（2），第 29 段。为了不使谨慎的读者认为勒萨热夸大了牛顿主义者对假说的厌恶，值得指出的是，其观点受到很多同时代人的支持。因此，《百科全书》指出，牛顿及"其所有的门徒"都非常反对假说，认为它们是"理性的毒药和哲学的祸害"（"假说"条目）。在海峡彼岸，牛顿主义者本杰明·马丁在 18 世纪 50 年代评论道："当代哲学家们对［假说］的敬意微不足道，几乎不允许这个名词出现在其著作中。他们认为空洞的假说和猜想配不上哲学这个称谓。"（B. 马丁，《哲学语法》，第 7 版，伦敦，1769 年，第 19 页）

46 日内瓦大学图书馆，手稿编号 fr. 2019（2），第 30—38 段。

47 哈特利，《人之观察》，第 1 卷，第 349 页。

48 日内瓦大学图书馆，手稿编号 fr. 2019（2），第 5 段。

49 T. 布朗，《人的心灵哲学演讲集》，第 20 版，伦敦，1860 年，第 279 页。

50《不列颠百科全书》，爱丁堡，1771 年，第 1 卷，第 31 页。

51 同上。

52 同上。

53 见第 7 章。

54 T. 里德，《哲学著作集》（W. 哈密顿编），两卷本，希尔德斯海姆，1967 年，第 248—253 页。

55 同上，第 250 页。

56 同上，第 251 页。

57 里德追随了牛顿的脚步，他拒绝了排除归纳法，主要理由是我们无法如　139 这一方法所要求的那样对所有可能的假说进行详尽的列举。（可参阅里德，《哲学著作集》，第 1 卷，第 250 页。）

58 正如里德的后继者杜加尔德·斯图亚特指出的："或许应该期望［里德］能多花一点力气来阐明他的［归纳］逻辑的基本规则……"（里德，《哲学著作集》，第 1 卷，第 11 页）

59 里德，《哲学著作集》，第 1 卷，第 271 页。

60 同上，第 250 页。

61 特别应注意里德和凯姆斯勋爵的往来信函，收录于里德的《哲学著作集》。

62 里德，《哲学著作集》，第 1 卷，第 251 页。

63 这是一个必要条件，上文所引述的里德的"第 2 项要求"已表明了这点。

64 我不打算讨论波动说所引发的第一场方法论之争，即杨和布鲁厄姆之间的争论。我跳过它的原因有两个：（1）G. 康托已经在其《亨利·布鲁厄姆与苏格兰的方法论传统》（《科学史与科学哲学研究》，第 2 卷，1971 年，第 69—78 页）一文中对此进行了详尽的研究；（2）它是对我已讨论过的以太之争的重演，更激烈，但少了些实质内容，布鲁厄姆扮演里德的角色，杨则扮演哈特利的角色。

65 特别应参考 A. 孔德《实证哲学教程》，巴黎，1924 年，第 2 卷，第 331—352 页。在本书第 9 章可找到关于孔德的科学哲学的总体讨论。

66 实际上，考虑到这一要求或类似要求在当代科学哲学中无处不在，令人惊讶的是，它的前史尚未得到探讨。在一个耐人寻味但并不真实的猜测中，卡尔·波普尔指出："对新效应的成功的新预言似乎是一个很晚才出现的想法，原因显而易见；可能是一些实用主义者最先提到这一点……"（《猜想与反驳》，伦敦，1965年，第247页）

67 关于相关话题的一个有用的讨论，见 V. 卡瓦洛斯基，《"真实原因"之原理》，博士论文，芝加哥大学，1974年。

68 J. F. W. 赫歇尔，《试论自然哲学研究》，伦敦，1830年，第167页；另见第172、203页。

69 同上，第190页。

70 同上，第259页及以后。

71 同上，第32页。

72 同上，第32—33页。

73 W. 休厄尔，《归纳科学的哲学》，两卷本，伦敦，1847年，第2卷，第62页。

74 同上。

75 同上。

76 同上，第62—63页。

77 同上，第64页。

78 同上，第65页。关于这些问题的更充分讨论，见第10章。

140 79 "如果我抄下一长串字母，其中最后六个被遮住了，并且如果我猜对了，后来它们被露出时恰如我的猜测，这一定是因为我已经弄懂了铭文的含义。"（《论发现的哲学》，伦敦，1860年，第274页）

80 休厄尔，《哲学》，第2卷，第72页。

81 同上。

82 W. 休厄尔，《归纳科学史》，第3版，伦敦，1857年，第2卷，第370页。

83 J. S. 穆勒，《逻辑体系，推理与归纳》，第8版，伦敦，1961年，第328页。

84 同上。

85 同上。

86 在《逻辑体系》的早期版本中，他这里用的是"无知的百姓"，而不是
   "愚昧无知之人"。

87 穆勒，《逻辑体系》，第 328—329 页。

88 W. 休厄尔，《论发现的哲学》，伦敦，1860 年，第 270 页。

89 同上，第 273 页。

90 赫歇尔—休厄尔对独立支持的要求在 E. 扎哈尔的著作中以一种新的形
   式展现出来，尤其是其文章《为什么爱因斯坦的纲领取代了洛伦兹的纲
   领？》，发表于《物理科学中的方法与评价》（C. 豪森编），剑桥，1976
   年，第 211—276 页。扎哈尔在为这一要求提供哲学的正当理由方面，并
   不比赫歇尔和休厄尔更成功。（对这一领域中近期著作的一个现代穆勒式
   的批判，见拙著《进步及其问题》，第 114—118 页。）

91 G. 康托，1976 年。以太之争有很多其他值得认真探讨的方面。例如，一
   些自然哲学家认为波动说的数学形式体系是完善的，但却拒绝将之视为
   光以太存在的证据。存在争议的是：在没有认真对待其本体论预设时，
   一个理论可否被接受。

92 我在拙著《进步及其问题》的第 2 章及前文第 2 章已经对科学与哲学的
   一般关系的共生性进行了论述。

141

第9章 对孔德"实证主义方法"的再评价

从任何标准来看，奥古斯特·孔德的实证主义理论都是一个在科学哲学史上颇具影响力的学说，其同时代人非常认真地对待这一理论，不论是其追随者，如（早期的）穆勒[1]、赖特[2]，还是反对者，如休厄尔。[3]孔德在 20 世纪的继承者显然也赋予了他一定程度的重要性，因为"逻辑实证主义"这个术语不可能是维也纳学派的哲学家们随意选定的标签。[4]但尽管"实证主义"这个词被频繁使用，而孔德也总是被视为维也纳学派的一位重要先驱，但很显然，关于孔德的科学方法理论及其科学哲学的细节，几乎无人写过什么著作。[5]除了其著名的人类智力史三阶段理论外，孔德关于归纳、预言、假说和说明等问题的观点并未得到详细诠释。不言而喻的假设似乎是，尽管孔德的总体方法是有趣的、有影响的、有启发性的，但对其观点进行深入探讨有可能是不值得的和乏味的。然而，对我来说，这样一种探讨是值得的，不仅因为如果缺少这种探讨，任何关于孔德的重要性和影响的主张都是空洞的，还因为他在某些问题上的观点是新颖和具有洞察力的。

科学的目标和性质：预言与说明

在其《实证哲学教程》（六卷本，1830—1842 年）和《论实证精神》（1844 年）中，孔德强调科学最主要的目标是预知或预言；其不变的主题"任何科学都是为了预见"（[4]，1830 年，第 1 卷，第 63 页）经常被那些从实用角度看待科学的人赞许地引用。然而，必须强调的是，孔德对科学知识的预见性的强调并不同于培根的类似主张，后者基于科学家是匠人[6]的概念。孔德对理论和法则的评价是基于它们自身的，并非因为它们能使一个有着更好工具的世界成为可能。当然，对他来说，科学赋予我们对自然的控制是重要的，但这根本不是科学或"实证"知识的主要优点。

事实上，孔德对预言的能力的关注有着更有趣的方法论原因，因为他将之视为一种划分标准，使得区分"科学的"和"不科学的"领域成为可能。首先，他借助预言能力在科学理论与形而上学或神学体系之间进行对比，预言提供了"区分真正的科学和空虚的**博学**的可靠检验"（[7]，第 16 页）。但其划分标准是一柄双刃剑，孔德也用它来区分合理的、**系统的**科学和由培根激发的对毫无联系的事实的汇集，而后者在预言方面就如形而上学一样毫无结果："所有科学都存在于事实的和谐之中，如果各种不同的观察之间是完全隔绝的，那科学也不复存在。"[7]把一个纯粹的事

142

实目录当作科学就是"把基础误认作大厦"（[4]，1838年，第3卷，第11页）。因此，避免认为孔德的"预知原则"是设计出来用以区分无意义和有意义的陈述的，这是至关重要的，因为，从这个词的完整意义上来说，有很多事实陈述（例如，"这一页是白的"或"这个样品是硫磺"）虽然有意义，却不是科学的（即预言性的）。在孔德看来，区分有意义和无意义陈述的问题是一个真正的问题，他确实试图解决它（稍后我们将看到这点），但他认为这是一个与区分科学与非科学知识不同的问题。

认识到为什么对孔德来说找到科学知识的某些区别性或定义性特点至关重要，这很关键。从柏拉图的时代起，人们就主要根据科学的确定性和不可错性来将其与非科学区分开来。[8]甚至那些意识到科学原理得不到绝对证明的人，通常也认为科学知识仅仅包含了通过归纳发现的陈述，它们是高度可几的，具有"道德"确定性。与其前人形成强烈对比的是，孔德提供了一种对"科学的"一词的说明，这种说明根本不涉及理论的真实性或可能性，而且不要求科学理论由归纳产生。他想说的是，只要一个陈述对自然的运作方式做了**普遍性**断言，而这些断言是可以被实验检验的，那么它就是科学的。因此，是**可检验性**和**普遍性**将科学的与非科学的命题区别开来，而不是它们是怎样被发现的或它们有多么确定。

孔德对传统划分标准的放弃是一次意义重大的背离。有了孔德的新标准，就有可能在对支持或反驳一个陈述的证据进行任何调查之前确定它是否科学。在孔德之后数十年，越来越多的方法论家同样主张，一个命题可以被认为是科学的，不是因为已知证据证明它是高度可几的，而是因为我们能设想出对之进行经验检验的方法。

尽管预言能力作为划分标准非常重要，但对孔德来说，它并非科学知识的唯一特征，甚至连主要特征都算不上。在他看来，科学的一个同样重要的作用是对现象的说明。与某些诠释者暗示的相反，孔德很愿意承认科学提供了说明，[9] 尽管他坚持认为这些说明不是最终的或因果的说明。[10] 实际上，对孔德来说，说明和预言在逻辑结构上是一样的，事前的一个预见性的论述可以在事后成为一个同样好的说明。"在任何两个现象之间发现的"每种规律性联系联系，都"能使我们通过其中一个现象来说明并预见另一个现象"（[7]，第 20 页）。

至于科学说明的逻辑结构，孔德认为它是一个观察陈述对其他观察陈述和某些相关法则的推导。正如他在《实证哲学教程》中所言："对事实的说明，将其还原为真正的术语，将会在之后成为在不同的特殊现象和某些普遍事实中得以确立的仅有联系……"[11]

与其前人形成对比——这些人普遍认为"预言"必然是关于未来事件的——孔德认为预言实质上并不是时间性的推论，其与说明的区别在于认识论上的差异。他相信，预言的独特之处（即预言与说明的直接区别）不是从过去或现在向将来的跳跃，而是从已知向未知的跳跃。孔德批评了对于预言的普遍定义，因为它忽视了我们常常回顾性地"预言"那些已发生事件的发生，例如古代的衰落。[12]

因此，说明与预言的首要差别如下：在一个说明中，初始条

件和结果（待解释的事物）是一致的，只需提供正确的法则，将
144 二者联系起来即可。然而在做预测时，我们知道某些条件和法则，
但对与之相联系的某些事件却不能肯定。当我们知道有待解释的
事物为真时，我们就有了一个说明；当我们不知道时，我们就是
在做预测。一个预言因此就是一种预期，它可能被证明是假的；
另一方面，一个说明，并不涉及检验的直接因素，而只是证明所
发生的事情是可以预期会发生的。[13]

意义与划界

孔德这样强调预言，并非因为他认为预言比说明更值得尊敬
或更优越，而只是因为预言具有可修正或检验的重要性质。预言
允许我们以一种说明所不能允许的方式检验和核实我们的法则。
这种对"**确证**"的专注是孔德著作的一个中心主题。在他看来，
每一个**有意义**的陈述都必须"向肯定的确证开放"，因为**只有可
确证的陈述才是有意义的**。他把这点当作一条"基本法则"："任
何不能严格地还原为对事实（无论是特殊事实还是一般事实）的
简单阐明的命题对我们而言都不具有可理解的意义。"[14] 严格说来，
这种说明方式并不完全让人满意，因为可能有很多**假**的陈述，尽
管显而易见不是"对事实的阐述"，但却是有意义的。[15] 当他指出
我们永远都不能拥有任何合理的（经验的）理由来证实或否定那
些不可证实或无意义的陈述时，他进一步表达了这个思想。[16] 在

讨论孔德的证实理论时，人们必须小心地强调这不是那种在较强的（即彻底的）意义上的，后来由逻辑实证主义者们构想出来的确证。他并不认为一个陈述要想成为可确证的就必须使人们能够详尽地检验其所有推论。[17]他的确证的含义要比这个弱得多，也模糊得多。[18]他真正想说的可能是：有意义的陈述必须与物理世界有关，即它们必须是非分析的，并且是可检验的，要么通过反驳，要么通过部分的证实。他从未暗示说对科学定律的证实包括了对其每个实例的检查。[19]实际上，他头脑中似乎有一个非常奇怪的关于领域的理论。他认为，说万有引力定律适用于太阳系是科学的，因而也是有意义的，因为我们已经看到，它适用于太阳系中的各种天体（尽管我们并未将其应用到太阳系中的**每个**天体上）。但由于我们现在（或者说过去）无法获得任何关于（比方说）北极星区域引力场强度的证据，在技术的发展能证明万有引力定律适用于这一领域之前断言（或否认）行星的运动服从万有引力定律是无意义的（因而也是不科学的）（[4]，1835 年，第 2 卷，第 256 页及以后）。孔德从未提供任何清晰的规则来决定如何区别一个"领域"与另一个领域，但他似乎觉得我们拥有一种直觉，能够把握是什么构成了应用领域的变化。

145

　　像后来的实证主义者一样，孔德运用可证实性的要求作为棍棒来抨击形而上学家。从他的智力发展的三阶段理论来看，这点尤其重要。所有的科学都经历了由"形而上学精神"控制的阶段，孔德坚持引入他的可确证条件作为清除科学中的形而上学因素的工具。但是，尽管孔德的意义标准足以拒斥形而上学，但它并不那么僵硬（逻辑实证主义者最初的标准就是如此），以致于使科学变得毫无意义。因此，我们可以用一种图解的方式来表示孔德关于意义问题和划界问题之间关系的观点：

	预言性的	非预言性的
可确证的	科学	孤立的事实
不可确证的	—	形而上学

归纳，观察与法则

和绝大多数同时代人一样，孔德声称其归纳方法**是**科学的方法，[20] 尽管他从未详细、确切地解释其"归纳"的含义（又和他的绝大多数同时代人一样）。另一方面，在他关于该主题的著作中也散落着一些线索。最重要的也许是他认为穆勒在《逻辑体系》中阐述的归纳逻辑最好地表达了他自己（即孔德）的观点（[7]，第17页）。但如果说他是一个归纳主义者，那充其量也只是一种有条件的的归纳主义，与培根的归纳主义相去甚远。孔德对传统的归纳主义方法的最重要的背离是他拒绝要求可接受的理论必须是由某种归纳性的发现逻辑所"产生"的。更正统的归纳主义者（如培根、牛顿和里德）认为科学的理论必须是通过归纳获得的，而孔德则主张一个理论的起源并不重要，重要的是对它的证实："无论［定律］的产生过程是推理性的还是经验性的，它们的科学价值主要取决于它们……与现象的一致性。"（[7]，

146

第 13 页）他接着说，如果过于刻板地遵循"归纳法"，科学将会"因鼓励纯粹的经验主义精神而导致恶果"（[6]，第 1 卷，第 419页）。此外，再次与传统归纳主义者形成对比的是，孔德主张科学家不是也不可能是大自然的被动观察者，他逐渐地吸收事实并最终对其所吸收的事实进行概括。孔德强调科学观察本身就以理论为前提，并认为没有一个预想理论的观察者对科学来说没有任何意义：

> 如果说，一方面，每一种有用的理论都必须建立在观察的基础之上，那么，另一方面，同样清楚的是，为了进行一项观察，我们的头脑需要某种理论。如果在观察现象时，我们没有马上把它们与某些原理联系在一起，那么我们不仅不可能把这些孤立的事实联系在一起，也不可能从它们之中推导出任何有用的东西，我们甚至都不可能保留它们，最重要的是，我们甚至都察觉不到它们。[21]

因此，理论不仅对综合我们的观察来说是绝对必要的，而且对从观察中推导出结果来说同样必不可少。它们对于记住，甚至对于察觉到"事实"来说都是必要的。

在强调科学具有观察的基础时，孔德同意康德的观点，并反对传统的经验主义者和归纳主义者（他们声称观察和理论可以被清晰的区分）："在观察和理论之间并无绝对界限。"（[6]，第1 卷，404 页）孔德对观察与概念形成理论这一传统经验主义观点的批判是相当直率和公开的。他一再表示，他一直试图避免经验主义的狭隘性和理性主义者的非批判精神，他常常说理性主义者是神秘主义者："因此，清楚地理解这点十分重要：真正的实证精神实际上与经验主义和神秘主义都相去甚远。"（[7]，第16页；另参见[6]，第1卷，第419页）孔德认识到，"人类的思想永远都不能将观察结果集中并联系起来，除非它被某种事先接受的猜测性学说指导"（[7]，第6页），这与其人类思想三阶段的历史主义观点密切相关。当人们开始对大自然进行猜测时，如果他们仅依靠观察，那不会取得任何进步。但是，通过借助神学

147 和形而上学理论来观察世界（[4]，1830年，第1卷，第9页），他们开始能够建立起一个科学的观察体系，然后就能清除掉这些前实证的因素。孔德相信，人们可以将有效的观察的核心与使观察成为可能的附加理论成分区分开来，这一事实似乎表明，尽管孔德承认观察的行为是包含着理论的，但他仍认为有可能获得理论上中立的观察陈述。[22]

到目前为止，我一直在最一般的意义上使用"观察"一词；但更常见的是——尤其是在应用于科学的逻辑时——"观察"对孔德来说具有更具体的意义。实际上，它是仅有的研究自然的三种方式之一，另外两种是实验和他所说的"比较"：

> 一般说来，观察的技艺包含了三种不同的操作：（1）严格意义上的观察，是对自然呈现给我们的现象的直接检验；（2）实验，或对现象的考察，在这种考察中，现象或多或少地被人为制造的环境所改变，我们特意制造出这些环境以便对现象进行更好的研究；（3）比较，或者说对一系列类似情况的考

虑，在其中现象越来越得到简化。[23]

这些方法中的某些方法比其他方法更适合某些科学。因此，天文学家（在孔德看来）只能进行观察；物理学家既能观察又能实验，但不能比较；生物学家和社会物理学家（或社会学家）则依赖比较、观察和实验。[24]

但是，尽管孔德强调各种观察方法，但他相信科学的最终目的是摆脱观察。实际上，一旦我们知道了统治宇宙的定律和几个适当的初始条件，科学就可以从实验室走向扶手椅，从乏味的观察和事实搜集方法走向更为迅速的计算和推理方法：

> 事实自身，无论它们多么精确，数量多么庞大，它们只能为科学提供不可缺少的材料……真正的科学，远不是单纯的观察，它常常倾向于尽可能地不依赖观察，并用理性的预见来代替它，这些预见在所有方面都是实证主义精神的主要特征……[25]

因此，定律和理论的发现就是科学的存在的理由：一旦我们知道了定律和理论是什么，我们就能同时做出预见并且只需要很少的观察；因此，"科学真实地存在于现象的法则之中"（[7]，第16 页）。　148

定律已经在孔德的方法论中确定了支配地位，我们自然会问，孔德心中的定律是什么样的。基本上，孔德对这个问题的回答与休谟是一样的。所有定律表达的要么是共同存在的规律性，要么是前后相继的规律性（[4]，第31页）。共同存在和前后相继的是现象。但是定律所表达的不仅是局部的规律性，而是现象之间的普遍规律性。"真正的实证精神首先在于为预见而进行观察，在于通过研究是什么以推导出将会是什么，在于与自然定律始终如一这一普遍信条相一致。"（[4]，26页）

孔德在这里所提到的"普遍信条"，"是整个实证哲学的基础"，与穆勒的自然的同一性原理非常类似。它既是科学研究的前提，也是我们根据观察到的规律性推导出尚未观察到的情况的理由。但我们怎能知道所有自然法则都是不变的呢？当然，康德试图表明这个假设不是得自经验，而是观察者感知自然方式的必然结果。对康德来说，我们只能认为所有事件由有规律的因果链联系在一起。然而，孔德却不愿接受对归纳问题的这种解决方案：

> 形而上学家们试图用他们毫无意义的混乱论述来表明［自然规律的不变性］是一种天然的，或至少是原始的观念；但这只能通过缓慢的、逐渐的归纳才能做到。（[7]，第17页）

在获得关于自然现象的经验知识之前，我们头脑中没有什么东西能表明物理关系是不可变的。只有当我们观察到某些事件之间的频繁联系时，我们才会想到所有的事件可能都服从不变的定律。此外，无论规律性思想的起源是什么（不管是先天的还是后天的），它都并非来自任何关于心灵性质的先验研究，而是来自对现象的反复检验：

　　　　直到第一批真正科学的研究成功地证明了自然规律的不
　　变性原理在一整类的重大现象中的基本准确性，自然规律的
　　不变性原理才获得了哲学上的重要性……（[7]，第 18 页）

　　这个建议是说，自然规律的不变性原理现在是我们所有预言
的依据，它是由以下事实证明的：事实上，无论我们过去何时检　149
验过定律，它们都被证明是不变的。孔德关心的是如何证明归纳
的合理性，而且这对他来说似乎算不上一个尖锐的问题——他的
证明自身就是归纳性的。他真正想说的是：（a）一门成功的科学
的可能性预设了自然的同一性或自然规律的不变性（它们对孔德
来说是一回事）；（b）这个预设不能先验地证明，而只能由经验
的检验证明。在某种意义上，孔德避开了与很多关于归纳的"经
验主义的"的讨论相联系的循环论证。他认为，科学最初并未假
定规律的不变性，而是始于一个更为有限的归纳性假定，即某些
现象总是相关的。随着我们观察到越来越多的现象都服从这种规
律，我们就得出结论说所有现象都遵守不变的规律。因此，**自然
规律的不变性原理**并不是所有归纳推理的预设，而是从若干通过
归纳得出的规律的成功中，自然地概括出来的一种普遍结论。孔
德从不认为不变性原理可被证实或证明，[26] 他满足于指出其正确
性得到了一些归纳性证据的支持。

　　因此，在孔德看来，归纳在逻辑上和认识论上都先于定律的
不变性原理。所以，不变性原理不能令人信服地证明归纳推理的
可靠性，因为这个原理自身都要依赖先前的归纳推理。尽管不变
性不能证明归纳推理是必然为真的推理，但它仍然增强了我们对

特定归纳性预见的信心。

孔德的观点与穆勒在其《逻辑体系》中"关于归纳的根据"的论述非常接近，这并非巧合。学者们通常都强调孔德对穆勒的影响，[27]但在我看来，在归纳问题以及定律的不变性问题上，有明显的迹象表明影响是反向的。穆勒的《逻辑体系》的第一版发表于1843年。孔德的《实证哲学教程》比《逻辑体系》早几年，根本没有提及不变性原理的理性基础。然而，在其发表于1844年的《论实证精神》中，孔德在对穆勒的《逻辑体系》大加赞赏之后马上详细地讨论了这个问题。同样重要的是，从1841年起，孔德和穆勒就一直在进行广泛的通信。（尽管从现存的通信［23］来看，他们之间并未就这个问题进行过直接的讨论。）在这种情况下，我们似乎可以认为，穆勒的著作引起了孔德对归纳问题及其解决办法的注意，后者将穆勒的观点（依照他自己的理解）吸纳到了其《实证哲学教程》中。就我所知，孔德对这个问题仅有的另一处讨论就是《实证政治体系》第4卷（1854年），在这里他再次接受了穆勒的观点，即定律的不变性原理"永远都不会容许演绎性的证明，就其自身性质而言，它就是所有实证归纳的基础。它总是建立在本质上具有归纳性质的信念之上……"[28]

尽管科学的基础是归纳性的，但孔德很欣赏演绎在科学中所起的相当可观的作用。[29]实际上，考虑到孔德对预言所起的支配性作用的看法，他自然会认为演绎是科学方法的一个重要部分。正如孔德自己指出的，我们做归纳是为了使自己能进行有用的演绎，"归纳总是为了最终进行演绎而运用的"（［6］，第1卷，第341页）。因此，孔德希望能走一条中间路线："在神秘主义和经验主义这两种相反的危险之间，所有的研究都可能受它们影响，直到对归纳和演绎的过程都进行正确的调整。"（[6]，第1卷，第419页）即使孔德的著作有强烈的经验主义倾向，但他不是朴素的归纳主义者，这是很清楚的。他意识到理论影响并引导了观察，演绎的技巧可在自然科学中被广泛运用，他更喜欢理论而非事实，而且愿意承认定律要远远超出我们能拥有的任何关于它们的直接证据。

假说以及 "逻辑技巧" 理论

在《实证哲学教程》第2卷的一个重要章节中，孔德用了很长的篇幅来阐述 "假说的基本理论"（[4]，1835年，第2卷，第433—454页）。正是这一章，打破了传统的将孔德视为一个思想狭隘、完全反对假说的经验主义者的看法。孔德首先提出，他认为只存在着两种确定任何现象的 "真正法则" 的方式：要么通过归纳地研究现象并发现其定律，要么通过一个已知的更为普遍的定律演绎出这个定律。但孔德指出，如果我们不首先对定律的形式做出初步假设，那么这两种方法都是不可能的。他主张，我们应该这样开始：

> 通过做出一个临时性假设来预测结果，它基本上是猜测性的，甚至关系到某些构成我们研究的最终对象的概念。因 151

此，在自然哲学中引入假说确有必要。[30]

如果我们遵循牛顿那声名狼藉的"不做假说"的指令，那么"在任何复杂情况下都不可能发现自然定律，它在任何情况下都将是乏味的"。[31] 实际上，自然的全部定律"仅仅是被观察证实的假说"。[32] 因此，对孔德来说，很显然，假说就是对自然的科学研究的最基本组成部分，它们不仅在普遍结论的形成中不可或缺，而且在任何意义重大的实验中也是先决条件。

我们已经习惯于理所当然地认为假说对科学研究来说是必不可少的，因此很容易低估孔德对假说的拥护的历史意义。在 19 世纪早期的思想背景之下，孔德对假说的作用的反复强调具有相当重要的意义。在整个 18 世纪，主要由于对牛顿和培根的一种过于刻板的理解，绝大部分科学家和科学哲学家认为可以通过归纳和类比建立起科学定律和理论，而不需要使用（人们通常所说的）"先入为主的假说"。[33]

甚至在孔德的同时代人中，也有几位方法论家（如安培、巴登·鲍威尔和 J. S. 穆勒，仅举几例）相信科学理论可以不用通过假说而建立起来。因此，孔德对假说的必要性的主张是一个重要和有影响力的观点。

但在主张"在自然哲学中引入假说确有必要"时，孔德所要求（和允许）的假说是哪一种呢？他所谓的"任何可接受的假说的基本条件"提供了部分答案。由于这个条件引起了很多混淆，我认为有必要全文引用：

迄今为止，对这一条件的分析还很含糊，它包括只构想那些从其本质上来看迟早（但总是不可避免地）会被正面确证的假说，并且其精确程度与对相应现象的研究所允许的程度完全一致。换言之，真正哲学的［即科学的］假说应当总是具有这样的特点：如果问题所处的环境更有利，那么实验和理性就能立即显现出这种假说的简单预想。[34]

这里存在着几个非常明显的要点。孔德首先要求假说必须是可以确证的（在上文讨论的意义上）。正如我们已经看到的，如果假说要被认为是有意义的，那么这一点是必须的。然后，他提 152 出了两个不那么简单的条件：（1）假说的精确性不超过所讨论的问题的经验分析所能保证的程度；（2）"如果所讨论的问题的环境更有利的话"，假说应该仅止于"实验和理性"能直接证明的一个预想。在某种意义上，第一个条件可以说是从假说必须是可确证的这一要求中衍生出来的。如果我们陈述一个假说，其误差小于现有工具所能测量的范围，那么很明显，这个精确的假说无法被验证，也就无法排除其他与之类似的、同样精确的假说。我们要验证的是一个精确度更低的假说。但我们应该怎样理解第二个条件？通常的解释是这样的：在做假说和猜想时我们是有正当理由的，但只有当它们仅处理"可观察实体"时才是如此，即只有当它们能成为现象的法则时才是如此。因此，做那种涉及不可观察实体的假说是不被允许的。简而言之，每个假说都必须是这样的：一旦得到证实，就是一个"可观察的"物理定律。[35]

如果这种守旧的、相互关联的解释（我将称之为CI，

correlational interpretation）是正确的，[36] 孔德对假说法的让步就是半心半意的。尽管他允许我们就现象间的相互关系做猜想，我们却永远不能就不可观察的实体做假说。依此理解，道尔顿的原子假说、托马斯·杨和菲涅耳的光的性质的假说、卡诺关于热的假说、法拉第和麦克斯韦的电磁以太假说都会被当作不科学的假说而被排除掉。更一般地说，任何引入了假说性概念或干扰性变量的猜想都会被断定为不科学。孔德必须被看作一个哲学家，他允许现象的假说，[37] 但拒斥任何处理不可感知的粒子、流体或力的假说。尽管没有什么直接证据支持 CI，但有一些间接证据支持孔德的这种诠释，至少表面上如此。（例如，众所周知，孔德对光的粒子说和波动说都表示反对。他要求其读者不要寻找现象的根本原因，这也是事实。）

尽管如此，我还是相信有理由认为孔德对假说的态度要比 CI 所暗示的开放得多。我们必须记住，在上述引文中，他是在谈论假说的可确证性。正如我之前所述，对孔德来说，经验可以影响一个可证实的陈述，要么证实它要么反驳它。很显然，现象性的假说在此种意义上是可证实的。但还有一些非现象性的假说也是如此，如原子论。这个理论间接地推导出了很多关于可观察实体的行为的结论（如定比和倍比定律）。它引出可被证实或反驳的预见，因此在孔德的意义上是可证实的。

现在我们似乎遇到了一个问题。如果孔德要我们认真对待他的可证实性原则（我认为他确有此意），那么我们必须承认任何经验可以直接或间接证实或反驳的假说，都是有意义的。然而，如果一个假说只能具有可观察的属性，那么很多可证实的假说必定会被排除掉了。孔德对 "理性" 的提及变得意义重大，这正是他的本意。我们永远都不能仅靠对实验数据进行概括就获得关于原子的理论。但是，如果有了道尔顿的原子论，理性就有可能从中推导出可证实的实验结果。基于这种对孔德的基本要求的更为宽松的解释（我将称之为 LI），原子论将成为一个可接受的假说。

为了支持 LI，人们可以指出，无论是在方法论还是在科学方面，孔德都接受了很多不纯粹是现象性的假说，包括原子论。例如，在其《实证政治体系》之中，他明确地拥护原子论，而且在这样做时，他就假说发表了这番言论："利用任何可以帮助思想的假说，这与可靠的推理是一致的，只要它们不与我们关于现象的已有知识相抵触。"（[6]，第 1 卷，第 421 页）现在，如果 CI 是合理的，这个新的约束很显然与上文所引的 "基本条件" 不一致。因此，我们不得不假设，孔德关于假说性质的思想在《实证哲学教程》和《实证政治体系》之间经历了根本的改变，当然，这也是有可能的。然而，如果 LI 是正确的，那么孔德在《实证政治体系》中所拥护的假说理论就会与他在《实证哲学教程》中对假说的讨论完全相容。

通常被引用来支持 CI 的主要证据就是孔德对光的粒子说和波动说的批评。但是，对他关于这些理论的观点的更为仔细的考察揭示出他并未因其假设了不可观察的实体而反对它们，这种反对是出于相当不同的原因。首先，孔德认为有一些实验证据与每个假说都不一致；此外，由于它们都能推导出所有已知光学定律，他认为它们的经验意义是一样的。[38] 由于它们在某些领域是错误的，在所有其他领域则是互相重叠的，因此他认为这两种观

154

点的拥护者之间的争论并不重要。如果他意识到两种理论在观察上并非等价，他可能会更愿意认真地对待它们。[39]

即使对孔德的假说理论进行宽泛的解释能说得通，它仍排除了很多假说。[40]具体地说，任何涉及第一原因和最终原因的假说都肯定会被他的基本条件排除掉。而在所有可能的假说的集合中，他真正想排除掉的是违反了其实证知识条件的那些："如果人们想通过假说来获得观察和推理无法获得的东西，那么基本的条件就会被忽略，而假说也就会超出真正科学的领域，必然成为有害的。"[41]但此，除此之外，他很愿意拥护那些他所谓的在科学研究的所有领域中"被合理使用的假说"（[4]，1835 年，第 2 卷，第 465 页）。

当我们拥有两个或更多与现象同样符合的假说时，孔德建议我们应该选择最简单的一个。实际上，孔德的第一哲学的"定理一"表达了以下规则："我们在所有情况下都应该提出与现有的全部事实相一致的最简单的假说"。[42]孔德坚持（在其著作中多处可见）与证据**相容**的简单假说，初看之下，这似乎有损于他在其他地方表达的观点。毕竟，关于魔鬼、天使、生命的原理之类的假说，也可能是与经验证据相容的。依孔德之见，它们一定是与事件的任何经验状态相容的假说。然而，我们应当记住，孔德对简单性的强调是与假说必须可证实这一基本条件结合在一起的，而不是作为一个替代者。将二者联系在一起，我们可以说，孔德的指令是：**总是提出最简单的、可证实的、与所有已知证据相容的假说**。因此，他不但不排斥那些涉及不可直接观察的实体的假说，反而明确允许了它们，只要它们能满足某些看似合理、实则模糊的条件。

这里应当再补充一个重要条件。如我所述，孔德在允许"实证"科学家接受假说时，可能像人们所认为的那样开明。然而，当涉及对这些假说的**解释**时，他采取了一种与某些科学的"现实主义者"和"还原主义者"的期望截然不同的立场。基本上，他 155 愿意考虑那些很显然是关于原子、不可见的流体的假说，只要它们对**观察陈述**的相互关联有帮助和有必要，但他认为应当把它们当作虚构或干扰性变量。换言之，使用原子或分子假说的科学家并非真的在假设原子或分子的存在（当然，除非他有某种方式能探测到它们），而仅仅是采用了一种能允许很多定律统一在一起的语言，若无此种理论，这些定律将是支离破碎的。因此，孔德认为我们应当把原子假说当成一种"逻辑技巧"而非一种物理发现。我们必须抑制"那种赋予所有主观创造以客观存在性的倾向，就好像它们真的代表了某种外部现实"（[6]，第 1 卷，第 421 页）。他解释说，他最初之所以对假说采取"强硬路线"，是担心如果科学家们获准做关于不可观察的实体的假说，他们将会被迷惑，认为这些理论的成功就意味着其构成实体具有物理实在性。他也同样意识到，为有用的虚构赋予实在性这种心理诱惑是难以抗拒的：

> 在采用了一个未得到任何确证的概念后，是否还有可能继续使用它，让它自由地与真正的思想混合在一起，而不会不自觉地赋予它一种事实上的存在性？（[6]，第 2 卷，第 442 页）[43]

　　从这些段落中可以得出结论，孔德相信一个假说的意义可以通过将这个假说还原（这是他的术语）为一个可以用观察语言表达的陈述来获得。然而，这并不是说，孔德提议用那些把假说翻译成观察性语言的陈述来替代假说。孔德认识到，很多假说具有一种概念上的经济性，而这正是其观察上的对等物所缺少的。再次考虑一下原子论。如果人们想确定其存在性的保证，那么就可以将它简化为基于观察的推论。但是，原子论将一些观察性的定律组合在一起，并展示了它们之间的相互关系。如果我们想要完全放弃原子假说，那么只能——如孔德清楚地意识到的那样——以牺牲理论的统一性为代价。

　　但另一个主要问题仍旧挥之不去：假设某些假说设计出来主要是为了使我们的定律相互关联起来，并且不断言任何不可观察的事物的客观存在性，那么，有没有一些假说可能代表了事物的真实状态，即使现在不能直接加以证实？[44] 让我们回到原子论这个例子上来。我们必须马上承认，孔德的同时代人是把原子假说当作一个有用的虚构来使用的。[45] 但有一些原子论者，虽然承认原子不能被直接观察，但却主张确实存在着原子，并表达了这种信心：迟早会找到或多或少的证据能证明原子的存在。很难猜测孔德对这个学说会说些什么，因为他似乎从未考虑过一个科学家有可能合法地设想一个不可观察的实体存在。然而，由于他一直把原子论这类假说当作虚构而非假定为真的陈述来对待，人们怀疑他可能设想过大致的规则：如果一个假说中的术语涉及直接可观察的实体，那么这个假说要么为真，要么为假，并且承诺它所描述的实体是存在的；如果假说中的术语涉及不能直接观察的实

156

体，那么它则非真亦非假，仅仅是或多或少有用的，而且其组成术语不能被视为指称性的。既然直接可观察和间接可观察之间的区别与直接可证实和间接可证实之间的区别密切相关（如艾耶尔的观点），人们可以重新表述这个规则：如果一个假说仅是间接可证实的，那么它就是一个虚构、一种 "逻辑技巧"，不是科学的。很显然，孔德没有认真考虑过间接可证实的假说能否变成直接可证实的假说这个重要问题。在他看来，可能忽略这个问题也无妨，因为人们怀疑他将会发现自己处于这样一种尴尬的境地：一个假说的指称状况会发生根本改变，仅仅是由于技术和工具上的突破。

不可避免的，鉴于关于孔德的学术研究的现状，这一研究是高度尝试性的和粗略的。同样很清楚，它提出了解释性的问题而非为这些问题提供最终的解答。此外，这个研究是非历史性的，因为我无法在此探讨 1830 年至 1850 年间孔德关于这些问题的思想的演变，我也无法考虑孔德可能从其前人那里继承的关于这些问题的遗产。虽然这个初步研究把十多卷的论述压缩到了几页纸里，但它至少应该清楚地表明，孔德的科学方法论比科学哲学的历史学家们所意识到的更值得仔细的分析。

注释

1　若想了解穆勒受益于孔德有多深，只需参阅本章参考文献［22］的第

1 版。在该书后来的版本中，穆勒系统地删掉了论及孔德的大量内容。1843 年，他断言，关于假说在科学中的地位，"在我看来，在所有哲学家中，孔德……最接近正确的看法"（[22]，第 2 卷，1843 年，第 17 页）。在后来的版本中，尽管穆勒继续支持孔德的假说理论，但他完全删去了这段赞美之词。（类似的段落被汇集成本章参考文献 [30] 的附录一。）

2 见 [17]、[18]，关于另一位"实证主义者"，见 [2]。

3 参见休厄尔关于孔德的两篇主要论文：[31]，第 2 卷，第 320—333 页，及 [32]。

4 然而，如果我对孔德的评价多少还算正确的话，维也纳学派的成员们对孔德不过是以肤浅的形式进行了理解 [15]。

5 我找到的对孔德科学哲学的详尽的注释性讨论只有 [8]、[9] 和 [16]。尽管它们有很多优点，但这些著作都没有对孔德关于定律、证实或假说等方法论概念的解释进行批判性的讨论。

6 哈耶克在其关于孔德的出色研究中 [11]，过于强调孔德所谓的对实际的、有用的知识的承诺。（尤其见第 182 页及以后）

7 [4]，1830 年，第 1 卷，第 131 页。

8 这一创新与"发现的逻辑"日渐式微有着非常密切的联系，见后文第 11 章。

9 例如，迈耶森宣称，"孔德对解释性理论的态度使它们从科学中被别除"（[21]，第 45 页）。

10 正如穆勒所言，孔德所反对的不是"解释"，而是被理解为一个有效原因的"原因"（[10]，第 223 页）。不同于穆勒，孔德通常不愿意使用"原因"来指代不变的因果关系，他认为应该完全放弃"对原因的探寻"（[7]，第 13 页）。

11 [4]，1830 年，第 1 卷，第 5 页。

在［6］中，孔德也注意到："对现象的解释无非就是用类比或演化［定律］将之串联在一起的过程……"（［6］，第 1 卷，第 409 页）

12 "……预言，就这个词的科学意义来说，并不限于未来；它可被用于现在乃至过去。"（［7］，第 21 页）虽然，如我所言，孔德可能是明确指出预言的这一特点的第一人，但在数年之前，贝利就已做出阐述，他说归纳推理（他没有使用"预言"这个术语）并不是指从过去推及未来，而是由已知推及未知的论证。（见［1］，尤其是第 3 篇文章，第 2 章。）穆勒在［10］的第 3 卷第 3 章中也对归纳进行了类似表述，而且这很可能就是孔德的依据，尤其是考虑到我在下文提到的穆勒对孔德的影响的证据。（译注：此处似有误。文献［10］并非穆勒所著，后面所列文献中穆勒的著作也没有三卷本。）

13 尽管孔德通常都很谨慎，在详细分析"解释"这个概念时，仅将之视为从定律得出推论，从观察推出进一步的观察，但他偶尔也陷入了更为传统的话语模式。因此，在《实证哲学教程》第 2 卷中，他曾说过，一个"正确的解释"是通过"将鲜为人知的事物与人所共知的事物进行准确比较得来的"（［4］，第 2 卷，1835 年，第 247 页）。（不过，在讨论方法论问题时，他通常都小心翼翼地避免使用亚里士多德《后分析篇》中的语言。） 158

14 ［7］，第 12—13 页。孔德可能是用"一般事实"来表述类似于定律的陈述。

15 在谈到可还原为事实的命题时，孔德的意思可能是"可还原为关于事实的陈述"，这仍允许伪命题是有意义的。

16 "……任何由我们的想象形成的概念，如果必然具有不可观察的性质，则既不能直接否定它，也无法直接证实它。"（［7］，第 43 页）

17 在［27］中，波普尔错误地断言，孔德（因要求穷尽可证实性）"忽略了普遍性或一般性问题"（［27］，第 2 卷，第 298 页）。然而，正如波普尔本人承认的那样，他可以将孔德的意义理论同化为逻辑实证主义者的意义理论，只需省略掉孔德对意义的讨论中的一些关键段落即可。

18 皮尔斯认为孔德是要求科学假说必须可证实的第一人，他当然会对孔德的证实观念的模糊性感到失望。在皮尔斯看来，孔德对可证实性的要求之所以不被其同时代人所接受，"主要是因为孔德没有讲清楚，也没有理解证实的含义"（［25］，7.91）。尽管如此，皮尔斯仍然相信"孔德和彭加勒关于可证实假说的理论值得最严肃的研究"。我认为，皮尔斯赋予孔德优先权可能是错误的。

19 使用"证实"这个术语来表示类似于确证的事物而不是穷尽性证实，这在19世纪并不鲜见。法国逻辑学家和科学哲学家杜瓦尔－朱韦在［10］中很明确地在前一种意义上使用这个术语。（尤其见［10］，第192页及以后，杜瓦尔－朱韦在文中主张所有假说都必须是"可证实的"。）没有明确证据表明杜瓦尔－朱韦对这一术语的这种用法来自孔德。穆勒、赫歇尔和休厄尔也将"证实"视为一个一般的术语，仅用于指称经验的检验。（例如，可参见［22］，第2卷，第11章，第3页。）所有其他谈及证实的著者都没有像孔德那样走得那么远，认为可证实性等同于意义。

20 ［7］，第17页注释。他在别处写道："归纳逻辑的建构，是现代思维的首要特点，古代人对其几乎没有任何概念。"（［6］，第1卷，第419页）

159 21 ［4］，1830年，第1卷，第8—9页。在［7］中，他也有类似评论："一方面，正如我们现代人所宣称的那样，只有与适当的观察进行充分的结合，稳固的理论才能被建立起来；另一方面，人类的心智永远无法结合甚至搜集这些观察，除非受到某种事先就已采用的猜测性学说或理论的指导。"（［7］，第6页）

22 尤其应参阅在［4］的第28°课中孔德关于光学的讨论，在那里他声称存在着这种中立性的观察陈述：例如，"光线"一词在光学上被很好地确立为"射线"这一假说，如今被波动说的支持者所采用——赋予其仅与现象相关的、独立于任何假说的意义并不困难。([4]，1835年，第2卷，第444—445页）休厄尔彻底否定了孔德在这个问题上的论断，坚持认为如果没有波动说的假说作为前提，连表述现象性的光学定律都是不可能的（见[16]，第2卷，第326—327页；以及布鲁斯特在[3]中的回应）。

23 [4]，1835年，第2卷，第19页。

24 孔德声称他发明了第四种方法——所谓的"历史法"，并相信其对社会科学至关重要，在此我不做评论。

25 [7]，第16页。早在1830年，孔德就已得出这一结论。例如，在《实证哲学教程》第1卷中，他写道："人们甚至可以说，科学在本质上致力于免除……任何直接的观察，它允许人们从尽可能少的直接数据中推导出尽可能多的结果。"（[4]，1830年，第1卷，第131页）

26 正如他在1851年致帕博的信中所言："整个实证哲学最根本的信条就是，从极为广泛的归纳中得出确定无疑的不变的定律，所有真实的现象都受其支配，无论从任何观念中都无法真正推导出这些定律。"（[16]，第85页）

27 例如，[24]和[30]。

28 [6]，第4卷，第169页。在有关统一性或不变性原理的一个讨论中，A. D. 里奇非常奇特地将诙谐的历史、糟糕的品味和良好的趣味结合在一起，他写道："能挽回归纳法颜面的最好工具就是大自然的统一性原理。我不知道这个原理最初是在何时被介绍给世人的，但是，既然它有着一种怡人的维多利亚时代的风格，我倾向于认为它最初亮相于1851年的世界博览会，当时它荣获了一枚银质奖章。"（[14]，第91页）

29 孔德对亚里士多德的观点进行了更新，他说归纳必须被用于确立任何一门科学的公理，而演绎则用于确定定理："这些模式（归纳与演绎）各自的优点在不同类型的科学问题中差别很大——通常应尽可能地在个案研究中采用演绎法，而在关于基本法则的研究中采用归纳法……如果说对归纳法的滥用直接导致科学退化为杂乱无序、缺乏条理的法则堆积，同样，若过度依赖演绎法，也必然会削弱任何推理的功效性、准确性，甚至是实在性。"（[4]，第6卷，1842年，第718页）

他在别处则说："只能存在两种普遍的方法……简言之，归纳与演绎"（[4]，1835年，第2卷，第357页）。

30 [4]，1835年，第2卷，第434页。

31 [4]，1835年，第2卷，第434页。

32 引自[8]，第101页。

33 相关的背景，见前文第7、8章。

34 [4]，1835年，第2卷，第434—435页。

35 认为孔德主张类似观点的人，可见[8]，第89页及以后。

36 对孔德的"基本条件"的这种解读最初由休厄尔和穆勒提出，二人都批评孔德将科学假说的范围界定得过窄。皮尔斯和昌西·赖特以及最近的评论家们，已经接受了对基本条件的这种解读。例如，皮尔斯未对相关的文本进行任何讨论，就指责"孔德自己对于可证实的假说的观念是，它不能假设任何无法直接观察的事物"（[25]，5，第597页）。

37 我所说的"现象间的假说"仅指那些（非逻辑的）预言完全来自观察的假说。

160   38 见上文注22。

39 迈耶森提出了另一种选择。他声称，孔德在赞成原子论时，"更多地受到其强有力的科学直觉影响，而受其原则影响较少"（[21]，第61页）。迈耶森因此忽略了这一事实：孔德接受原子假说，既有方法论的理由，也有科学上的理由。

40 因此，我相信莱维－布律尔的如下说法是错误的："孔德并非如培根那样赋予假说过小的分量，反而宁愿承受赋予假说过多分量的指责。"

（[16]，第 148 页）

41 [4]，1835 年，第 2 卷，第 435 页。 161

42 [6]，第 4 卷，第 154 页。这一"定律"最初由孔德在 [4]，第 58 页做
了阐述。

43 [4]，1835 年，第 2 卷，第 441—442 页。

44 与孔德同时代的苏格兰人麦夸恩·兰金将这两种形式的假说分别称为
"客观的"和"主观的"假说（[28]，第 210 页）。

45 例如，可见 [12]，第 20 页及以后各页。

参考文献

[1] S. 贝利《论真理的追寻》，伦敦，1829 年。

[2] C. 伯纳德《实验医学研究导论》，巴黎，1865 年。

[3] D. 布鲁斯特，对 [31]（1840 年版）第 1、2 卷的评论，《爱丁堡评
论》，1842 年，第 482—491 页。

[4] A. 孔德，《实证哲学教程》，第 1 版，六卷本，巴黎，1830—
1842 年。

[5] A. 孔德，《解析几何学浅论》，巴黎，1843 年。

[6] A. 孔德，《实证政治体系》（布里奇斯等译），四卷本，伦敦，
1875—1877 年。

[7] A. 孔德，《论实证精神》，巴黎，1844 年。

[8] J. 德尔沃维，《对孔德思想的思考》，巴黎，1932 年。

[9] P. 迪卡色，《奥古斯特·孔德的方法与直觉》，巴黎，1932 年。

[10] J. 杜瓦尔－朱韦，《逻辑学专论，或关于科学理论的论文》，巴黎，

1844 年。

[11] F. 哈耶克，《科学的反革命》，伦敦，1955 年。

[12] D. 奈特，《原子与元素》，伦敦，1967 年。

[13] L. 劳丹，《洛克有关假说之观点的性质与来源》，《思想史杂志》，第 28 卷，1967 年，第 211—223 页。

[14] L. 劳丹，《托马斯·里德与英国方法论思想的牛顿式转向》，收录于《牛顿的方法论遗产》（R. 巴茨和戴维斯编），多伦多，1970 年。

[15] L. 劳丹，《进步及其问题》，伯克利，1977 年。

[16] L. 莱维－布律尔，《奥古斯特·孔德的哲学》（F. 哈里森译），纽约，1903 年。

[17] E. 赖特，《论实证哲学》，巴黎，1845 年。

[18] E. 赖特，《奥古斯特·孔德与实证哲学》，第 2 版，巴黎，1864 年。

[19] J. 洛克，《人类理解论》，伦敦，1690 年。

[20] B. 马丁，《哲学语法》，雷丁，1748 年。

[21] E. 迈耶森，《身份与现实》（罗文伯译），纽约，1962 年。

[22] J. S. 穆勒，《逻辑体系》，两卷本，伦敦，1843 年。

[23] J. S. 穆勒，《约翰·斯图亚特·穆勒致奥古斯特·孔德未刊书信集》（L. 莱维－布律尔编），巴黎，1899 年。

[24] I. 缪勒，《约翰·斯图亚特·穆勒与法国思想》，伊利诺伊州厄巴纳，1956 年。

162

[25] C. S. 皮尔斯，《皮尔斯文集》（P. 威斯等编），七卷本，马萨诸塞州，剑桥，1932—1958 年。

[26] K. 波普尔，《猜想与反驳》，伦敦，1963 年。

[27] K. 波普尔，《开放社会及其敌人》，两卷本，普林斯顿，1963 年。

[28] J. 兰金，《科学论文杂纂》，爱丁堡，1894 年。

[29] T. 里德，《著作集》（哈密顿编），爱丁堡，1858 年。

［30］W. 西蒙，《19 世纪的欧洲实证主义》，伊萨卡，1963 年。

［31］W. 休厄尔，《归纳科学的哲学》（布克达尔及劳丹编），两卷本，伦敦，1968 年。

［32］W. 休厄尔，《孔德与实证主义》，《麦克米兰杂志》，第 13 卷，　163
1866 年，第 353—362 页。

第 10 章　威廉姆·休厄尔论归纳的一致问题

　　几乎没有几位学者会否认威廉姆·休厄尔是 19 世纪科学哲学的重要人物之一。其《归纳科学的哲学》和《发现的哲学》仍是科学方法论的经典之作。大多数研究休厄尔的学者都倾向于强调其哲学唯心的、反经验的特点。例如，仅有的两部专论性的关于休厄尔的研究——布兰奇的《休厄尔的唯理论》（1935 年）和马库西的《威廉姆·休厄尔的科学理想主义》（1963 年）——正如其题目所示，主要论述休厄尔对经验主义的背离。其他研究，尤其是罗伯特·巴茨的研究，突出了休厄尔的新康德主义因素。特别是在叙述休厄尔与穆勒的著名论战时，通过把这场争论视作一位重要的经验主义者与一位重要的唯理论者的战争，夸张地描述休厄尔在论战中的地位是很有诱惑力的。然而，强调休厄尔哲学中的理性主义和先验主义因素是有危险的，因为这将会模糊休厄尔的科学理论中明显的经验主义特点。我认为着手纠正这一点的时刻已经到来，将注意力集中在休厄尔的科学理论中重要的"经验主义"倾向上即可做到。这些倾向中最重要的一个与休厄尔所谓的"归纳的一致"的操作有关。

　　实际上，在休厄尔发明的所有新词（包括"事实的综合"

"概念的说明""事实的分解"和"概念的添加")中，没有哪个
比"归纳的一致"拥有的方法论内涵更丰富，也没有哪个在休厄
尔的方法论中占据了更重要的地位。仅凭这一事实就足以证明有
必要对这一学说加以仔细研究。然而，更充分地理解休厄尔关于
"归纳的一致"的观点的性质，不仅对理解其科学哲学至关重要，
而且也是理解其科学史学的一把钥匙，因为主要就是根据"归纳
的一致"，休厄尔表述了他的科学增长和进化的渐进性理论。本
章试图对休厄尔的"归纳的一致"概念做一个简要说明，同时对
这一概念及相关思想在休厄尔的科学哲学和科学史中的地位加以
评价。

在《归纳科学的哲学》（1840 年）中有关科学的第 14 条　164
箴言中，休厄尔提供了可能是他对"一致"的性质的最简洁的
描述：

> 当从一组事实获得的归纳与从另一组事实获得的归纳相
> 一致时，归纳间的一致就发生了。这种一致是对理论正确性
> 的检验。[1]

解释一下，如果来自表面上属于不同种类的现象的两条"归
纳推理"链条引导我们得出同一"结论"，那么归纳间的一致就
发生了。根据这一箴言，就归纳间的一致首先需要问两个重要问
题：（a）在一致中明确涉及哪些东西？[2]（b）为什么一个成功的
一致能够成为"对理论正确性的检验"？

由于一致的概念与休厄尔的归纳学说的联系如此清晰（作为

两个或更多的归纳的有效结果，引出了同一个普遍性命题），首先弄清楚休厄尔的归纳的性质是很重要的。人们普遍认为（当时穆勒对此提出了批评），休厄尔从根本上改变了传统的"归纳"的意义，即休厄尔的归纳既不是简单枚举归纳，也与培根或穆勒的排除归纳法全然不相干。相反，在休厄尔看来，归纳是一个猜想的过程，我们由此引入一个新概念，这个概念并非来自现有证据，它综合了这些证据，并在普遍性和抽象程度上都超越了它们。[3]

因此，休厄尔的归纳类似于后来皮尔斯所称的**溯因推理**或**回溯法**，[4]实际上包括找到一个能推导出所有已知事实的普遍性假说。如休厄尔所说：

> 我们的归纳推理规则有一点像这样："这些特殊情况，所有属于一类的已知特殊情况，都通过采纳下述命题的概念和陈述得到准确的表达。"[5]

用休厄尔的话来说，一个归纳通常就是用一个清晰合适的概念对事实进行成功的综合。调整一下休厄尔的语言，以适用于这种模式，我们可以这样表述**"归纳的一致"**的公式：

> 不同类型的特殊情况，$A_1 \& \cdots \cdots \& A_n$（$n \geqslant 2$），以及所有已知属于同一类型的特殊情况，都通过采纳下述命题的概念和陈述得到准确的表达……[5]

归纳就是对一个假说的表述，这个假说将会说明（或表述）一组已知事实，当我们发现同一假说能说明（或表述）两组（或更多）事实时，就发生了归纳的一致。[6] 在这个见解之下，隐藏着几个重要的方法论主张。实际上，通过分析休厄尔对一致的不同论述，我认为我们可以指出一致发生在下述情形中：

（1）一个假说能说明两组（或更多）已知事实（或定律）；

（2）一个假说能成功预测"与最初构建该假说时所考虑的情况不同类型的案例"；[7]

（3）一个假说能成功预测或说明一种现象的发生，而在我们的知识背景下，我们原本不会预期到其发生。[8]

正如这些要求所表明的，也如我将在后文详述的那样，归纳的一致发生在一个假说获得了某种最低限度的确证性或证实性经验内容时。更明确地说，一个假说在显示出能成功说明不同种类的事实或非常令人惊讶的事实时，就获得了一致。我在这里和后文的解释是与下述观点形成尖锐对比的，即一致**完全**是一个增长着的经验内容的问题，每当获得了最低限度的普遍性时，归纳的一致即已达成。[9] 恰恰相反，我相信休厄尔强调一致的目的并不在于使内容范围最大化，而是使对假说的证实程度最大化。当然，休厄尔相信在科学的累积式进步中，我们向着具有更大范围、程度和普遍性的理论前进。但是（而且至关重要的是），仅当更大的普遍性在经验上得到证实时，增长着的普遍性才是一种收获。一致实际上是一种可接受性标准，它规定那些通过了上述那种经验检验的假说是最值得相信和接受的。

回到上文所述之情形，很显然它们并非互斥的，如果条件

（3）得到了满足，通常条件（2）也会得到满足。[10] 我区分它们的理由有两个：（a）这三者在方法论上有不同策略；（b）这三者的证明依赖稍有不同的考虑。

166　　考虑第一个要求。这种类型的归纳的一致（我将在下文称之为 CI_1）并不像 CI_2 和 CI_3 那样会增加我们的理论知识的经验内容。这种一致既不关心我们的理论的预测能力，也不关心它们扩展我们在新领域内的知识的能力。然而，CI_1 确实实现的是我们的理论和假说在形式上的统一或简化。通过将两种现象还原为一个假说或理论（目前为止它们获得了不相关的和表面上相互独立的假说或理论的说明），CI_1 显然减少了用于"承载"已知现象的理论负担。因此，通过这种类型的一致所获得的好处是形式或系统化方面的，而非经验方面的。

CI_2 类型的一致代表了说明性内容在我们的科学中的增长，因为采纳新假说允许我们预测在这个理论被构想出来时仍然未知（或至少尚未被考虑过）的自然现象。这种富有成效的能力显然是新假说的重要特征，休厄尔认为，如果一个假说具有 CI_2 的特征，那它就具有很强的优势。[11] 正如休厄尔所言：

> 当一个假说自身并没有为此目的而进行修改，并能为一组在其建构时没有预期到的事实提供定理和原因时，我们就有了一个关于其真实性的标准，它从未被用来支持错误理论。[12]

和 CI_2 一样，CI_3 类型的一致标志着我们的理论在说明的力量方面的收获。但后一种类型的一致的特殊优势，不仅能使我们解释（和预见）更多种类的现象，还使我们能够以一种非常独特的严格方式来检验我们的理论，看看它是否能够成功地预测在没有该理论时，我们会认为或是不可能的，或是无法说明的，或至少是高度不可几的现象。因此，包含在 CI_3 中的是一个与后来波普尔所谓的"检验的严格性"类似的概念。若一个理论具有令人惊讶但事实上得到确证的结果，我们就愿意将之视为一个非常合理的假说。[13] 简言之，这就是休厄尔的方法论所暗示的三种类型的一致。

尽管休厄尔认为一个"一致的"假说的价值似乎在于它说明（或表述和预见）了不同"种类"的事件或不同"种类的现象"，这种假说的真正力量通常在于它表明了从前被认为属于不同种类的事件，实际上是同一类。例如，牛顿的万有引力假说，**就其自身而言**，并没有说明"不同"种类的事件，更准确地说，它表明了月亮的运动和地球上重物的坠落恰好是同一种事件。牛顿在这些现象被当作完全不同类型的现象时提出了他的理论，这（在某种意义上）仅仅是历史环境下的一个幸运事件。 167

这种考虑暗示着在决定既有理论是否获得归纳的一致时，存在着某种历史性和相对性的东西。例如，与笛卡尔的体系相比，牛顿对行星和天体运动的说明是不一致的，因为笛卡尔认为这两种现象都应归因于大体上同类的漩涡运动。因此，要确定一个既定理论是否获得了归纳上的一致，只能通过仔细研究其他与之竞争的理论。没有对历史背景的彻底了解，没有对可选择理论的公开提及（可能只是在所谓的背景知识的形式下），通常不可能决定一个既定理论是否获得了一致。个中原因一清二楚。一个物理学理论自身通常无法表述"与它一致的现象在种类上却不相同"这一事实——只要它用相似的术语来说明它们，它就必须将之视为同类现象。因此，一致至少涉及两个理论。也即，绝对地断言一个理论 T 已获得归纳上的一致是误导性的。更准确地，我们应当说，相对于其他（竞争性）理论 T1 &……& Tn 所说明的自然的种类，T 已经获得了一致。

要问的一个明显的问题是，为什么休厄尔认为上面所列举的类型具有很大的价值。作为方法论规则，CI_1 和 CI_2 并无惊人之处。早在《归纳科学的哲学》发表之前很多年，它们就已成为被频繁引用的方法论规则。[14] 然而，有趣的是休厄尔给出的认为一致是科学假说的一个绝对重要特征的理由。正如休厄尔在上文所引的箴言里所言，他认为这种一致是发生在其中的"对理论正确性的检验"。此外，它们是在这个术语的较强意义上的检验，即归纳的一致构成了对发生在其中的理论的正确性的一个充分的而不仅是（甚至不是）必要的检验。但为什么一致性，不管它是带来了形式上的一致（CI_1），还是经验内容的增长（CI_2 和 CI_3），都应被当作一个确凿的标志，乃至被当作其中的理论之真实性的证据？我现在想探讨的就是休厄尔对此类问题的回答。

168　　在讨论《归纳科学的哲学》和《新工具的更新》（1858 年）中的假说检验的逻辑时，休厄尔区分了科学假说所应经受的检验的**不同程度的严格性**。他首先谈到所有假说都应足以"解释"已知现象："我们所接受的假说应［至少］能说明我们已观察到的现象。"[15] 这是对假说的一个**非常弱**的检验，休厄尔感到它是非常不充分的：

它们［即假说］应当更进一步：我们的假说应能预测尚未观察到的现象，至少是与这个假说被发明出来用以解释的那种现象相同种类的所有现象。[16]

一个只能概括而不能超出已知证据的假说，很少能在科学的理论结构中占据一席之地，因为它只能以不同的语言谈论那些已经包含在现有观察的基础之中的东西。然而，若该理论能成功预测"甚至是在新情况下，与那些已被观察到的结果相同的"结果，那么这就是"我们的归纳过程真正成功的一个证据"。[17]当一个理论确实能成功地做出这种预言时，我们会很自然地倾向于认为它是真的，或至少非常接近是真的。这是因为在休厄尔看来，我们能根据一个错误假说做出成功预言的可能性非常之小：

当这些发现者们能够在事先确定结果，其方式与大自然自身确定它们的方式一样时，人们忍不住要相信由发现者们定下的法则会在很大程度上与自然的真正法则一致……那些能做到这点的人，一定在相当可观的程度上发现了自然的奥秘。[18]

但即使成功的预言极大提高了我们对一个理论的信心，这仍不足以说服我们该理论具有正确性。休厄尔知道肯定后件的可错性，而且了解在科学史上错误理论所做出的正确预言，他不愿意把单纯在预言上的成功当作正确性的充分标准。

然而，随着检验的严格性不断提升，直到归纳的一致开始发生时，情况就大不相同了。如果一个假说不仅能预言与其被发明出来加以解释的现象同属一类的现象，还能说明和预言不同种类的现象（相对于其他理论来说），那么我们的理论的正确性就有了不容置疑的证据：

169   实际上，这些发生了［一致］的例子使我们确信我们的假说的正确性。没有什么偶然事件能引起这种不同寻常的一致。没有什么错误的假说能在被调整以适应一种现象后，还能确切地描述另一类现象，这种一致性是无法预见的。从那些相隔甚远和不相关的部分中所产生的法则，能够在同一点上交汇，只能是因为此点即是真理所在之处。[19]

这个论述是一个普遍性论述，意味着它适用于我们之前所列举的所有三种类型的一致（CI1—CI3）。很显然这个论述自身回避了很多问题。上文所引段落中的第一句可被当作对一致的心理力量的一个相当精确的描述。人们只要看看牛顿的"一致"（著名的"牛顿的综合"）对其追随者的影响，就能理解休厄尔的观察的可靠性。然而，这一段落的其余部分似乎暗示着这种态度在逻辑上是正当的：在原则上任何假说都不可能获得一致，除非它就是能说明所研究现象的正确假说。但无论是在这一段还是在别处，休厄尔都没有提供正确的论述来支持他的逻辑主张（与其心理学主张相反）。在他的其他著作中，休厄尔也对一致能保证正确的特性进行了类似的断言："当两个系列的归纳指向同一点时，我们就不能再怀疑自己是错误的了。这种证据的积累确实能说服我们接受这个真正的原因。"[20] 他再次断言——就好像重复能代替

证明一样——当一个

　　假说无需进行调整便能给我们提供在其建构时没有预期到的事实的定理和原因时，我们就有了一个关于其真实性的标准，它从未在支持错误理论时产生过。[21]

　　最终，休厄尔还是回到那个（笛卡尔[22]、波义耳[23]、哈特利[24]及其他人曾表述过的）陈词滥调上去了，即我们无法设想一个在新领域中如此奏效的理论居然仍是错误的。在他对一致的几乎所有讨论中，休厄尔创造了一个隐喻——可能最初由笛卡尔在《探求真理的指导原则》和《哲学原理》[25]中加以阐述——把科学假说的形成比作破译用不为人知的语言刻就的碑铭。穆勒曾否认一致是正确性的不可错的标志，在对穆勒的答复中（见下文），休厄尔最为明确地表述了这个隐喻。首先，他论述了成功的**预言**的强大证明力：

　　　　若我抄下一长串字母，其中最后几个被遮住了，当它们　170被提示出来时，如果我猜对了这些字母，这一定是因为我已经推断出了这段文字的含义。因我已抄下我所能见之全部，我就能猜出我所未见之处，这显然是荒谬的，除非存在某种推测的依据。[26]

　　将这个隐喻应用到较强的一致的情况下，休厄尔认为我们

可以把这种发生的事情［即一致］与破解一个未知字母
表的情况相比较，两份不同的碑铭，由两个不同的人加以破
译，最后给出了同一个字母表。在这种情况下，我们应当非
常自信地相信这个字母表是正确的。[27]

因此，一致能赋予假说"一个正确性的标志，这种标志是无
法伪造的"。[28]

休厄尔在讨论一致时有时会运用的另一个隐喻是事件目击者
的证词。如果两个独立的证人能证明某一事件发生，这要比只有
一个证人可信得多，所以如果有两条独立的"归纳"论证链条支
持同一理论，那么我们对它的信心也会大得多：

它［即一致］就像代表着假说的两个证人的证词一样，
而且两位证人越独立，这种一致所带来的说服力就越强。当
对两种现象的说明截然不同，也没有明显联系，却把我们引
向同一原因时，这种一致确实给了这种原因以真实性，而在
仅仅说明了那些暗示了假设的现象中，它并不具有此种真实
性。这种命题间的一致性是……一个正确理论最具决定性的
特征……归纳的一致。[29]

休厄尔坚持认为牛顿在其第一哲学原理中对真正原因的要求，
事实上是对归纳的一致的要求。[30]实际上，初看之下，一个理论获
得一致的能力，好像证明了"我们必须同真正的原因有所联系"。
[31]休厄尔认为牛顿的第一基本原理可表述为如下的方法论规则：

我们可以附带地假设这种假设性的原因将会说明任何一组给定的自然现象，但是当两组不同的事实将我们引向同一个假说时，我们可以把它当作一个真正的原因。[32]

如前所述，为了能使一致为我们提供对一个假说或理论的信心，体厄尔营造了一种很有说服力的情形。实际上，可通过对类似情况的预见而获得更为坚定的信心。休厄尔的明确论述很显然没能证明的是，获得了一致的假说是真的，并能被确知是真的。他对科学共同体的信念模式做出了精确的反思，这是不容置疑的。他没能对这种信念进行证明也同样一目了然。

尽管休厄尔的论述在结构上有弱点，但他对一致问题的兴趣却持续甚久。这不仅出现在他于 1833 年至 1860 年间发表的几乎所有方法论著作中，甚至是他**早期**某些未发表的科学方法论著作关心的问题。因此，在剑桥三一学院雷恩图书馆保有的手稿片段中（大概的日期是 1820 年），休厄尔表述了某种一致作为"哲学法则"之一的要求。这值得全文引用：

> 试着以简单的形式说明——
>
> 1. 我们的假说必须能清楚恰当地与现象相联系。
>
> 2. 通过这些假说所做的概括，如果可以正确地获得并异乎寻常的简单，那么它就是理论。
>
> 3. 能说明现象的理论，若与那些在概括中已用过的现象相分离的话，是高度可几的，而且当未被解释的现象数目减少时，其确定性不断增强。[33]

第 3 个原则并不是对一致原则的直截了当的陈述，因为它并未包含清晰的要求。就其自身来说，上面的规则 3 仅仅是明确地提到了理论必须在内容上不断增长这一事实。如前所述，在 19 世纪 20 年代之前，这是一个非常普通的要求。然而，在这些规则的第二稿中，休厄尔修改了规则 3，这就朝着一致的方向前进得更远了：

［规则］3. 如果理论能说明意想不到的和明显不相干的事实，它就获得了一种可能性——［并且］几乎是确定性……理论上的原因变成了一个真正的原因[33]。

因此，在修订后的版本中，休厄尔认为，若一理论不仅能说明与发明这个理论时使用过的事实不相干的事实（这是第一稿所要求之全部），而且能说明在这个理论被发现时"意想不到的"事实，那么这个理论几乎是确定无疑的了。休厄尔未能像他后来那般简洁地表达这一点。但即使在这份早期手稿里，有两件事已经很清楚了：休厄尔很早就关心一致的问题；从 19 世纪 20 年代起，他就试图把牛顿的真正原因或"真实原因"界定为能获得一致的归纳。

与休厄尔几乎所有关于一致的言论紧密相关的是其下述观点：科学定理必须是真的。回想一下，休厄尔的"归纳公式"是一个保证，它被用来证明若一个现有假说说明或表述了某些事实，那么这个假说有可能是对这些事实的正确表述。然而，休厄尔最终想证明一种更强的关系。明确地说，他想让科学家能够断言现有的事实只能通过采用某一假说来加以表述（或说明）。[34] 在休厄尔看来，这一转变——从将假说看作对一组现象的一个可能的说明到认为它是对这些现象的唯一可能的说明——是一个无法用逻辑准确描述的过程。[35] 它实际上是一个发生在科学家头脑中的时间过程，任何正式的框架都无法捕获其微妙之处。休厄尔认为，很清楚的是，一个假说或一个类似于法则的陈述面对的是越来越困难的检验，

> 当对这个法则的结果和事实间的各种关系的考虑变得稳定和熟悉时，这个信念，即没有什么定律比那些已经被提出来的定律更能说明已知事实，在头脑中逐渐地找到了自己的位置。[36]

确实，许多指向同一结论的不同归纳的"证据"的累积，使得科学家们相信他们已经发现了一个必然真理。我们对一个假说的正确性的**信念**变得如此强烈，以至于我们无法"相信有可能质疑"这个既有假说的正确性。[37]

尽管休厄尔通常认为成功的一致是理论之正确性的可靠标志，他偶尔也会不那么肯定地将一致的力量等同于正确性。例如，他指出燃素说能说明截然不同的领域——如燃烧和酸化——的事实。[38] 因此，严格来说，燃素说获得了一种"确保正确的"归纳的一致。然而，出现了一种燃素说无法解释的新现象（或只能通过特设性的，对休厄尔来说"难以承认的操作"才能加以解释），这个假说被放弃了。类似地，他承认光的粒子说在说明反

射、折射和薄膜的颜色方面获得了一致。

173　　约翰·斯图亚特·穆勒很敏锐地看到了休厄尔关于一致保证正确性的论述中的循环论证问题。在其《逻辑体系》（1843 年）中，他专门讨论了休厄尔在证明密码的正确性和证明一个假说的正确性之间的类比。穆勒认为，正确的预言作为对正确性的一项检验，并不比对已知证据加以解释的充分性更可靠，他论述道：

> 如果一个人通过检验一段长篇铭文的大部分内容就能解读其字母，使得这段铭文能具有合理的意义，那么可以强烈推测这个解释是正确的；但我并不认为，如果他没看到其余几个字母就能把它们猜出来，这样就能大大增强这个推测：我们可以很自然地设想……即使是一个错误的解读，只要能与铭文的所有可见部分一致，就能与其余的一小部分一致。[39]

此外，正如穆勒反复强调的那样，无论我们能对我们的假说做多少检验，我们都无法保证其下一个预言不会出错，因为尽管一个假说已获得大量一致，但在原则上没有什么东西能够防止它在下次检验时失败。

面对这样的打击，休厄尔只好退回到相当不可信的经验观察中进行回答——已经获得了归纳的一致的理论从来不会在之后被反驳："科学没有提供这种例子：一个理论受到这样的一致支持，结果后来又被证明是错的。"[40]休厄尔认为，为了给一致证明正确性的力量寻找令人信服的证据，他可以退回到科学史中，这并非偶然。归纳的一致的概念——尽管他并不是总是用这个名词——为其《归纳科学的历史》（1837 年）提供了主题。在《归纳科学的历史》和《归纳科学的哲学》的第一部分中，休厄尔很关心根据某些范畴的叙述来追寻科学的发展，这些叙述为处理一门科学或一个理论的历史提供了天然的终结点。在这些叙述性的范畴中，重要的是"**归纳的纪元**"的概念，以及"**序曲**"和"**结局**"。粗略说来，一个归纳的新纪元就是现代作者所称的一次科学革命。其特点是对旧思想的批判，对关于自然现象的新概念的澄清，以及将不相干的事实统一到一个普遍理论之中。**序曲**，正如这个名词所暗示的那样，就是归纳的新纪元之前的那个时期，在那时，占优势的理论中的主要问题已经暴露出来，新概念已得到表述。**结局**，按顺序来说，在新纪元之后，重点在于以一种日益精确的方式将在新纪元中发展起来的理论应用于越来越多的现象。归纳的新纪元或者说科学革命的主要特点，就是一个或者更多的**重要的归纳的一致的出现**。因此，牛顿的理论相对于开普勒和伽利略定律获得了 CI_1，相对于月亮扰动学说获得了 CI_2，相对于地球在两极的扁平化的预言获得了 CI_3。休厄尔断言，每场科学革命都伴随着相关的归纳的一致，并可据之来刻画其特点：

174

> 发生在科学史中的巨大变化和智力世界中的革命，具有一个常见的和主要的特点，即它们是普遍化的步骤。从特殊真理到其他程度更广泛的真理，前者也被纳入后者之中。[41]

然而，休厄尔并非仅将其一致学说应用于静态的理论或者假说。他也相信一致概念能够成为评价悠久的科学研究传统的力量和价值的方法。他认为，如果我们看一看任何科学学派或传统的历史发展（如牛顿力学、笛卡尔的生理学或灾变论的地质学），其中通常都有清晰的标志表明其基本理论已经变得更为复杂、虚假和特设性，或更简化、普遍、自然和一致。在前一种情况下，理论的退行性的复杂化可能表明它是错误的，不管这个理论在经验地解释自然现象方面是多么成功。然而，在后一种情况下，有可能将这个理论扩展到更广阔的现象中，而无损于其形式上的简单性，（休厄尔认为）如此我们就有了确凿的证据，认为这个理论至少在其基本假设上是正确的。很显然，在后一种情况中，其内容不断增加，而无损于形式上的一致和统一，这是一个成功的归纳的一致的例子。休厄尔认为这是科学中的进步的一个规定性条件，即以修正形式留存的"被反驳的"理论必须（通过 CI_2 或者 CI_3）上升至越来越高的普遍性，同时（通过 CI_1）趋向于系统的简单性和统一性。如他所述：

> 我们必须注意到在真假理论的进步中普遍存在的一种区别。在前一种集合中，所有附加的假说都倾向于简单和谐。新的假说被吸收到旧的假说之中，或至少只要求最初的假说做一些非常容易的修改：随着系统的进一步扩展，它变得更加和谐。我们所要求的用来说明一组新事实的要素已经包含在我们的系统之中。系统的不同组成部分汇集到了一起，因此我们不断向统一性汇聚。[42]

175　　　在假理论这边：

新的假说完全是附加的东西，并未暗含在最初的纲领之中，可能很难与之协调起来。每个这样的添加都增加了系统的复杂性，最终这个系统变得难以处理，并被迫让位于一些较简单的解释。[43]

在休厄尔看来，研究传统并不只是因遭到反驳而被放弃，更因其发展没有导致有意义的一致。正如他在其《论科学史上假说的转变》[44] 中所言，实际上任何理论都可与现象一致，只要我们愿意对它做足够多的特设性调整。反对这样一个修修补补的理论的唯一强制性论述不可能是经验性地说它不能奏效，而是概念性的，因为它变得日益复杂、累赘及逻辑混乱。

到 19 世纪后期，归纳的一致的概念经休厄尔加以表述，已变成了合理的假说常被提及的一个特性。一些方法论家毫无保留地接受了一致的要求。因此，斯坦利·杰文斯在其《科学原理》（1874 年）中附和了休厄尔的主张，认为对**已知**现象的充分说明并不足以使一个假说被接受。在实际上是对休厄尔的诠释中，杰文斯继续论述道：

在获得了一个可几的假说后，我们不能停下来，除非已经通过与新事实的比较证明了它。我们必须努力通过演绎性推理来预测如果假说为真就会发生的现象，特别是那些具有非凡和异常特性的现象。[45]

尽管穆勒认为成功地预言新颖的结果并不能保证一个假说的

正确性，但杰文斯还是同意休厄尔的论断，即一个成功的一致是"对一个正确假说唯一充分的检验"[46]。另一些方法论家，如托马斯·福勒，[47]承认休厄尔的一致对科学家具有很大的心理影响，但拒绝接受休厄尔的主张，即一致是对正确性的**充分**检验。福勒坚持认为"在一个假说不受怀疑之前，所要求的是形式上的证据"，而且他指责休厄尔从未给出一个与可靠推理的标准相符合的"一致的推理"。[48]

皮尔斯的方法论著作充满了对一致问题的讨论，尽管皮尔斯很少使用这个名词。因此，当皮尔斯写下下述段落时，他只是在重新表述休厄尔的 CI_2：

176

> 另一种来自"预言应验"的论证方式是：在暂时采纳某一假说之后，随后被确认的事实……导致基于该假说提出了全然不同于最初设想的新预言，而这些新预言同样被证明是正确的。[49]

此外，CI3 实际上与皮尔斯的下述要求是一样的，即一个好"假说应能说明我们面前令人惊讶的事实……"[50]在更近的时期，波普尔及其学派可能比任何其他科学哲学学派都更专注于归纳的一致问题，尽管他们（和皮尔斯一样）从来不用这个名词来称呼它。实际上，波普尔在 20 世纪 50 年代的主要"发现"就是对一致问题的一种重新表述。在其经典的《关于人类知识的三个观点》（1956 年）中，他强调成功做出新颖预言理论的重要性。然而，从 20 世纪 50 年代中期开始，波普尔在他关于**严格**检验的很多讨论中，已经要求一个"好"假说应该达到休厄尔所期望它达到的标准了。例如，考虑一下波普尔对"知识增长的第二个要求"：

> 我们要求新理论应当是**独立**可检验的。意即，除能说明在发明这个新理论时想要说明的所有有待解释的术语以外，它还必须有新的可检验的结果（**一种新的**更适宜的结果），它必须能引向对目前为止尚未被观察到的现象的预言。[51]

波普尔的第三个要求是一个好理论必须已经**通过**"一些新的严格检验"。[52]总的来说，这些要求几乎精确地对应于休厄尔的归纳的一致，尤其是那些我已经将之等同于 CI_2 和 CI_3 的要求。波普尔和休厄尔在下述问题上是完全一致的：最好的假说或理论是那些已经预言了新现象，说明了不同种类的现象并做出了惊人预言的假说或理论。实际上，在这个问题上，波普尔和休厄尔之间唯一的重大差别在于对一个通过了严格检验（或用休厄尔的话来说，获得了归纳的一致）的假说的信心的程度。[53]

尽管对一致的类似考虑在几乎每个最近的科学方法说明中都得到了不同程度的表现，但休厄尔关心的基本问题仍未获解决。一个假说在何时以及怎样到达了证实（或严格的检验）的起点，能保证其被接受，这对休厄尔和现代证实理论家们来说都是一个难以解决的问题。和休厄尔一样，这些理论家们倾向于将这个起点和一个成功的一致的开始相等同，或者像波普尔一样，他们否 177 认存在这种信念上的开端。尽管在这个问题上罗列了令人印象深刻的大量形式性的分析手段，但他们对自己为何这样做的辩护并不比休厄尔的更清晰。

注释

1 引自《归纳科学的哲学》，第 2 版，伦敦，1847 年，第 2 卷，第 469 页。以下简称"PIS"。

2 简短起见，我一般会用"一致"作为"归纳的一致"这个术语的缩略形式。

3 因此，在借助归纳做出的每个推论中，都引入了某个**普遍性概念**，但它并非出自现象，而是出自头脑。结论并未包含于前提之中，直到引入一个新的普遍性。（同上，第 2 卷，第 49 页）强调这个"新的普遍性"不仅是逻辑运算符的主体"所有"，这是很重要的；而且，这个新的普遍性还是下述事实的结果："我们走得比摆在眼前的事例更远，我们将之看作某个理想事例的例证，在这个理想事例中，各种关系是完整和易于理解的。"（同上）

 主要是因为穆勒无法理解"主体"的第二种含义，这才引起了休厄尔和穆勒之间关于归纳的经典争论。

4 尤其应参见皮尔斯，《查尔斯·桑德斯·皮尔斯文集》，马萨诸塞州，剑桥，1934 年，第 5 卷，第 189 页。以及他关于溯因推理的诸多讨论。

5 PIS，1847 年，第 2 卷，第 88 页。

6 休厄尔常常提到不同"类型""种类""类别"或"范围"的事实。然而，他却从未有兴趣提供若干标准用以确定事实是属于相似或不同的种类。不过，如此行事的并非只有休厄尔一人，更为晚近的著者们，如卡尔纳普（例如，可参见卡尔纳普的《概率的逻辑基础》，芝加哥，1962 年，第 575 页）和波普尔（下文，注 51），也采纳了类似于（1）和（3）的原理，在谈及"不同种类"的事件时同样含混不清。在对所谓的**有限多样性原理**的绝大多数讨论中同样可以发现这种类似的模糊性。

7　PIS，1847 年，第 2 卷，第 65 页。在别处，他如此描述这种一致性："如果在构建假说时发现了另一种未曾料想到的事实，而当我们采纳这个推论时却能清晰地予以说明——我们就……应当毫无疑虑地相信［它］。"（同上，第 2 卷，第 286 页；还可参见该书第 2 卷，第 427—428 页）

8　总体而言，休厄尔的评论家和学者们尚未注意到其归纳一致性的观念中包含了这些不同的特点。例如，罗伯特·巴茨曾认为，休厄尔的一致性理论似乎只不过要求一个理论应当成功地预言超出其最初创设时打算应用的范围的事物。（见巴茨，《威廉姆·休厄尔的科学方法理论》，匹兹堡，1968 年，第 18 页）正如我在下文所言，也如巴茨本人后来所强调的［尤其应参见他在吉雷和韦斯特福尔所编的《19 世纪科学方法的基础》（布鲁明顿，1973 年）一书中的文章］，这是对休厄尔的一致的误读。根据巴茨最初的说明，一致相当于这一极弱的要求，即一个理论应**超出**其最初的证据。正如该书其他章节明确指出的那样，这个学说自培根时代以来就已是老生常谈，对休厄尔来说当然算不上什么新的洞见。另一方面，如果我对休厄尔的一致的解释多少还算正确的话，那么他对一致的要求就要比人们本来认为的更微妙也更严格。 178

罗伯特·布兰奇的《休厄尔的唯理论》（巴黎，1935 年）在其他方面都算得上是一项出色的研究，但他花在归纳的一致上的篇幅不足一页。同样，C. J. 迪卡色提出，一致的要求"在实质上与……著名的威廉·奥康原则相同［原文如此］"，这也过于简化了这个问题（布莱克、迪卡色和梅登，《从文艺复兴到 19 世纪的科学方法论理论》，西雅图，1960 年，第 212 页）。

9 例如，可参见巴茨，上文注 8 所引之书。

10 但并非总是如此，因为一个假说可以解释某种非常惊人的现象，而这种现象在这个假说构建之时已经为人所知。

11 应该注意 CI_2 应与下述情况清晰地区分开来，即一个假说或理论仅预言与这一理论在构建之时已知的那些事件相类似的事件。在后一种情况下（我将在下文进行讨论），并未发生归纳的一致，尽管我们对该假说的采纳会导致内容的增加。

12 PIS，1847 年，第 2 卷，第 67—68 页。参见其评论："当两个系列的归纳指向同一点时，我们就不能再怀疑自己是错误的了。"（同上，第 2 卷，第 286 页）

13 就我所知，在休厄尔之前，唯一一个表述过类似于 CI_3 的要求的科学哲学家就是约翰·赫歇尔。在其《试论自然哲学研究》（伦敦，1830 年）中，他注意到，"一个牢固确立的广泛归纳的最确定和最好的特点……就是对它的证实在不曾预料到的领域出现，甚至在最初被认为是其反例的那些事例中自然地出现并引起注意。这种证据是不可抗拒的，具有任何其他证据都不具备的分量"（前文所引之书，第 180 段）。不过，在赫歇尔的要求与休厄尔的 CI_3 之间有着一个微妙而重要的差别。休厄尔认为对**令人惊异的**事实的解释是最重要的，而赫歇尔却最为强调对以前被**视为反例**的事实的成功解释。

14 有关这一论断的证据，见第 4、5 和 11 章。

15 PIS，1847 年，第 2 卷，第 62 页。

16 同上，第 62—63 页。

17 同上，第 152 页。

18 同上，第 64 页。

19 同上，第 65 页。他以同样的方式指出，"当对两种不同的、没有明显联系的现象的解释将我们引向同一原因时，这种巧合确实赋予这个原因以真实性，而当它仅能说明那些推导出这个推论的现象时，则不具备这种真实性"（同上，第 285 页）。

20 同上，第 285—286 页。

21 同上，第 67—68 页。

22 "尽管存在着几种不同的结果，可以对不同的原因［即假说］加以调整，使之一一对应，可是要调整同一个［假说］使之适合几个不同的结果，这并非易事，除非它就是那个真正产生它们的原因。"［笛卡尔，《文集》（亚当及汤纳利编），巴黎，1897—1957 年，第 2 卷，第 199 页。还可参见该书，第 9 卷，第 123 页］ 179

23 "因为找到一个并不正确但又能适合很多现象，**尤其是不同种类的现象**的假说，要比找到只适合几个现象的假说困难得多。"［波义耳，《著作集》（伯茨编），伦敦，1772 年，第 4 卷，第 234 页］有关波义耳方法论的详细讨论，见第 4 章。

24 "从任何现象演绎出来的普遍结论或定律如果是简单的，并总是相同的……那么几乎无需再存疑问，我们已经拥有了所追寻的真正定律……"（哈特利，《人之观察》，伦敦，1791 年，第一部分，第 341 页）

25 这个类比有着漫长的历史。笛卡尔在其《探求真理的指导原则》第 10 卷和《文集》第 9 卷第 323 页中将之引入近代哲学。如我在第 4 章所述，波义耳、格兰维尔、鲍尔和洛克从笛卡尔那里借用了这个比喻。有关哈特利对这个比喻的用法，见第 8 章。关于这个方法论比喻的其他讨论，还可参见：波义耳的《微粒论或机械论哲学的优点与依据》；莱布尼茨的《致康林的信》，以及他的《物理学要素》和《新文集》第 12 章；博斯科维奇的《论日食和月食》，第 211—212 页；斯格拉维桑德的《哲学导论》；达朗贝尔为《百科全书》所写的词条——"解码"以及杜加尔德·斯图亚特的《人类心智哲学的要素》。

26 《发现的哲学》，伦敦，1860 年，第 274 页。（此后引作"POD"。）

27 同上，第 274—275 页。

28 同上，第 274 页。

29 PIS，1847 年，第 2 卷，第 285 页。

30 罗伯特·巴茨在其《休厄尔论牛顿的哲学法则》中，对休厄尔解释牛顿
关于**真正原因**的学说的尝试给出了一个极有价值的诠释，收录于巴茨和
戴维斯所编的《牛顿的方法论遗产》（多伦多，1970 年）。

31 PIS，1847 年，第 2 卷，第 286 页。

32 同上。正如他在别处所言，"牛顿的［第一］哲学法则将会成为一个有价
值的指导，如果我们这样理解它：当两种或更多种现象……将我们引向
同一个原因时，这种一致会赋予这个原因以真实性。事实上，在这种情
况下，我们拥有了归纳的一致"（POD，第 276—277 页）。

33 三一学院，手稿编号 Add. MS. a 78^{60}。手稿未标注日期，我所推断的日期
主要基于书写模式。蒙三一学院的院长和院士们惠许，得以引用。

34 在休厄尔看来，理想的归纳公式应当是："几个事实可以准确地表述为同
一事实，**当且仅当**，我们采纳了归纳推理的概念和主张时。"（PIS，1847
年，第 2 卷，第 90 页）

35 正如他在《发现的哲学》中神秘地写道："**作为推理**的归纳是不确定的。
它不是推理：它是抵达真理的另一条道路。"

36 PIS，1847 年，第 2 卷，第 622 页。

37 同上，第 2 卷，第 286 页。关于休厄尔的必要思想理论的清晰说明，见
罗伯特·巴茨，《休厄尔的科学理论中的必要真理》，《美国哲学季刊》，
第 2 卷，1965 年，第 1—21 页。我十分同意巴茨对休厄尔的必要概念的
180 分析，所以在此不打算进行进一步的讨论。

38 PIS，1847 年，第 2 卷，第 70—71 页。

39 J. S. 穆勒，《逻辑体系》，第 8 版，1961 年，第 329 页。

40 POD，第 275 页。他在别处断言，"以这种方式［即归纳的一致］推进的

学说尚无事后被发现有误的先例"（PIS，第 2 卷，第 286 页）。他再次说道："在我了解的整个科学史中，还找不到这种例子，即归纳的一致已经证明一个假说，而事后又被证伪的情形。"（同上，第 2 卷，第 67 页）

41《归纳科学史》，第 3 版，伦敦，1857 年，第 1 卷，第 46 页。

42 PIS，1847 年，第 2 卷，第 68 页。

43 同上，第 68—69 页。

44《剑桥哲学学会学报》，第 9 卷，1851 年，第 139—147 页。

45 杰文斯，《科学的原则》，第 2 版，伦敦，1924 年，第 504 页。还可参见恩斯特·阿佩尔特的《归纳理论》，莱比锡，1854 年，第 186—187 页；以及 J. 斯特罗的《现代物理学的概念和理论》，剑桥，马萨诸塞，1960 年，第 136 页。

46 杰文斯，《科学原理》，在上述引文中。

47 参见福勒的《归纳逻辑的要素》，牛津，1872 年，第 112—114 页。

48 同上，第 114 页。

49《查尔斯·桑德斯·皮尔斯论文选集》，剑桥，马萨诸塞，1958 年，第 7 卷，第 117 页。

50 同上，第 7 卷，第 220 页。还可参见第 7 卷第 58 页和第 7 卷第 115—116 页。在皮尔斯的著作中，类似的表述俯拾即是。

51 波普尔，《猜想与反驳》，纽约，1968 年，第 241 页。原文即为黑体。在其"三个论点中……"，波普尔坚持"在对**一种已知事件**的预言和对**新型事件**（物理学家们称之为'新效应'）的预言之间……有着很重要的区别"（前文所引之书，第 117 页）。

52 同上，第 242 页。

53 另一个重要的差异是波普尔很奇怪地不承认 CI_1 型的一致具有任何方法论上的重要性。

181

第 11 章 发现的逻辑缘何被摒弃？

在科学哲学中很难找到一个比"发现的哲学"废话更多、更混乱的问题领域。甚至连弄清楚这个概念都很困难。鲁斯·汉森认为发现的逻辑是个好东西，他提倡逆因推理，而这个方法实际上是对假说的评价法，而非发现法。汉斯·莱欣巴哈因坚持认为"发现的语境"因毫无哲学意义而臭名昭著，他倡导归纳的直接法则，这是一个用于发现自然规律的技巧——如果确实有过这种技巧的话。这里可不能低估卡尔·波普尔，他写了一本书叫作《科学发现的逻辑》，它否认了其题目所指的事物的存在。

在这种情况下，如果我说进行一些历史的探索会比较合适，大概不会有何不妥。无论运气如何，对于发现的逻辑的历史思想的分析，将使我们能够明白如果为弄清关于发现的哲学问题所做的努力有意义的话，那么其意义如何。

我全然不关心的是通过分析历史来弄清楚人们认为发现的逻辑应解决何种重要问题。如果近来重新兴起的寻找发现的逻辑的倾向值得认真对待的话，这一定是因为这样一个逻辑：一旦被提出，发现的逻辑就能阐明或澄清关于科学性质的一些重要哲学问题。可能通过研究这一传统的历史发展，我们就能分辨出在寻找发现的逻辑背后的是何种问题。

在我们开始讨论历史之前，一个澄清性的导言是适宜的。"发现的逻辑"这一术语，像"发现"这个词一样，其模棱两可的程度是非常有名的。如果人们把证明的逻辑看作主要关心与众所周知的"已完成的研究报告"有关的对证据的研究，那么发现的逻辑（被解释为处理一个思想在被最终认可之前，其在每个历史阶段的发展与表达）的范围是相当广阔的。它将包括说明一个理论最初怎样被创造出来、怎样得到初步的评价和检验、怎样被修正等。我不打算这样宽泛地解释。在发现的语境和最终辩护的语境之间，有一个下层的区域，我称作探索的语境。[1] 182

在探索的语境中，其限制可能要比对发现的限制（如果有限制的话）更严格一些，但比信念与赞同所要求的限制要宽松得多。这种三分法具备通常的两分法所不具备的优点。首先，这三个语境标示出一个概念的时间史。它首先被发现，如果人们发现它值得探索的话，它就被加以考虑了。如果进一步的评价证明其值得相信的话，它就被接受了。更重要的是，这种三分法防止我们将一些本应区分开来的行为和形式评价方式混为一谈。例如，皮尔斯和汉森都把"逆因推理"理解为一种科学发现的技巧。但它绝非此类事物。正如韦斯利·塞尔曼和其他人所指出的那样，逆因推理并不告诉我们怎样创造或发现一个假说。它对（可能具有创造性的）过程不加分析，反而告诉我们何时一个思想是值得探索的（即当它能解释某些我们感到好奇的事物时）。由于把逆因推理称为部分的发现的逻辑，汉森应该因其模糊了发现的逻辑的真正性质而受到责备，皮尔斯也是如此，只不过程度稍弱一点。同样，很多汉森的批评者错误地认为，既然逆因推理根本不是发现法，它必然属于辩护的语境。争论的任何一方都没有看到逆因推理很自然地既不属于发现，也不属于证明，而属于探索。

然而，本章前半部分的目的并不是要参与一场现代哲学的争论。相反，我的目标是考察关于发现的逻辑的观点的历史发展，以探明为何在我们的哲学前辈那里，关于理解发现过程的乐观主义和紧迫感被悲观主义取代。

如果这些有争议的序言能使我说明在这里我关心的是与科学发现而非科学探索相关的观点，那么它们就达到目的了。因此，我将把发现相当狭义地解释为"我找到了"的那一瞬间，即一个新思想或新概念最初出现的时刻，并且我将把发现的逻辑看作可

183 以据以产生新发现的一套规则或原则。这样做的哲学理由在于，**只有**通过这一解释，才能赋予当前关于发现的逻辑是否存在的争论以意义。如果这个术语被宽泛地解释以至于包括了探索的含义，我认为没人会否认存在指导发现的法则或一般原理。

一个具有重大意义的事件发生在 19 世纪科学哲学的发展进程之中。阐明科学发现和概念形成的逻辑这一任务（这从亚里士多德的《后分析篇》开始就是认识论的中心任务）被放弃了。代替它的是一种截然不同的工作，即阐述一种事后的理论评价的逻辑，这种逻辑本身并不关心概念怎样产生或理论最初是怎样阐明的。这一转变是哲学思想史中最为重要的分水岭之一，即两种相去甚远的关于知识应当怎样合法化的观点的最基本的分裂。

在整个 17 世纪和 18 世纪（就和古代一样），阐明一种发现的推理法（即一种发明的艺术）这项事业非常繁荣。培根、笛卡尔、

波义耳、洛克、莱布尼茨和牛顿（只提一下这几位最突出的人物）
都相信有可能制定出关于"有用"的事实和大自然的理论的发现
的法则。到 19 世纪后半叶，这项事业被放弃了，被皮尔斯、杰文
斯、马赫和迪昂这样的科学哲学家毫不含糊地批判了。本章就是
一个思考性的尝试，想要说明发现的逻辑的历史命运之变迁。之
所以是思考性的，是因为篇幅不允许呈现详尽的历史性文献，而
为使这个叙述令人信服，会有人要求提供这些文献。我更谨慎地
把目标定为至少使这个叙述看上去可信。

　　建立一种发现的逻辑的需求通常建立在两个颇为不同的动机
之上。一方面，存在着启发性的和务实的问题，即怎样加速科学
进步的步伐，以及怎样通过阐述卓有成效的发明和创新法则来更
快地做出新发现。（这个问题的这个方面在培根的学说中尤为突
出，尽管在笛卡尔和莱布尼茨的思想中也同样有着清楚的迹象。）
另一方面，从哲学的观点来看更重要的是，存在一个**认识论**问
题，即怎样为我们关于世界的论断提供一个合理的保证。如果能
发明出一种极为简单的发现的逻辑，就能同时解决两方面的问
题。它能够成为一个产生新理论的工具，同时，由于它是不可错
的，它将自动地保证由之产生的任何理论在认识论上是有充分根
据的。

　　第二种功能是至关重要的。就像绝大部分 17 世纪和 18 世 184
纪的著者们设想的那样，**一种发现的逻辑将会在认识论上成为一
种证明的逻辑**。不同于现在，那时在发现和辩护的语境之间并没
有什么区别。这并不是说我们的前人认识不到发现和证明之间的
区别，他们能够并且经常认识到这点。但是他们相信一种合适的

（即不可错的）发现的逻辑将会自动证实自己的成果，因而一种单独的证明的逻辑将是多余的。他们一心一意要建立起发现的逻辑，并不是因为他们不关心知识的证明问题，而恰恰是因为他们认为证明的问题至关重要。

让我进一步揭示这一点。简而言之，关于怎样证明自然哲学的断言是真正的**知识**，自古以来已经形成了三种相互竞争的观点。一种可能的说明是——它对应于 20 世纪一种熟悉的对笛卡尔的拙劣模仿——科学论断是自我证实的。只要理解它们，就会看到它们是正确的，并且没有其他可能。在哲学史上几乎没有任何重要人物，包括笛卡尔，认为绝大多数科学理论可以以这种方式证实。实际上，所有著者都同意关于世界的科学真理只能从关于这个世界的经验材料中"推导出来"。他们一致认为典型的、不包括事后证据的科学理论并没有什么保证性的程序。但在这点共识以外，有一个重要的路线上的分歧。其中一派——我将称之为结果主义者——相信理论或断言可通过观察与比较其（子集中的）结果而加以证明。如果一个经过适当选择的范围内的结果被证实是真的，就可以认为这给确定这个理论的正确性提供了认识上的依据。第二派，也是更占优势的一派——我将称之为**产生者**——相信理论只能通过证明其在逻辑上遵循那些直接从观察中得出的陈述（使用某些据称能确保正确性的运算法则），才能得以确立。

本章的大部分内容主要关于结果主义者（他们倾向于强调假说和事后的证实）和产生者（他们相信发生性的运算法则是证明的理想策略）之间的争论。首先需要强调的是两派人——包括第二派，他们赞成发现的逻辑——都**主要关心理论证明的认识论问题**。我认为，产生者们建立一种发现的逻辑的纲领的历史变迁是 185 完全难以理解的，除非人们意识到寻找发现的逻辑的理由主要是为了给证明提供一个合理的逻辑。

杜威和波普尔曾强调过，认识论的大部分历史都显示出一种不可错主义的倾向。亚里士多德和柏拉图、洛克和莱布尼茨、笛卡尔和康德，他们都赞成这种观点，即正当的科学包括既是真的，又据人们所知为真的陈述。为给一个断言提供认识论的理由，即表明它是"科学的"，就要指出推论的证据和法则，二者共同保证了其正确性。我们很快就会看到这种不可错主义的倾向是与产生者和发现的逻辑紧密相连的。

在古代的天文学家和医生中，结果主义是一种流行学说。希波克拉底传统和解释现象的传统提倡应根据对其结果的正确性的评价来判断一个理论。[2] 这些思想家们远远避开了理论可以以某种方式得自观察这种观点，他们强调根据理论经受观察和实验检验的程度对其进行事后评价的必要性。

但柏拉图和亚里士多德，在知识问题上是彻底的不可错主义者，他们很快就看到了结果主义的缺点。根据一个理论的结果的正确性来主张这个理论自身的正确性——正如他们意识到的那样——是一个逻辑上的错误（即所谓肯定后件的错误）。他们很正确地主张不可错主义的科学观与任何形式的结果主义确实是不相容的，即与任何形式的后验的经验检验不相容，因为结果主义在逻辑上并非结论性的。如果理论应当必然为真的话，这种证实不能来自任何（非穷尽性的）对其结果的正确性的调查。

由于结果主义通常被认为在经验上是非结论性的，绝大部分相信科学是不可错的知识的著者都选择了某种形式的发生主义。毕竟，如果能在从特殊到一般的推理中发现保持正确性的法则，**并且**能够获得可靠的特殊性（几乎没人认真地怀疑过），那么人们就能拥有证明科学作为不可错的知识所需的全部条件。其要点在于：如果人们在寻找不可错的知识，并确认了肯定后件的错误之处，那么证明的逻辑唯一可能的希望就在于寻求一种能保证正确性的发现的逻辑。除极特殊情况外，[3] 不可错主义不可避免地 186 引向了发生主义（尽管反之并不成立），并导致发现的语境和辩护的语境之间任何重大区别的消失。

所以，发现的逻辑的吸引力部分地与一种不可错的科学观的流行联系在一起。只要后者还很时髦，前者就可能流行。但这种联系只是一个非常复杂的故事的局部。这个谜题的另一部分与关于科学的目标的观点密切相关。

我们可以通过观察我们自己的时代来促成这种联系。如果在今天对发现的逻辑的可行性有一种普遍的怀疑，那么这部分是由于我们中的绝大多数人都无法想象有可能有一些法则，能将我们从实验数据引向如量子理论、广义相对论和 DNA 的结构这样的复杂理论。我们共同认同的重要科学范式几乎都涉及理论性的实体和过程，它们在推理上与其所说明的数据相去甚远。存在着某种法则，能引导人们根据相片底版上的轨迹得出关于亚原子粒子精细结构的结论，这是不太可信的。但假设我们的科学范式则完全不同，具体来说，假设它们是"所有乌鸦都是黑的""所有气体受热时都会膨胀"或"所有行星都在椭圆轨道上运动"这样的类似于定律的陈述，情况又会如何呢？如果我们把这些看作科学研究的重要成果，那么可能存在某种从证据到已发现的理论的运算法则的观念看上去就不那么奇怪了。（实际上，简单枚举归纳、皮尔斯的"定性归纳"和莱欣巴哈的直接法则很显然都是这样的法则。）

要点即在于此：如果我们希望科学主要包括关于可观察的规律的普遍性陈述，那么从一个或多个特例推导出普遍性的机械法则并非绝无可能。相反，如果我们希望科学涉及"深层的结构"和说明性的理论（其中某些重要概念并无观察上的对等物），那么发现法则是否存在就非常可疑了。

这种对比的历史意义在于，在科学的目标被视为寻找经验法则的时代，对发现的逻辑的研究比在把重点放在发现说明性的深层结构理论的时代更加流行。这个猜想得到了历史记录的证实。因此，在 18 世纪的绝大部分时间里，当培根和牛顿已经说服绝大多数哲学家猜想性的理论和不可观察的实体该被放弃的时候，　187
发现的归纳逻辑在经验主义者中是很流行的。休谟、里德、达朗贝尔、普里斯特利和很多启蒙时代的哲学家都理所当然地认为存在着一种归纳的发现工具。类似的是在 20 世纪 30 年代和 40 年代，当哲学再次被这种强硬观点，即科学主要包括归纳性概括支配时，莱欣巴哈、科恩和内格尔这样的思想家投入了大量精力讨论各种发现的归纳法。

形成对比的是，当经验概括被看得很平凡，理论主要被构想成宏大的本体论框架并充斥着不可观察的实体时，归纳性的发现的逻辑就被忽视了，在某些情况下，其存在都被否定了。这在 19

世纪许多思想家（如休厄尔和玻尔兹曼）那里都是真实的，他们对自己时代的主要理论的非观察的特性印象深刻（在这里尤其重要的是光的波动说和原子论）。在我们自己的时代，当几乎没什么主流哲学家对经验规律的发现表现出很大兴趣时，这种情况看起来也是真的。

但历史记录也表明我们的先验分析在某些方面过于草率。发现的逻辑涉及某种形式的枚举归纳，只有那些相信"观察性定律"代表了科学研究的哲学家才会认真对待它们，这倒是真的。但还有其他非归纳的发现的逻辑被那些关心对成熟理论进行分析的哲学家引入。实际上，如果我们对很多18世纪和19世纪的科学哲学家（包括哈特利、勒萨热、普里斯特利和皮尔斯）的著作[4]进行仔细研究的话，我们经常找到一种对发现的模式或方法的兴趣，它们相当不同于枚举式归纳。我将把这些称为"发现的自我校正的逻辑"。这种"逻辑"涉及将一种运算法则应用到一种复杂的组合中，它包括一种被替代的理论和一个相关观察（通常是反驳了前一种理论的观察）。设计出这种运算法则是为了产生比旧理论"更正确的"新理论。这种逻辑被认为与数学中各种不同的自我修正的近似法类似，在这种方法中，一个初始的假设或假说被成功地加以修正，以产生修正过的、确实更接近于正确值的假定。

这种形式的发现的逻辑的吸引力在于，和归纳性的发现的逻辑不同，它并不排他性地将自己限制在关于可观察事物的陈述之中。探索这样一种发现的逻辑的目标是构建一种足够丰富的逻辑，它能处理理论的深层结构的起源。很不幸，如我将在第14

章中表明的那样，在一个半世纪的探索中，许多重要思想家都没　188
能完成这一自我修正的计划。（如皮尔斯，在放弃这个计划之前
为之奋斗了整整四十年。）没有人能提出合理的用来修正较早理
论的法则，以便在面对新证据时能产生确实优于过去理论的替
代物。

到目前为止，我没有摆出史料，而是提供了一些概念上的准
备，我希望利用它们来使历史变得可被埋解。历史故事其实很好
讲述。绝大部分 17 世纪和 18 世纪的著者在认识论上都是不可错
主义者，因此，他们主要关心发现的逻辑，而非一种检验的、为
真正科学提供不容置疑的保证的逻辑。在这个时期的经验主义者
（尤其是洛克、牛顿和休谟）中，有着一种更深的信念，即可观
察事物的法则（而非说明可观察事物的"转换性理论"）是真正
的科学的标志。这也使得一种辩护性和归纳性的发现的逻辑变得
有说服力。

到了 18 世纪 50 年代，这幅图景越发模糊不清了。我已在第
8 章中表明，说明性理论再度风靡（精微流体、原子、以太等）。
相应地，从"归纳性的"发现的逻辑向自我校正的理论发现的逻
辑的转变发生了（这在哈特利、勒萨热和普里斯特利的著作中非
常突出）。然而，不可错论仍是认识论上的正统观点。

到了 19 世纪 20 年代和 30 年代，不可错论自身开始崩溃了。
赫歇尔、休厄尔和孔德都承认没有一套规则能直接产生正确理
论。可错论开始形成，从对起源的分析向对理论的事后评价的转
变发生了。有人主张理论无法被证明是正确的，我们最多只能指
望它们可被表明是有可能的或可几的。在这种倾向中，辩护的任

务就变得适度多了（尽管仍很棘手），只需表明理论是有可能的。一旦认识论上的可错论代替了不可错论，通过检验理论的结果来证明理论的可能性又变得可行了。因为一旦辩护不再被当作一种证明，所有与事后证实对证明理论无效类似的论述都不再有效。

因此，非生成性的辩护的逻辑和认识论上的可错主义在 19 世纪同时出现，联合起来使得发现的逻辑对认识论来说变得多余。这些思想的汇合在赫歇尔和休厄尔的著作中表现得很清楚，他们是最早强调理论应独立于其产生的方式来加以检验的科学哲学家。

189　　赫歇尔非常简洁地表述了这点：

> 因此，在研究自然时，我们不应拘泥于如何获得对一般性事实（即定律和理论）的认知：只要我们发现后能仔细加以验证，就应满足于从任何可能的来源获取它们。[5]

赫歇尔的观点并未涉及对发现的逻辑的否定，他只是强调一个假说的产生方式与其评价或证明无关。休厄尔则更进一步，直接否认存在一种科学的发现的逻辑：

> 科学发现始终依赖某种灵感，我们无法追寻其起源。某种幸运的才智超越了任何法则。没有什么法则必然会引导我们走向发现。[6]

休厄尔和赫歇尔所指出的（其同时代人孔德也做了类似的论

述）是：（1）对理论的评价可独立于其产生环境；（2）即使这种评价模式是可错的，相较于任何可错的发现的定律，它与证明的过程的关系更密切。更早的哲学家们曾相信，只有通过一种发现的逻辑，理论才能得到辩护，赫歇尔、孔德和休厄尔切断了这种联系，主张证明无需依赖于产生方式。

这种转变甚至要比我所描述的更激烈。在"产生者"看来，一个理论的至关重要的证据——实际上是一个理论唯一的证据——存在于那些在时间上（因此也是在经验上）先于这个理论的观察之中。毕竟，理论是从这些资料中推导出来的。但在赫歇尔、休厄尔和孔德开始研究方法论之后，他们彻底地改变了这些关系。如我在第 8 章所述，他们强调一个理论的最有力的证据是那些在这个理论被建构时还无法获得的证据，因此，这些证据在理论形成过程中并未被使用。他们极为倾向于削弱理论的创造者能获得的证据的重要性。因此，"新一波"的方法论家不仅认为一个理论的根源无关紧要，**他们还很坚决地认为，用以产生一个理论的资料所应拥有的证据（在发现的逻辑中曾是独一无二的证据形式）的分量应小于那些在发现的语境中还一无所知的资料所应拥有的证据的分量**。休厄尔很简要地表述了这一点："通过充 190 分说明它最初打算说明的现象"，一个理论借此获得了某种合理性，但只有当它"说明了它原来并未打算说明的现象后"，才得到了完全的"证实"。[7]

19 世纪 30 年代和 40 年代的方法论家要求将证明从发现中分离，这很快就成了哲学上的正统。对这种分离缺乏认真的反抗是可以理解的，只要人们能认识到辩护已经成了全部问题中最重要的一个问题。一旦辩护已经从证明中分离出来，并提出有说服力的辩护方式以绕开发现的语境，绝大部分科学哲学家很愿意用一种界定发现后的经验支持的纲领来代替寻找一种发现的逻辑的纲领——这种纲领已经被前文所述的原因破坏了。

后来居上的这种纲领，当然已经成了19世纪中期以来绝大部分科学哲学的主要特征。某些近期的著者可能会想重新唤起一种对发现的逻辑的兴趣，大概会把它看作某种与辩护的逻辑完全不同的事物。在此意义上，他们的目标与发现的逻辑的传统目标颇为不同。较老的发现的逻辑的纲领至少还有一个清晰的哲学上的理论基础：它所关注的是一个毫无疑问很重要的哲学问题，为接受科学理论提供认识论上的保证。相反的是，比较新的发现的逻辑的纲领，尚未明确说明其所关注的科学哲学问题是什么。

在本章中，我已试图表明寻找一种发现的逻辑的最初动机是为了说明关于世界的知识性论断的合理性。阐述一种不可错的发现的逻辑的纲领从未成功过，但这一失败只能部分地解释科学哲学家们对它的放弃。在这里同样重要的是认识论上的可错论与理论的事后检验逻辑同时出现，这些发展使得发现的逻辑在认知问题上变得多余。它现在仍然很多余。

同时，应该强调的是科学中也存在着几个重要的启发法的问题：我们怎样才能使得新的、有希望的理论和定律的产生速度变得最快？一旦一个理论被反驳，应该用何种方式来对之加以调整以容纳难以解释的数据？事后辩护的逻辑在这里毫无建树，而且根本不能完成原本设想由发现的逻辑来承担的启发法的任务。这种辩护的逻辑也不能完成任何与被称作启发法的这部分方法论相联系的其他任务。但在认为发现的逻辑仍具有哲学上的理论基础之前，人们必须问：就研究理论的起源而言，什么是明确的**哲学性**的东西？简而言之，一个理论是一个人造物，可能由某种工具形成（例如关于"搜索"的固有法则）。对产品生产方式的研究（不管是黏土罐、外科解剖刀还是维生素药丸）通常并未被当作一种哲学活动。而且，很正确的是，对这种研究来说合适的技巧都是经验科学的技巧，如心理学、人类学和生理学。艺术哲学家作为哲学家并不关心一个雕塑是怎样从一块花岗岩中凿出来的，法律哲学家也不关心起草一条法律的技巧。类似地，统治着那些创造理论的技巧的法则（如果真存在这种法则的话）是哲学家声称他们有兴趣或擅长的东西，情况理应如此。如果本章为"为什么发现的逻辑被放弃了？"这个问题提供了部分解答，那么它重新提出了一个挑战："为什么要复兴发现的逻辑？"对这个问题，有可能给出一个令人信服的正面答案，而托马斯·尼克尔斯最近的工作成果在这一领域做出了有希望的探索。[8] 但不管发现的逻辑最终在何种外表下出现，很显然其传统的认识论作用已被检验的理论很充分地代替了。

注释

1　有关此问题的讨论，参见拙著《进步及其问题》，伯克利，1977 年，第 108—114 页。

2　尤其应参见皮埃尔·迪昂，《为了解释现象》，芝加哥，1973 年。

3 我所指的条件有两种：（a）如果人们相信一个理论的所有结果都是可检验的，那么结果论与不可证伪论就是相容的；（b）如果人们相信所有可能的理论都可用穷举法逐条加以列举和拒斥，那么结果论与不可证伪论也是相容的。对于否认这两种假定的诸多著者来说，不可证伪论排除了任何形式的结果论。

4 对于这些著者的科学方法论观点的详细讨论，见第8章和第14章。

5 J. F. W. 赫歇尔，《试论自然哲学研究》，伦敦，1830年，第164页。

6 W. 休厄尔，《归纳科学史》，第2版，伦敦，1847年，第2卷，第20—21页。

7 W. 休厄尔，《归纳科学史》，第3版，伦敦，1857年，第2卷，第370页。

8 尤其应参见 T. 尼科尔斯所编的《科学发现、逻辑和理性》（多德雷赫特，1980年）中的导论。

192

第 12 章 略论 19 世纪的归纳与概率

本章很短，主要讨论科学哲学的历史发展中最令人困惑的两个特征。首先，为什么科学哲学家们花了那么久时间才使概率论的技巧对科学推理产生影响？为什么我们不得不等到斯坦利·杰文斯和 C. S. 皮尔斯在 19 世纪 70 年代——而不是休谟在 18 世纪 40 年代或穆勒在 19 世纪 40 年代——才有人系统地论述归纳逻辑是建立在概率理论的基础上的？更奇怪的是，杰文斯广泛宣扬的试图将归纳"还原"为概率的努力被绝大多数"归纳逻辑家"拒斥（皮尔斯是个主要的例外），其纲领沉寂了近半个世纪，直到凯恩斯、卡尔纳普和莱欣巴哈在 20 世纪 20 年代和 30 年代才将之复兴。是何种障碍使得我们的前人不能接受这样一个很多当今科学哲学家认为显而易见的常识，即概率理论为归纳逻辑提供了概念？在本章，我想为这些非常复杂的历史之谜提供一些初步的答案。

我们的两个难题中，第一个要比第二个容易解决。将概率应用于归纳直到 19 世纪才得到认真对待，主要是因为与所谓归纳推理的结论相关的不确定性或疑问并未被重视。实际上，在 19 世纪中叶以前发展起来的每个主要的归纳理论都被认为保证了其所导出的结论的正确性。培根、胡克、兰伯特、赫歇尔、牛顿、休厄尔和穆勒，这些观点各异的思想家们都曾讨论过不同形式的、据称是不可错的归纳推理。尽管所有这些著者都意识到了简单枚举归纳的非结论性，他们仍相信其他已有的归纳主义策略将会不可避免地导向正确的结论。因此，穆勒的归纳推理四标准、培根的表格、休厄尔的归纳一致法和赫歇尔的"第一顺序归纳"都被设计成对公认理论的不可错的检验。

在对一门不可错的经验科学的可能性颇为乐观的知识氛围中，几乎没有什么人想到把概率理论的技巧应用于科学推理的分析中，这没什么好惊讶的。既然科学推理的结论被认为是肯定的而非或然性的，将或然论的技巧引入科学推理的理论中看上去会是一个认识论的分类错误。

作为一些我不能在此加以讨论的发展的结果，这些归纳逻辑中的每一种都被发现并不具有保证其所产生的命题之正确性的内在机制。此外，每种逻辑都依赖极具争议的假设（例如，穆勒的有限多样性原则）。随着人们对所有已知的归纳逻辑的局限性的认识日益增长，大约在 19 世纪中叶，很多方法论家开始认为科学推理的结论并不是肯定的，而仅仅是可几的。归纳逻辑越来越被视为一种评价相互竞争的科学理论和假说的相对可能性的工具。方法论家们开始讨论科学理论或多或少是可几的，是值得理性信赖的。自然科学中盖然论技巧日益增长的重要性进一步刺激了这项运动。本生和基尔霍夫已经运用统计方法分析太阳光谱的元素构成，赫歇尔对水晶极性的研究和米切尔对双星的早期研究也使得科学哲学家们的注意力转向统计推理问题。

正是在这种背景之下，哲学家们才开始认真考虑数学上的概率论有可能对科学逻辑做出某种重要贡献。毕竟，概率论的理论家们——尤其是拉普拉斯——曾在一个多世纪前就研究过原因的概率。尽管这一努力在 19 世纪上半叶基本上被归纳论的逻辑家们忽略了，但对经典归纳理论的放弃所导致的危机使得科学哲学家们很自然地想知道，是否可能通过数学上的概率论，尤其是人们所知的逆概率理论来解决这一难题。很明确，人们开始试着将归纳逻辑还原为逆概率理论。

无论采用何种特定形式将归纳还原为概率，总有某些归纳原理要保留，这些原理早在概率的详尽理论被引入认识论之前就已被阐述和证明过了。它们作为**充分性**条件发挥了有效作用，清晰地阐明了任何对归纳的概率性重建都必须满足的某些最低条件。其中 [2] 包括以下几点： 194

（1）任何未被反驳的假说的概率必定处于零与一之间（它们分别代表了不可能性和肯定性）；

（2）任何假说的概率必然随着证实性例证的增加而提高，但并非以一种线性的方式；

（3）如休厄尔和赫歇尔所述，[3] 成功地说明或预见惊人的现象要比成功地预见普通的现象使假说更具可能性；

（4）在相同的证据支持下分配给一个科学理论和一个单纯的经验性概括的可能性一定是不同的。

任何不能满足这些预定条件的概率理论不能被视为一个合理的"说明"，即对科学家关于其理论的可能性的阐述中所涉及的"可能的"一词的意义的说明。正如我们下文将要说明的，不同的归纳概率理论都没能满足这些条件，最终（至少在一段时间内）都放弃了将归纳还原为概率理论的纲领。

根据概率理论来重建归纳的第一次重要尝试是奥古斯都·德摩根做出的。[4] 简要地说，他试图将一般分解定理和贝叶斯定理的一种形式应用于科学假说的概率问题。德摩根主张，概率理论的两个原理提供了一个根据其后验概率在科学假说间进行选择的标准。乔治·布尔在其《思维规律的研究》中不同意德摩根的看法。布尔基本上承认，贝叶斯式的推理确实能够再现我们关于科学假说的概率的很多预先直觉，并且可以描述那些概率怎样受到描述性证据的影响。然而，布尔坚持认为德摩根的工作是徒劳的，因为贝叶斯定理的应用涉及两个完全任意的因素：

（1）对假说的先验概率的指定；

（2）$p(E/-H)$ 的值的决定。

布尔声称这些因素使得贝叶斯的推理甚至比他所谓的我们关于科学假说的概率的"朴素的直觉"更武断和更成问题。这些弱点足以使布尔相信"概率理论的原理［不能］引导我们选择……［科学的］假说"。[5] 德摩根将归纳还原为数学概率的纲领几乎没有什么追随者。实际上，在接下来的十年里，概率论者们输掉了一系列的战斗。穆勒主张概率理论仅与经验概括的证明有关，而与科学定律无关，因此概率理论就与成熟的科学逻辑无关。弗莱斯从另一角度出发，在 1842 年主张——这成了一个普遍共识——理论的概率仅涉及事件的相对频率，而科学研究所要求的是对信念的概率的计算，（弗莱斯认为）这无法还原成相对频率。在给他所说的"数学上的概率"和"哲学上的概率"做区分时——这一区分非常接近于后来卡尔纳普所说的归纳概率和哲学概率——弗莱斯表明哲学上的概率与数学上的概率是不相容的，这个论述被很多概率理论的批评者重复，包括阿佩尔特（1854年）、库诺特（1843年）和德罗比施（1851年）。

到 19 世纪 70 年代早期，绝大部分归纳逻辑家们很显然已经放弃了通过将归纳还原为概率理论来为归纳的危机寻求一种解决办法，这可能不无道理。正是在这种气氛中，斯坦利·杰文斯通过在其《科学原理》（1874年）中宣称"要想不依赖概率理论就以一种可靠的方式对归纳法进行详细说明是不可能的"，向正统观点提出了挑战。[6]杰文斯并不是一个喊口号的人，他把其 800 页的著作的大部分篇幅都花在证明这种依赖关系上。我想较为仔细地探讨杰文斯的论述及其批评者们的论述，因为后来的争论在很大程度上塑造了凯恩斯、莱欣巴哈和波普尔在 20 世纪 20 年代和 30 年代重新提出这个问题的形式。

杰文斯得出其结论（"归纳依赖于概率"）的论证链条是很奇怪的。他从一个在今天已是老生常谈，但在当时却很重要的前提出发，即科学定律仅仅是可能而非确定的。对于这个前提，他增加了一个形式逻辑的理论，并区别了四种形式的推理：演绎的和归纳的，概率的和非概率的。概率性推理是那些由具有概率性的命题作为前提或结论的推理。因此，概率性推理可以是演绎的或归纳的，而那些非概率的推理也可以采取一种演绎或归纳的形式。

在采取了这种基础性的分类之后，杰文斯进一步论述说：归纳"就是演绎的一种逆向应用"。[7]换句话说，如果将结论和大前 196

提互换位置的话，一种合理的归纳推理应当能产生一个有效的演绎推理。随后，他把注意力转向了两种形式的概率性推理：演绎和归纳的形式。演绎性概率推理的结论是肯定的，其逻辑就是普通的概率理论。然而，归纳性概率推理的结论却不是肯定的。因为科学推理是归纳性的，其结论仅仅是可几的，而归纳仅是演绎的倒转，所以杰文斯得出结论：科学推理是概率性演绎的逆转。这使杰文斯的问题变成了：如何确定一个概率性演绎的逆转的逻辑形式？对此，他相信拉普拉斯建立的逆概率理论提供了一个现成的解决方案。

可以用图表的形式来表示杰文斯的这种推理步骤：

	概率性的	非概率性的
演绎的	经典概率	三段论逻辑
归纳的	逆概率	？

（由于杰文斯的混淆，他完全忽略了对我们以及他的同时代人来说最重要的科学推理类型，即非概率性归纳论证。我稍后会回到这个问题上来。）

现在，我们来看看杰文斯是怎样试图根据逆概率来重建归纳推理的。杰文斯利用了两个逆概率的原理。其中一个涉及概率的原因。正如杰文斯所说（其实是在转述拉普拉斯）：

> 如果一定数目的原因中的任何一个都能产生一个事件，在推理上都是同样可能的，那么这些原因的……概率……与

这个事件由这些原因引起的概率是成比例的。[8]

杰文斯指出，这意味着：如果一个事件的若干可能的原因在先验上是同样可能的，那么使该事件发生概率最高的那个原因在经验上是最可能的。杰文斯所运用的逆概率的第二个原理是著名的拉普拉斯连续性法则，这套法则将事件的可能性与其过去发生 197 的相对频率联系起来。

手头有了这些工具，杰文斯开始试着进行他所承诺的对科学推理的逻辑重建。很快，问题乃至矛盾就出现了，杰文斯并没有完全意识到这一点。大概是在德摩根的启发之下，杰文斯认识到，连续性法则意味着，如果普遍理论和假说有什么确定值的话，那么它们的概率趋近于零。像八十年后的卡尔纳普一样，杰文斯最初好像愿意接受这种局面。如他所述，认为"远远超出其数据范围的推理很快就失去了任何可能性"[9]，这不无道理。然而，当这一悖论被应用到普遍科学定律时，他的忍耐力却颇低，因为在同一页中他含糊其词地坚持说，一个充分延长但仍有限的经验过程能使"归纳性假说的概率非常接近于确定"，[10] 该观点与连续性法则完全不一致。至于杰文斯的第一原理——关于原因的概率的原理，他能举出令人信服的例子表明它有时在科学的情况下得到运用。但该原理仍然存在严重缺陷。不考虑其要求我们了解一个因果性假说的先验可能性，即使抛开这一点，其难以弥补的弱点是它仅适用于在概率性假说之间进行选择。

如果几个假说在先验上是等概率的，并且都给观察到的现象的概率赋值为一，那么根据杰文斯的因果概率原则，它们在后验上也必须是等概率的。若一个假说**能包含**已有的证据，就像在假说演绎推理中经常发生的那样，那么杰文斯的因果原理就会强迫我们给这个假说的概率赋值为一。此外，杰文斯的法则使得在进一步的支持性证据出现时，无法估计单个假说的变化着的概率，皮尔斯和维恩很快都指出了这种情况。对杰文斯来说，一个普遍的非概率性假说在获得一个证实实例后，与获得一百个此类例证的效果是一样的。这一情况的出现是由于杰文斯的混淆。回想一下，当他谈到推理的四种形式时，他假定所有归纳性推理都是概率性的，即每个归纳性推理的结论都是一个运用了概率性语言的陈述。这个错误使得他有可能忽视非概率性归纳推理。

198　　实际上，如果人们仔细检视杰文斯的例子，就会有强烈的理由怀疑他是否认真尝试过建立一种证实理论。就其自身而言，杰文斯的例子并非关于确定任何一种特定的普遍性假说的概率，而是关于确定一组现象是某一规律性的因果性力量的结果的可能性。和拉普拉斯一样，杰文斯关注诸如此类的问题：行星偶然地沿着同一方向运动的概率是多少？恒星在我们星系随机分布的可能性有多大？如果太阳不是由氢组成的，那来自太阳的光谱线与氢的光谱线相一致的概率会是多少？在每个例子中，不论杰文斯分析得多么细致，他关心的或是单个事件的概率，或是一组数据显示出某种程度的规律性的概率。在这些例子中，他从未致力于研究根据已有证据来确定一个特定的普遍性假说的概率问题。

杰文斯的《科学原理》刚一出版，其所宣扬的将归纳还原为概率的理论就受到了几个人的攻击。其批评者包括约翰·维恩，他在自己的《机会逻辑》（1888 年）一书中用了一章来讨论概率和归纳间的联系。他轻蔑地提到了"杰文斯所采纳的奇怪学说，即归纳的原理完全依赖于概率理论"，[11] 维恩从多个角度出发提出了对杰文斯的分析的异议。具体而言，他认为：

（1）每次在将概率理论应用于具体情况时，都假定了归纳推理的可靠性，而不是反过来；[12]

（2）数学和哲学的概率是不同的，因为前者处理的是相对频率，而后者处理的是理性的预期；

（3）连续性法则在归纳逻辑中没有用，因为"我们的信念的力量……不仅依赖观察上的一致，还取决于复杂得多的因素"；[13]

（4）概率论最多能提供"信念的自然史而非其……证明"；[14]

（5）概率论仅提供从或然性的抽象化中推出演绎性结论的法则，它并不能告诉我们这种抽象化有多可靠，以及它得到何种证据支持；

（6）逆概率定理武断地要求我们给假说确定更高的概率；　199

（7）如果连续性法则被解释为具有普遍适用性的话，那么最受尊敬的理论的概率是零；

（8）作为归纳逻辑学家，当我们说一个定律仅仅是可能的时，我们只是在表达一种模糊的不信任，这种不信任无法用统计数据（至少是定量的方式）加以证明。[15]

由于这些缺点，维恩——以及杰文斯的许多读者——得出结论："认为［归纳逻辑］依赖概率毫无疑问是一种误导。"[16]

尽管杰文斯从未明确承认失败，但他默认了他将归纳推理还原为概率理论的尝试是失败的。通过在其归纳概率理论之外建立一种粗糙的、对普遍性假说进行**定性**证实的理论，他默认了这一点。实际上，在很多方面，这都是杰文斯的体系中最有意思的部分，因为这可被视作最早的对假说演绎法和部分可证实性理论的系统陈述。在描述这种方法时，杰文斯坚持认为对我们的假说所能提的全部要求就是它们与已有的证据相**一致**。在这种一致之外，我们无法就任何假说的可能性进行定量讨论，只能诉诸之前提到的四个直觉上的、前形式化的概率特征。在最后的分析中，杰文斯没有用正式的概率理论证明这些特征，甚至从未尝试过这一点。

杰文斯著作的矛盾之处，同时也是他分析的长处，在于他最复杂的科学推理理论是独立发展出来的，并没有参考他最初视为归纳推理基石的数学概率理论。杰文斯的两难境地是富有启发性的，因为在《科学原理》发表之后一百年间，类似的情况一再重演。和杰文斯一样，查尔斯·桑德斯·皮尔斯想要借助概率论来证明归纳推理。也如杰文斯一样，皮尔斯对科学逻辑的概率性重建失败了，然后，他转向了一种科学推理的非概率性方法。[17] 更为晚近的是波普尔和卡尔纳普之间的争论，往往围绕着杰文斯及其批评者之间的争论所涉及的那些问题。

但若要研究这些有趣的历史上的相似之处，这里的篇幅是远远不够的。我希望已经明确的是，19 世纪的著者对将归纳推理还原为概率的尝试的反对并非完全建立在盲目的偏见之上。凯恩斯在五十年前问道，19 世纪的著者怎么能那么仓促地就否定归纳的概率性方法？他似乎相信杰文斯对这个方法的论述是令人信服的。采纳了这样一种观点，凯恩斯——以及某些更为晚近的归纳逻辑学家——就忽视了杰文斯的论述是多么薄弱，以及杰文斯的概率分析对关于归纳推理和科学逻辑的性质的理解所做的贡献是多么少。

至于这一事件在评价概率性归纳的传统时应被赋予多大的重要性，这个问题已超出了本章的范围。我个人认为，当我们讲述概率性归纳更为晚近的历史，包括凯恩斯、莱欣巴哈和卡尔纳普的著作时，我们将会看到一个类似的故事：这个传统制造的问题要比解决的问题还多，它经常用形式上的优雅和对技术细节的偏爱取代对科学推理模式的复杂分析。换言之，我怀疑我所说的杰文斯的两难困境可能会被证明是概率性归纳的普遍困境。

注释

1　倘若约翰·斯特朗（他正在撰写关于这些问题的最具决定性的研究内容）没有突然辞世，本章就不会发表——因为他的著作会彻底取代这一章。

2　休厄尔、赫歇尔和穆勒等著者以不同形式表述了此类要求。意识到这些要求出现在概率理论的应用之前，这点非常重要。

3　参见第 10 章。

4　可在《大都市百科全书》关于"概率"的文章中找到德摩根对这一问题的讨论。

5　乔治·布尔，《思维规律的研究》，伦敦，1854 年，第 375 页。

6 S. 杰文斯,《科学原理》, 第 2 版, 伦敦, 1877 年, 第 197 页。

7 同上, 第 8 页。

8 同上, 第 243 页。

9 同上, 第 259 页。

201 10 同上。

11 约翰·维恩,《机会逻辑》, 第 2 版, 伦敦, 1888 年, 第 201 页。

12 同上。

13 同上, 第 359 页。

14 同上, 第 201 页。

15 同上, 第 211 页。

16 同上。

202 17 见第 14 章。

第 13 章　恩斯特·马赫对原子论的反对

导言

在那些记录对无望的事业的崇高支持的编年史中，恩斯特·马赫的名字经常与对原子和分子理论的反对联系在一起，此外还有像奥斯特瓦尔德、斯特罗和迪昂这样的人物。事实也确实如此，因为马赫从 1866 年 [1] 到 1916 年间的作品揭示了他对当时绝大多数原子论的极度怀疑，甚至是敌视。此外，马赫和玻尔兹曼之间，以及后来马赫和普朗克之间的争论主要集中于原子和分子方法在探索自然现象时的有效性。尽管马赫反对原子和分子理论这一事实众所周知且被广泛引用，他反对这些理论的具体策略却没有得到充分的研究和理解。马赫对原子论的立场与他在哲学领域，尤其是在科学逻辑和科学认识论领域的其他著作的关系，文献记载得更少。最后，马赫对原子论观点的批判与他在科学和哲学领域的同时代人的观点之间的关系几乎是完全不曾被探索过的领域。

本章的目的：（1）进一步厘清马赫对原子论的独特批判；（2）虽是尝试性的，但仍要说明这些批判与马赫关于科学知识的本质的总体观点在哪些方面存在联系，在哪些方面并无联系；
（3）初步探索马赫对原子论的批评所揭示的与他相关的思想传统
和从属关系。大概最好的出发点就是简要地审视现存的关于马
赫的反原子主义的根源和理由的两种观点，以说明为什么我发现
它们不能令人满意，然后再陈述马赫观点中积极的一面并为之辩
护。我将把这两种观点分别称为对马赫的反原子主义的感觉主义
的说明和对马赫的反原子主义的科学的说明。

感觉主义的说明

关于这一点，对该问题最常见的主张是，马赫对原子和分子
203 理论的保留态度源自其感觉主义认识论。[2]马赫相信可知世界仅
仅由感觉（或者用他更喜欢的说法："要素"）及其时空接触和相
互联系构成。任何对感觉之外的实体的提及，都是没有依据的。
所有对外部事物的谈论都仅仅是一种谈论我们真实的或可能的感
觉的简化方式。由于原子和分子在原则上处于我们的感觉之外，
它们从根本上就是不可感知的，任何谈论原子和分子的理论都是
无意义的。

以这种方式来看待马赫很有吸引力。它把马赫的《感觉的分
析》（1866年）置于对马赫思想的任何解释的中心位置，从而在
其抽象的哲学关注和具体的物理学之间建立了适当的联系。（顺
便提一下，这也使得近来的哲学家们有可能通过指出马赫对原

子论的保留态度是建立在一个不可信的认识论陈词滥调——世界完全是由感觉组成的——上的，来把他的这一态度轻易地忽视掉。）

但尽管这种方法看起来很有道理，它无法成为对马赫在原子问题上的立场的**总体**说明，而且这种解释也无法承受那些人强加给它的解释性重担，他们认为感觉主义是马赫的理论建构方法的哲学基石。让我非常简洁地评述一下其弱点：

（1）从时间上来看，该解释毫无意义，因为早在他成为一个坚定的感觉主义者之前，马赫就已提出了对原子论的可行性和有效性的怀疑。在《感觉的分析》问世前二十五年，以及在他建立起这部著作所暗示的现象主义认识论整整十年之前，马赫就已经表达了对原子与分子理论的最严肃的保留态度。那些把马赫的感觉主义视为他对原子论的看法之基石的人，必须在没有任何实质性证据的情况下声称，马赫在发表关于认识论和一般哲学问题的任何作品以前就已经采纳了一种感觉主义的方法。[3]

（2）更值得关注的是下述事实：马赫对原子论的明确批评很少以感觉主义理论为基础。如我将在后文所述，马赫对原子和原子论的大部分保留意见都与无法将原子还原为感觉这一观点没有任何关系。其论述来自他哲学体系的其他方面，与他的感觉主义的命运没有关系。

（3）然而，更能说明问题的是，对马赫在原子论问题上的立场的感觉主义解释太多了，它不能说明为什么是原子和分子理论特别地违反了马赫的自然哲学的感觉性。就像马赫自己一直宣称的那样，实际上每种科学理论都假设了超出我们感觉经验的事物。谈论氧气、热、重心或重力，就是在我们的感官体验中附加或引入一种心智的观念。甚至以习惯的方式将桌椅称为永恒不朽的物质对象，也使人深陷远超出感觉的理论建构的假设之中。[4] 然而，马赫并没有建议我们放弃我们的化学元素理论、统计学或天体力学。尽管实际上几乎所有科学理论全都远远超出知识的感觉主义所能允许的合理说明范围，但他并不反对理论化，也不反对他的时代的绝大部分科学理论。很显然，如果想要了解究竟是什么使原子与分子理论在马赫看来显得多余，我们必须在其他地方而非在感觉主义中寻找这种焦虑的来源。

科学的说明

那些倾向于否定任何试图在其哲学中寻找马赫的原子论立场的尝试的学者，以及那些想用马赫**科学**生涯中的某些重要方面来解释他对微观领域理论的保守态度的学者，是关于马赫的编史学的另一极端。因此，在关于马赫思想的一部重要研究著作中，欧文·希尔伯特指出，马赫在年轻时放弃原子论是出于两个直接的科学原因：（1）因为马赫发现了某些似乎无法用原子论解释的经验现象（尤其是涉及元素光谱的现象）；（2）因为在 1865 年以后，马赫绝大部分关于声学、共振和心理问题的科学著作都关注宏观水平上的问题，而原子与分子理论似乎是与之不相干的。[6]

实际上，希尔伯特甚至声称，如果马赫从事的是其他物理学领域的工作，"马赫很有可能会对原子论的概念宽容得多"。[7]

以这种方式来看待马赫在很大程度上是没有问题的，尤其是因为它正确地强调了马赫工作的发展维度。但对我而言，它就和感觉主义说明一样，仍未能很好地说明马赫反对原子论的一些基本原因。让我在这里列举它的一些主要缺陷：

（1）如果希尔伯特是正确的，即马赫对原子论的敌意与他的研究关注点的转变一致，那么就很难理解为什么马赫即使在其早期著作中使用原子论时，就已经对其在科学上的可信性提出了严厉的质疑。如希尔伯特自己所指出的，马赫早期的《医学物理学纲要》（1863 年）既因其对原子学说的保留态度而引人注目，也因其对原子学说的广泛应用而成为经典。在这种情况下，借助一种从传统物理学向宏观或心理物理学的转向来说明马赫对原子论的厌恶并无说服力，因为马赫对原子与分子理论的保留态度甚至在他仍研究"微观物理学"时就已经出现了。

（2）如果马赫对原子论的反对主要是实验上的反对（希尔伯特反复强调这点），那么很奇怪的是，在马赫讨论原子与分子理论的绝大部分场合，他都没能列举出这种理论已知的在实验上的弱点。与 19 世纪晚期原子论的其他反对者——如斯特罗、赫尔姆、布罗迪、奥斯特瓦尔德和米尔斯等人——形成鲜明对比的是，马赫很少，甚至可能不曾仔细地检查过他的时代的微观物理理论所面临的反常经验现象。我相信，这是因为马赫并不想仅仅证明原子论是假的。更准确地说，他想要证明，作为一种理论模式，原子论是不合适的和危险的，而要确立这个普遍的论题，他

205

所需要的不只是一些反驳。

希尔伯特认为，如果马赫是在物理学的其他领域或在化学领域中工作，他在原子论之争中的立场可能会有所不同。我们应当记住，在19世纪，对原子论的适当性的看法，无论是在这些理论处于主要地位的领域，还是在和原子与分子理论相去甚远的领域，都在科学家中引起了分歧。还应指出的是，在那些使用原子论和那些与原子论没有瓜葛的科学家中，对这个理论所产生的认识论怀疑是一样多的。[8] 开尔文、迪昂、凯库勒和彭加勒等人的科学兴趣各不相同，但他们都在其生涯的不同阶段对原子与分子理论提出过严重的怀疑，这一事实表明，怀疑的来源与一个科学家所研究的问题的关系远没有希尔伯特所认为的那么密切。

206　　**马赫的怀疑论的方法论根源**

但是，我们发现自己正处于解释上的真空之中。如果既不是抽象的认识论，也不是具体的物理学造成了马赫的焦虑，那么它从何而来？对这个问题的回答是，马赫的保留态度并不是源自其感觉主义，而是源自其方法论，这将成为本章最重要的主张之一。而其方法论与其说来自其知识理论，不如说来自其关于科学的理论。

换言之，我的主张如下：正是马赫关于科学研究的目标和方法的观点，构建了他据以发展起来的对原子与分子假说的绝大部分批评的框架。这个论题的一个更普遍的推论是，如果我们希望了解 1860 至 1910 年间的原子论之争中的真正利害关系，我们应当更多地关注科学哲学，尤其是在马赫的同时代人中发展起来的科学哲学，而较少关注在 19 世纪晚期的哲学家（包括马赫本人）中发展起来的认识论。

这也不足为奇，马赫在科学方法论上的著作是他在感觉主义认识论上的著作的十倍。实际上，他几乎所有的主要著作要么是关于科学方法论的小册子，要么都有很长的篇幅论述科学研究的适当方法和程序。从《能量守恒定律的历史和根源》（1872 年），经过《力学史评》（1883 年），到《热学原理》（1896 年）和《通俗科学讲座》（1896 年），最后到宏伟然而被忽视的《认识与谬误》（1905 年），马赫一直关注的是科学推理的性质、理论与实验的关系、理论建构中抽象化的作用以及其他哲学和科学方法论问题。

此外，还有丰富的证据能证明马赫对方法论的兴趣始于其学术生涯的早期。沃尔弗拉姆·斯沃博达在其关于马赫思想早期发展的研究中表明，当他还是维也纳一名年轻的大学教师时，马赫就深刻地关心着科学方法论问题。例如，早在 1860 年（他 22 岁），马赫与约瑟夫·匹兹瓦就针对多普勒关于频率与音高之间关系的研究展开了争论。在这场争论中，马赫得出结论：匹兹瓦对多普勒和自己的批评依赖于关于类比推理的性质的一个混乱的概念。在那时马赫表明了决心，想要更仔细地研究科学推理的逻 207辑。有很多证据表明他所言非虚，包括他在 1864 年的一部著作中对穆勒的《逻辑体系》的提及，以及他于 1864 年在格拉茨举办的关于"科学研究方法"的讲座。[9] 在考虑他关于原子论的立场时，我想依据他告诫我们的一句话来理解他："首先，没有马赫式的哲学，最多只有科学方法论和知识心理学。"[10]

马赫的一般方法论

在开始探讨马赫反对原子论的具体论点及其理论依据之前，我们不妨回顾一下马赫关于科学的理论的某些特点，尤其是其在19世纪的起源。即使考虑到马赫的相当程度的折中主义，他关于科学知识和科学方法论的观点仍然可以被归类为实证主义，前提是我们使用这个术语在19世纪的含义而非在20世纪的含义。[11] 在马赫看来，实证主义者认为科学的目标是描述性和预言性的。一个理想的理论，应当使人们尽可能容易地描述很多已知事实，并能预期或预言尽量多的未知世界状态。与流行的神话相反，19世纪的实证主义并不反对猜测性的理论建构。[12] 从孔德到马赫、彭加勒和迪昂，所有主要的实证主义者都热心地接受了康德关于积极的认识者的观点，并彻底蔑视18世纪特有的经验主义和归纳主义，认为理论并不会以某种方式从数据中机械地产生出来。实际上，所有19世纪的实证主义者，包括孔德和马赫，都强调理论和假说是连贯地搜集实验证据的前提。[13] 马赫在其《力学史评》中有一段话很有见地，在谈到伽利略在实际进行斜面实验之前在头脑中已经有了某种"直觉的实验"之后，他强调说：

为了科学的目的，我们对感觉经验事实的心理陈述必须服从于概念的表述……这种表述是通过孤立和强调被认为重要的东西、忽略次要的东西，以及抽象化和理想化来实现的……没有某些预想的观念，实验就是不可能的……因为如果我们不在事先对我们研究的东西有某些猜想的话，我们该怎样做实验和做些什么样的实验呢？[14]

但是，正如实证主义者在整个 19 世纪一直强调的那样，即使理论是对数据进行消化的前提条件，归根结底理论还是**关于数据、关于事实**的，而且正是这些事实提供了在理论之间进行选择的最终标准。然而，这样说未免过于温和，因为在整个 19 世纪和 20 世纪早期，实证主义最为持久的论题之一就是理论化的保守性。既然一个理论的目的是使事实相互联系起来，既然这个联系的过程必然会超越事实，它应该在不假设任何其他实体或过程的情况下这样做，而不是为了这个联系的任务必须这样做。为了整理已知现象并使之相互联系，利用在原则上背离实验分析的机制或实体来建立一个理论或假说，就是将科学与伪科学混为一谈。这一要求，即我们在说明数据时不应做不必要的假设，被称为孔德的"假说的基本条件"，并在马赫手中变成了其科学思想的经济原则的基石。[15]

与这种本体论上的保守主义密切相关的是一个实证主义的排除性论题——一种孔德式"剃刀"。这个排除性论题由马赫及其前人提出，主张任何不服从于实验分析和控制的理论实体（即不是真正原因的理论实体），要么应该从科学中剔除，要么应该被

208

当作虚构的、在本体论上没有意义的预防性设计。因此，正如孔德在 19 世纪 30 年代所主张的那样，惠更斯式的波阵构造纯粹是一种计算方式、一种描述方式，用来推测光在一个折射面上是怎样运动的。对这个模型至关重要的次级子波，纯粹是虚构的。这种保守性，加上排斥虚构的学说，很自然地使得实证主义者，包括马赫在内，将我们可能会称作纯粹观察的理论和混合性理论区分开来，后者是指那些提到，或至少部分地提到原则上处于实验范围之外的实体或性质的理论。需要强调的是，实证主义者并不一定反对这两种理论。因为存在着某种情况，使得即使是最正统的实证主义者都愿意认可包含了不可察觉的或纯粹理论性的实体的假说。（例如，孔德赞成物质的原子论，马赫和迪昂赞成光的波动说。）但他们强烈反对将这两种理论置于同等的认识论和方法论地位上。他们认为，在所有方面同等对待傅立叶和卡诺的热

209　理论与那些气体运动理论，忽略了这样一个事实，即傅立叶和卡诺的理论没有提到任何不能测量的事物，而贝努利、布尔哈夫或海拉帕斯的热运动理论却不断提到在实验分析范围之外的实体。因此，所有主要的实证主义者都强调在可接受的理论中存在一个重要区别——一个对我们理解理论术语具有重要意义的区别。

　　在马赫的著作中，这个区别常常表述为**直接**描述的普遍理论（即只包括对可观察事物的抽象描述的术语）和**间接**描述的理论。尽管马赫本人非常坚定地偏爱只涉及直接描述的理论，但他愿意承认两种类型的理论都是科学的。他进一步设想间接描述的理论逐步地被直接描述的理论取代。他宣称：

在充分承认理论观念在研究中的有益作用的前提下，这不仅是可取的，甚至是必要的。随着新事实逐渐被人们所熟悉，用直接描述代替间接描述，后者只包括必要的东西，并将自身绝对限定于对事实的抽象理解。[16]

在马赫的著作中还有一种实证主义的倾向非常突出，它直接影响到他与原子论者的争论。自孔德以来，在实证主义和经验主义著作中，**科学的分级**问题就显得非常突出。孔德、安培、穆勒、库诺特等人都曾探讨过各门科学之间的逻辑和概念联系问题。标准的实证主义观点，也是马赫通常赞成的观点（尤其是在 1865 年以后），就是各门科学通常并不处于一种相互在逻辑上可推演的关系之中。化学不能还原成物理学，生物学并非源于物理和化学，社会科学也不能从自然科学中推导出来。[17]每门科学都有自己的研究领域和概念，甚至自己的方法，这种说法对马赫来说非常重要，而且在几个层面上都很重要。作为一个心理物理学家，他非常渴望能避免费希纳式的观点，即所有心理现象本质上都是物理的。同样，作为一名物理学家，马赫坚信"物理"并没有被力学科学所穷尽。我们将在下文看到，马赫的不同科学有各自不同的领域的观点在很大程度上决定了他对所谓的原子之争的态度。

210   **马赫对原子与分子理论的批评**

最近十年里，研究马赫对所谓的原子与分子假说的观点的著作有很多。[18] 然而，其中一些著作因为没能区分马赫对这个问题的态度的一些微妙却很重要的差异而存在缺陷。马赫本人区分了物理学的原子论和化学的原子论，并对两者提出了相当不同的看法。更重要的是，学者们通常都没能区分拒绝原子假说和对之有所保留这两者情况，急于假设后者必然包含了前者。同样，有一种倾向是将马赫关于所谓的分子方法在科学上的弱点的观点，与他关于不连续实体的本体论所涉及的形而上学问题的观点等同起来。

但是，马赫攻击的具体对象含糊不清，这与其说是学术上的错误，不如说是因为没有区分马赫在反对原子与分子理论时所运用的不同类型的论战策略。基本上，马赫的论述可以分为四个不同的类别：

（1）**理论目标的论述**：在这里，缺陷或优点是通过说明一个理论有利于或适合于公认的科学研究目标的程度来决定的。

（2）**解释性论述**：一个理论可因其解释者或支持者认为它确立或证明了什么而受到批评。

（3）**纲领性论述**：一个理论可以因为它是一个更大的、构想得很糟或很好的科学研究纲领的一部分而受到批评或赞成。

（4）**推论性的非决定论的论述**：对一个理论的接受可以因为存在和它同样得到充分证实的竞争性理论而受到批评。

理论目标的反对理由

众所周知，马赫对科学事业的目标有着根深蒂固的看法。简而言之，马赫认为科学的目标就是尽可能经济地描述和预见自然规律。这意味着，除其他事项外，在建构理论时，不仅要解释已知的自然规律，并能引导我们发现新规律，而且还要尽可能少地做出现有证据不支持的存在性承诺。在论述科学的目标就是找到对自然的简洁描述时，马赫并不是说我们必须仅描述那些我们已经掌握的自然规律。对马赫来说，一个理论必须能像概括过去那样预测未来。任何有效的理论都必须引导科学家发现现象之间相互作用的新模式（即新定律）。为实现这一目标，一个理论必须有效地超出我们对世界已有的认知，并对我们尚未发现的现象之间的联系做出论断。马赫非但不认为这种超出数据的过程与科学的目标相悖，反而一再强调其必要性。[19]

在马赫看来，这种理论化只有两个限制因素。一是这类理论应当引导我们正确地预测观察数据之间的联系，即它们应当预言某些以后的实验可能会证实的定律。我称之为较弱的限制。第二个，也是对这类理论的**较强的限制**是，如果它们要成为我们的科学意识形态中相对比较持久的部分，那么我们必须为所有这些理

211

论所假设的实体的存在找到直接证据。

在评价微观理论时，马赫将会运用哪个限制并不总是确定的。在最极端时，他赞成这样的强硬主张，即任何关于物理过程的令人满意的理论的一个必要条件是，它所假设的实体间的全部联系必须与物理事物或性质间的可证实的联系相对应。他这样表述这个论点：

> 在一个完整的理论中，假说的细节应当与现象的全部细节相对应，这些假设性事物的所有规律也必须可以直接移植到现象中。[20]

如果根据这个强的同构性要求进行评估的话，原子与分子理论就是伪理论，正如马赫所指出的，由于分子和原子或它们所假定的相互作用的方式在实验上没有对应物，"分子（和原子）不过是毫无价值的想象"[21]。

但这一极端立场将把所有的分子和原子理论都排除在科学领域之外，这绝不是马赫最持久和最有特色的立场。马赫更经常地承认微观理论在原则上是可接受的，只要它们能导致对新的现象性或实验性定律的预见，即只要它们能表现出较强的启发能力。[22]
212 马赫深知，科学史上某些最具预见能力的理论都涉及原则上被认为是不可观察的实体。马赫不仅没有明确地谴责对这种理论的运用，反倒对其颇有赞美之词，并常常指出建构这种理论经常是发现新事实的最好办法之一。[23]

因此，当富兰克林试图揭示在莱顿瓶中发生了什么事情时，他假设了一种不可感知的弹性电流体，其微粒根据$\frac{1}{r}$排斥法则互相排斥。富兰克林关于这种（不可观察的）电流的思想使他预言有两种类型的电（正电和负电），在一种电中的任何变化都伴随着在另一种电中等量但相反的变化。然而，马赫坚持认为，一旦我们在现象的层面上证明了功能上的依存关系，理论模型就完成了其使命，就可以并应当被抛弃。马赫强调，最重要的是，我们不能假装模型不仅能在数据之间建立起功能性的关系，还能做其他事情，这是混淆了工具与工作。在1890年，他这样阐明这点：

> 电流是一种思想的东西，是精神的附属物。物理科学的[这种]工具[是]为了非常特别的目的而设计出来的。当相互联系……已经变得很熟悉时，它们就被抛弃和丢到一边了，因为这个结尾才是整个事件的主旨。工具并不具有同等的重要性或真实性……而且不应被归入同一种类。[24]

因此，对马赫来说，在自然科学中，理论实体可以具有一种重要的，但本质上是过渡性的作用。一旦它们已经提出了作为科学理解之基础的经验联系，它们就可以被当作完全多余的脚手架而被抛弃。只要原子论能帮助科学家们发现现象间的联系（马赫承认，关于倍比和定比定律，它确实有这个作用），它就具有很大的启发作用。但马赫认为原子论已经不再有用，现在完全是多余的了。

和他之前的实证主义者一样，马赫主张理论模型本质上是暂时性的。随着时间的推移，要么模型自身变成了可证实的事实，要么它们仍是不可检验的，在揭示了能吸引人们注意力的任何经验联系后，它们就会被放弃，规律性的经验联系本身会受到关注。无论是哪种情况，它们都不会（或不应当）再继续作为模型而存在，无论多久。

213   就我所知，马赫从未反对过对原子和分子理论的使用，只要这种理论能引导我们发现数据间的新联系方式（就像道尔顿的理论那样）。马赫默许对这种理论的使用并不意味着他总是乐于接受某些原子论者的某些理论解释。但只有在我们意识到马赫欣赏原子和分子理论有时所具有的启发性的潜力，并且并不认为对这种理论的使用必然与科学的目标相抵触（只要它们能预见新的发现）之后，我们才能开始理解他对这种理论的保留意见。[25]

解释性的反对理由

如果马赫对使用原子论的态度是相对宽容且并不武断的，那么在对这些理论的解释上，特别是在赋予这些理论以超越其相关数据的本体论意义的解释上，他则要坚决得多。与之前的孔德一样，马赫关心理论术语和概念的本体论。简言之，马赫的立场是，理论应当只对那些能被实验确定和测量的实体和性质做存在性的断言。他在 1890 年的一篇重要文章中详细地阐述了这一点：

完美的物理学能够努力做到的，无非是让我们能事先熟悉任何有可能（在实验上）碰到的东西，即我们应当了解 ABC……之间的关系。运动要么是可以被感知的，比如说房间里椅子的移动，或是琴弦的振动；要么是补充的、附加的（假设性的），比如说以太的振动、原子和分子的运动等。在第一种情况中，运动是由 ABC……组成的，它自身仅仅是 ABC……之间的某种关系。在第二种情况中，这种假说性的运动，在特别有利的条件下，可以变成可感知的，即第一种情况的重现。但只要情况不是这样，或者在永远都不可能发生这种情况时（原子和分子的情况），我们不得不面对一个实体，即一个单纯的精神上的辅助物、一个人为的权宜之计，其目的仅在于模仿一个模型的样子来表示和象征 ABC……之间的联系。[26]

我认为，在这个重要段落中，马赫提出的论点是：只要在原则上不可能为一个理论表面上所指的实体和相互作用的模式找到直接的实验证据，那么，我们就应当把这个理论的存在范围限制在（原则上）可观察的推论之中，并把其他的术语和概念看作纯粹的虚构，看作使数据相互关联起来的方便的运算法则，其意义和内容仅仅是它们所包含的观察上的联系。

将这种论述与马赫关于使用原子和分子理论的观点区分开来是非常重要的。正如我们所见，只要这种理论能导致对经验上可检验的新联系的发现，无论我们能否"观察"这些理论所假设的全部实体，马赫都非常愿意承认它们在科学中的价值。然而，如果我们找不到任何方式以获得这些理论所指的某些实体存在的直接经验证据，那么我们就应当把这些实体当作方便的虚构，而不是揭示了真正的自然本体论。在马赫的时代，原子和分子很显然就属于这种情况。他在 1882 年的一次讲座中相当详尽地强调了这一点，他主张原子和分子的性质纯粹是计算性的。[27]

需要再次强调的是，马赫的忧虑是对本体论的解释性的忧虑，而不是对"使用"的实际的焦虑。只要原子与分子理论持续地产生关于可观察事物的新的宏观联系的发现，马赫就会是第一个承认其价值的人。只有在科学家们假定原子和分子存在的时候——即使没有任何"直接"证据证明它们的存在——马赫才感到科学的解释机制走入了歧途。

纲领性的反对理由

在马赫看来，提出原子或分子理论的具体尝试是自然科学的一个更为普遍的还原主义纲领的一部分。实际上，马赫认为，对很多理论家来说，这种学说的吸引力主要在于，它与将所有科学还原为力学和将所有所谓的第二性质还原为第一性质的纲领紧密联系在一起。

在这个层面的论述上，马赫攻击原子与分子理论并不是因为它们假设了不可观察的实体，而是因为这种理论与一种已经过时的、不复存在的、将所有性质还原为力学的纲领密不可分。他在这里的论述无论是在历史上还是在哲学上都相当微妙，所以我们必须仔细审视。

如马赫所言，原子论在 17 世纪中期就已经与两个相互关联的还原主义学说联系在一起了。一方面，原子一直被视作将所有自然过程还原为力学的工具。每当机械论的哲学家观察到不能直接还原为运动方程式的现象时（比方说热或化学变化），他们马上就假定这样的现象是看不见的原子作为缩小的力学系统的运动的结果，尽管这些现象在宏观上是非机械行为。因此，原子被当作运动在缺少真实事物的情况下的替代公式。另一方面，从与原子论结合在一起的另一个传统来看，原子论历来与第一性质和第二性质的区分，以及将第二性质还原为第一性质的努力联系在一起，原子再次成了实现还原的工具。作为一个科学史家，马赫很清楚地看到，原子论是楔子不太细的一端，而楔子的另一端则主张力学的首要性和第一性质的普遍性。在他所处时代的科学中，原子论被用来将气体理论和化学机械化，并被用于否认基本的感性世界的真实性。

因此，马赫很多反对原子与分子理论的论述都是针对其机械的和还原性的因素的，这并不奇怪。他在《力学史评》中详细论证道："将力学作为物理学其余部分的基础，并通过力学思想来说明所有物理学现象，这在我们看来是一种偏见。"[28] 马赫要求其批评者们不要被力学最初诞生于经验科学这一历史事实所迷惑。同样，他还要求他们不要把"我们关于时空关系的经验看得比我们关于颜色、声音、温度的经验更客观。"[29]

试图将一切还原为机械的原子行为，就是过早地致力于证明所有变化都是机械性的，以及所有性质都完全是机械性质这个普

215

遍论题。姑且不说这样一个论题是尚未得到证明的（并且大概是不可证明的），它还有其他缺陷。如马赫在《力学史评》中所说，如果用更熟悉的事物来解释不熟悉的事物是科学目标的一部分，那么，总是试图将宏观物体的所谓第二性质还原为假说性的不可感知物体的第一性质，这几乎是没有道理的。热、光、功、压力等等都是感觉的物体（和物体的系统）的可感觉性质。马赫坚持认为，与其通过将这些性质还原为原子来解释它们，我们不如将它们作为最终确定的性质来接受，并且把这种第二性质同我们同样熟悉的性质联系起来。当涉及生物和心理科学时，马赫尤其强烈地意识到到力学及原子论科学的局限性。费希纳等科学家试图用原子和分子术语来解释精神现象，这特别令人难以接受，甚至使得马赫说"非常荒唐"。[30] 马赫相信，对物理学和生物学系统之间关系的更充分理解，将会使人们对将所有事物还原为一个机械的原子聚集体的可行性不再那么乐观。用他的话说：

> 对物理学的评价过高，对生理学则相反……对两门科学之间真实关系的一个错误观念，在研究中表现为是否有可能通过原子的运动来说明感觉。[31]

在马赫看来，使得机械论的研究纲领如此具有吸引力的是一种误解，即机械过程比非机械过程更易理解、更清晰。马赫有两个论点反对这种笛卡尔式的一厢情愿。一方面，他坚持认为绝大部分机械性还原的拥护者将可理解性与单纯的熟悉混为一谈。因为力学科学出现的时间要比（比如说）电学理论和热力学早得多，人们更习惯于利用它，也习惯于依据滑轮、杠杆和斜面来考虑这个世界。但马赫认为，我们对运动学或力学过程的"理解"并不比我们对身体冷却或疼痛时所发生的事情的"理解"更深刻。所有这些过程在概念上都是难以理解的。试图将所有事物都还原为力学仅仅是用马赫所称的更"普通的不可理解性"来代替不那么普通的不可理解性，用更概括的说法来说，任何科学的基本原理，其"未被说明的说明者"在概念上总是模糊的，因为它们被假定为无法进一步分析或理解的事物。所以，如果我们不能使我们的任何一个基本概念变得可以理解，我们至少必须努力使它们具有"事实性"，使它们建立在有正当理由的基础上。原子与分子理论在这一点上失败了，因为它们假定了既不可理解又在实验上无法证实的实体。在《能量守恒定律的历史和根源》中，马赫这样说道：

> 作为科学基础的最终难以理解的东西必须是事实，如果它们是假说，也必须能够变成事实。如果假说是这样选定的，即其主题从未能应用于感觉……因而也不能被检验（如机械分子论的情况），研究者所从事的就不仅是以事实为目标的科学要求他完成的工作了，这种额外的工作是一种不幸。[32]

很显然，如果马赫是一个样本的话（有很多证据表明他在这方面非常典型），那么除非我们意识到这些争论既关于原子的存在，也关于机械论哲学的可行性，否则我们就无法理解这些争论。

217

基于"非决定论"的反对理由

对于原子和分子理论的拥护者经常采用的推理步骤，马赫提出的反对理由有两个。马赫指出，他们经常假定其理论确实奏效这一事实是这种理论的正确性的推定证据。马赫认为，这样一个靠不住的肯定后件推理是非常恶劣的，在物理学和化学领域中尤其如此，因为我们已经知道非原子和非分子理论的存在，而它们和原子与分子理论一样得到了数据的支持。

早在 1863 年，马赫就利用这个论述来反对原子论者关于其特殊的经验充分性的主张。在其《医学物理学纲要》中，他把原子论——他在这部著作中广泛应用了该理论——描述为处理物理和化学数据的众多模式中的一个，这些模式在观察上全都是等价的。他把这些不同的模式比作从极坐标系统向直角坐标系统的转换。马赫认为，我们没有理由相信原子论是关于世界的唯一正确和自然的陈述，就像我们没有理由相信对一个点的位置的极坐标描述是刻画其位置的唯一适当方法一样。

马赫在其《认识与谬误》中非常详细地阐述了这一点。他在书中指出，一个科学的理论必须满足两个条件：它必须能精确地说明事实，而且其内部是协调一致的。原则上，有很多关于物质世界的不同理论或概念都能满足这两个条件。在这种情况下，偏爱一种构想世界的方式而不是另一种完全是武断的。对此，马赫进一步强调说，由于存在着众多经验上充分、逻辑上一致的概念体系，因此，从理论的经验充分性到理论的真实性的任何轻易的转变都是不可能的：

> 不同的概念可以以**同样的**精确性来表述观察领域内的事实。这些事实必须与那些思维形象区分开来，后者的起源是以前者为条件的。后者，即概念，必须与观察相一致，而且它们必须在逻辑上相一致。这两个要求可以通过多种方式得到满足。[33]

218

在这个简短的解释性评论之后，我们应该清楚地认识到，马赫对原子与分子理论的绝大部分保留意见，既不是源于其感觉主义，也与其物理学无关，而是源于他对理论在自然科学中的作用和意义的认识。同样，应该清楚的是，马赫对他的时代的原子论的立场是复杂的，取决于他是将原子论视为"一个实用的假说"，一个"有用的启发法"，一个"已证明的物理理论"，还是一个已确定的"研究纲领"。如果确实如此的话，那么，要正确理解原子论之争，特别是马赫—玻尔兹曼之争，就必须深入到这场争论的科学和技术细节的背后，这样才能揭示关于理论的结构和目标的非常不同的观点，而这些观点正是这场争论所展示和依赖的。我们必须意识到，和别处一样，这里的科学争论源于一系列广泛的逻辑和方法论分歧，而最重要的是哲学上的分歧。

马赫和 19 世纪的科学哲学

尽管迄今为止，本章的目的是在马赫的总体的科学哲学的背景下探讨他对原子和分子理论的特定态度，但同样重要的是，要试图确定马赫关于科学之性质的观点与其前人及同时代人的观点之间的关系。在一定程度上，这对于认识马赫的观点在多大程度上是 19 世纪物理学、化学和方法论的主流传统的一部分非常重要。但同样重要的是，这有助于理解为什么马赫的观点会得到如此广泛的认同。似乎有很多证据表明，马赫对 19 世纪原子论的方法论缺陷的分析引起了其绝大多数同时代读者的共鸣，而马赫对原子论猜想的保留态度，尽管是根据其独特的科学哲学表达的，但与同时代最善于反思、最有才能的人的观点相比，既不反常，也非典型。

对马赫的微观物理学理论分析的历史背景及其接受情况的彻底研究就能单独占据一整章的篇幅。在这里，我只想要简单介绍一下马赫的一些前人和同时代人的观点，以说明马赫在多大程度上并非一种非主流的声音。众所周知，有一些非常突出的 19 世纪人物，他们对原子论不那么热心。其中包括法国的迪昂、孔德和彭加勒，德国的奥斯特瓦尔德、赫尔姆和阿芬那留斯，英国和美国的兰金、斯塔罗和布罗迪。然而，将马赫和这些人混为一谈，恐怕弊大于利。首先，这样的分组倾向于掩盖这些"反原子论者"之间的一些非常重要的分歧。赫尔姆、奥斯特瓦尔德、兰金和迪昂都是"热力学家"，他们反对原子与分子理论的最主要理由与马赫的理由相当不同———一些历史学家忽视了这个基本要点。但更重要的是，将马赫与这些所谓的反原子论者放在一起，会使人们忽视马赫对于微观理论的一般方法论的忧虑在科学界内部有多大程度的共识，无论是原子论者还是反原子论者。实际上，历史情况中一个未被注意到的讽刺是，绝大部分原子论者（例如玻尔兹曼）**接受了**马赫的方法论立场，并试图表明不是他的方法论不正确，而是原子论可以**在**一个马赫主义的、实证的科学哲学框架**内**被合法化。结果是，这些人——如爱因斯坦[34]——把后来对原子与分子假说的接受看作对马赫的一般实证主义的批判，他们没有公平对待历史形势的实际需要。

从 19 世纪早期开始，关于微观理论的方法论问题就有着广泛的普遍共识，对之可以做如下概括：原子论仅仅是一个可能的（有时是可信的）假说；我们是否应该保留该假说，取决于它引导我们发现新的经验关系的能力；即使它被保留下来，我们在断言原子或任何其他不可证实的实体在自然界中实际存在时，也应极为谨慎。

因此，贝采利乌斯在其 1827 年的《化学教程》中主张原子论是一种

> 单纯的表示元素组合的方法，由此我们可以促进对现象的理解，但我们并不是要以此来解释真实存在于自然之中的过程。[35]

几年后，奥古斯特·孔德阐述了他的"逻辑技巧"理论——
220 特别是在原子论方面——它考虑到了原子和分子理论的合理使
用，只要人们不赋予其任何客观真实性。尽管有机化学家奥古
斯特·凯库勒本人经常支持原子论的假说，但他在 1867 年承认，
"从哲学的角度看，我可以毫不犹豫地说，我不相信原子的实际
存在"。[36] 两年后，化学家 A. W. 威廉姆森，也是一位原子论的
支持者，观察到"极具权威的化学家公开将原子论视为他们乐
于放弃之物，他们为自己对它的使用感到惭愧"。[37] 化学家 E. J.
米尔斯在 1871 年的一段话中表现出了与马赫的惊人相似，他
指出：

当一种现象被证明是一种更广为人知、更普遍的现象的
一部分或实例时，该现象就已得到说明。因此，同分异构现
象并不是由关于不可分割的事物的断言解释的，因为这些事
物本身并未被发现，也没有被证明在自然界的事实或过程中
有任何类似之物。[38]

米尔斯继续说道：

我们可以想象，这是一件最重要的事情，尤其是对［原子
论的］实验倡导者来说：要举证，至少要尽力举证，一个原子
自身就是其存在的最好证据。可这种事情不但从未有人做过，
甚至都没人尝试过，而且很有可能，最热心的原子论者会是第
一个嘲笑这种努力的人，或者嘲笑这种假定的发现。[39]

原子论没有实验基础，不符合自然界的普遍规律，是唯物论的谬误。[40]

物理学家的观点常常更为严厉。1844年，迈克尔·法拉第指出：

"原子"这个词，若不包括很多纯粹假设的东西，就不可能被使用，它经常被有意用来表达一个简单的事实。尽管用意是好的，但我还没有发现哪个人能习惯性地将它和随它而来的诱惑［即把原子当作真实事物的诱惑］区分开来。[41]

另外一位英国自然哲学家科恩·赖特，以另一种方式表达了对原子论的反对。在他看来，原子论已经

毫无疑问，成了一个机械概念，适合于关于事实的精确知识刚开始存在的时代……没有必要表达任何事实，而且也没有能力（在不用修修补补的情况下）说明很多普遍情况……这种假说的观念和语言在化学哲学中占据了突出和基本的地位，这是不可取的。[42]

221

在原子论争论中，双方的一些支持者都指出，原子论的绝大多数批评者都是实证主义者，他们对原子论的很多批评都已被孔德及其哲学和科学门徒提到过了。[43]

因此，我们可以看到，即使是原子论最热心的支持者，也普

遍认为马赫用来评价这些理论是否合理的方法论标准是正确的。因此，路德维希·玻尔兹曼和马克思·普朗克都同意马赫的观点，认为对事实的简洁表述是科学最重要的目标。玻尔兹曼甚至认同马赫的下述观点，即原子论已常常成为"一种阻碍势力，在有些情况下成了一种无用的压舱物"。[44]另一位主要的原子论者阿道夫·伍茨更明确地接受了马赫的理论评价标准。他在《原子论》中强调，重要的是不要混淆"事实和假说"。他接着说：

> 我们可以保留［原子］假说，只要它允许我们忠实地说明事实，将这些事实分类、关联起来并预测新事物，简而言之，只要它还能表明自己是有效的。[45]

伍茨接下来表明，在他看来，化学的原子论是怎样做到这一点的。在这里重要的是，即使是马赫的科学上的反对者，也普遍接受某种非常类似于马赫所倡导的理论评价标准的东西。

这些段落表明，马赫与同时代人的关系要比人们通常认为的密切得多。在主张对原子和分子进行一种虚构性说明时，在反对19世纪原子论中固有的机械论纲领时，在坚持科学基本上是描述性的时，在要求微观理论必须在观察和测量层面都富有成效时，马赫所表达的不仅是他自己的焦虑，也是整整一代物理学家和哲学家的焦虑，他们极为关心在自己的时代最有影响力的理论在方法论上的可信性。

注释

1　尽管马赫的科学生涯始于 19 世纪 50 年代后期，但我还是认为他开始反对原子论的时间是在 19 世纪 60 年代中期。有很多证据表明，直到 19 世纪 60 年代早期，马赫仍旧坚定支持原子和分子假说，但不幸的是，这些证据大多模棱两可。我个人认为，马赫在其科学生涯之初就对原子论持有严肃的保留意见，但这一点需要进行极为详细的说明，我无法在这里完成这个任务。可在 S. 布拉什发表于《综合》第 18 卷（1968 年，第 192—215 页）的论文《马赫与原子论》中找到关于马赫早期作品的有益讨论。实际上，本章关注的是马赫在 1863 年以后的观点。

2　以此种方式看待马赫的例子，可参见 S. 布莱克摩尔，《恩斯特・马赫》，伯克利，1972 年，第 321 页及以后；以及 F. 西曼，《马赫对原子论的反对》，《思想史杂志》，第 29 卷，1968 年，第 389—393 页。二者都将马赫的"感觉主义"视为其反对原子论的根源和动机。

3　应当指出，在 19 世纪 60 年代早期，马赫曾写过一篇关于某些心理物理学问题和知觉问题的论文。不过，考虑到马赫此时深受费希纳的影响，以及马赫在其著作《感觉的分析》中驳斥了费希纳的观点，19 世纪 60 年代的马赫基本上不可能支持他在后来的著作中的任何与感觉论类似的观点。（很不幸，马赫这篇早期的心理物理学论文的手稿似乎已不存于世。）

4　马赫本人经常强调这点。例如，可参见马赫，《感觉的分析》，耶拿，1886 年；英译本《感觉的分析》，芝加哥，1914 年，第 311 页。以及：马赫，《力学史评》，第 6 版，伊利诺伊州拉萨尔，1960 年。马赫主张，

222

尽管原子"无法被感官感知"，但仅此一点并不能将原子与其他物体区分开来，因为"所有物质……都是思维的产物"（第 589 页）。

关于这一主题的另一种变体，见马赫 1892 年发表于《一元论者》杂志的论文，在文中他主张，那些各不相同的概念，如"折射定律、热、电、光波、分子、原子和能量，都必须以同样的方式被视作方便我们研究事物的辅助或权宜之计"（第 202 页）。

即使是马赫最执着的反对者路德维希·玻尔兹曼也指出，马赫知道，就其认识论基础而言，感觉主义认识论无法区分原子论的概念与物理事物的概念。见 L. 玻尔兹曼，《通俗文集》，莱比锡，1905 年，第 142 页。

5 我想要表明，在否认马赫的感觉主义认识论与其在原子和分子理论问题上的立场之间的密切关系时，我并不是在说马赫的科学哲学与其感觉主义相互独立。二者之间存在着诸多联系，值得详细检视。同样，我也并未主张马赫反对原子和分子解释模型的所有理由都独立于其感觉主义，因为这种说法也会误导人。其实，我的论点是，马赫反对这种理论的大多数理由都独立于其感觉主义和认识"要素"。

6 见 E. 希尔伯特，《马赫关于原子论的早期观点之起源》，收录于《恩斯特·马赫：物理学家和哲学家》（R. 柯恩和 H. 西格编），多德雷赫特，1970 年，第 79—106 页。

7 同上，第 95 页。

8 尤其应参见下文讨论马赫对原子论的独特批评的相关部分。

9 格拉茨大学，公开讲座及教师清单，1863—1866 年。斯沃博达的论文题为《青年恩斯特·马赫的思想与著作及其哲学先导》，博士论文，匹兹堡大学，1973 年。

10 马赫，《认识与谬误》，莱比锡，1905 年，第 7 页，我使用的是 1917 年版。

11 尽管马赫不总是明确地自我标榜为"实证主义者"，但其著作在语调和内容上都具有浓厚的实证主义特色，而且很多其同时代人都将他视为实证主义的代表人物。在生命的最后阶段，他承认自己确实是一名"实证主义者"。见马赫，《我的自然学说的指导思想及同时代人对它的接受》，莱比锡，1919 年，第 15 页。

12 例如，孔德写道："在自然哲学领域，假说的引入是必不可少的。"（A. 孔德，《实证哲学教程》，六卷本，巴黎，1830—1842 年，第 2 卷，434 页）

13 因此，孔德写道："因为，一方面，任何实证理论都必须建立在观察的基础上，另一方面，为了让观察成为现实，我们的思维需要某个理论。"（《实证哲学教程》，第 1 卷，第 8—9 页）

14 马赫，《力学史评》，第 161 页。

15 有关孔德观点的更详细讨论，见第 9 章。

16 马赫，《通俗科学讲座》，第 5 版，伊利诺伊州拉萨尔，1943 年，第 248 页。

17 在这里，再次强调时间顺序是很重要的。在马赫早期的科学著作中，他本人是个还原论者，主张将整个物理学还原为"应用力学"（马赫，《医学物理学纲要》，维也纳，1863 年，第 55 页）；主张将心理物理学还原为"应用物理学"（同上，第 1 页）；在其他地方，主张将化学和心理学还原为力学。这是一个被马赫在 19 世纪 60 年代中期拒斥的观点和研究纲领，也是他在余生一直反对的。对于马赫思想的这一重要转向，我们还没有任何令人满意的解释。

18 尤其应当参见 S. 布莱克摩尔，《恩斯特·马赫》；J. 布拉德雷，《马赫的科学哲学》，伦敦，1971 年；S. 布拉什，《马赫与原子论》；G. 布克达尔，《原子论中的怀疑论根源》，《英国科学哲学杂志》，第 10 卷，1960 年，第 120—134 页；E. 希尔伯特，《马赫关于原子论的早期观点之起源》；M. J. 奈伊，《分子的真实性》，纽约，1972 年；以及 F. 西曼，《马赫对原子论的反对》。

19 由于一些我并不清楚的原因，马赫的现代评论家们大多认为其"科学就是描述"的学说使他无法认识到科学中存在着任何预言性的元素或科学可以超越已知的数据。例如，哈罗德·杰弗里斯写道："马赫没有认识到，描述一个尚未进行的观察并不等同于描述一个已经完成的观察。因此，他完全没有理解归纳问题。"（《科学推理》，剑桥，1957年，第15页）我怀疑，恰恰是杰弗里斯及其同道，如布莱斯维特（R. 布莱斯维特，《科学的说明》，剑桥，1953年，第348页），没有理解马赫的想法。马赫在强调科学的目标即是描述这个观点时，并非在将其与预言进行对比，而是与说明（在确认事物基本的、形而上学根源的意义上）。马赫反复强调，理论必须在多大程度上预测新数据，每个科学假说都必须在多大程度上超越对已知事实的单纯描述。人们只需稍微看一眼《认知与谬误》这样的著作就能明白，马赫对描述已知事实与预测未知事实之间的至关重要的认识论差异理解得有多深入，同时也可以看到他在多大程度上试图正视各种形式的归纳的问题。

20 马赫，《能量守恒定律的历史和根源》（P. 约丹译），芝加哥，1941年，第57页。

224 21 同上。

22 正如他在《热学原理》中指出的那样："原子论的启发性和指导性价值在任何情况下都不应被质疑。"（马赫，《热学原理》，莱比锡，1896年，第430页注）

23 在谈到玻尔兹曼对原子论的运用时，马赫指出"研究者不仅可以，而且应该使用一切可以帮助他的方法"（同上）。

24 马赫，《心理物理学的若干问题》，《一元论者》，第1卷，1890年，第393页及以后，第396页。

25 马赫在《热学原理》中明确指出，"应该强调的是，一个假说作为一个奏效的假说可能具有极大的启发价值，同时还可能具有不确定的认识论价值"(《热学原理》, 第 430 页注)。

26 马赫,《心理物理学的若干问题》。

27 这一段或许值得全文引用:"当一位几何学家想要理解一条曲线的形式时, 他首先将之分解为小的直线元素。不过, 他由此充分意识到这些元素只不过是理解事物的局部的临时和主观的手段, 因为他无法理解整体。当他发现了曲线定律后, 就不会再考虑这些元素了。类似地, 从物理学自己创造的、可变化的、经济的工具——分子和原子中看到现象背后的现实, 这也不是物理学……原子只能作为表述现象的一个工具, 就像数学一样。不过, 随着科学家与其研究对象的接触和学科的发展, 物理学将会放弃用石头玩马赛克游戏, 去寻找现象之流的边界和其形成的河床的形式。"(马赫,《通俗科学讲座》, 第 5 版, 伊利诺伊州拉萨尔, 1943 年, 第 206—207 页)

28 马赫,《力学史评》, 第 596 页。

29 同上, 第 610 页。

30 同上。

31 同上。

32 马赫,《能量守恒定律的历史和根源》, 第 5 页。

33 马赫,《认知与谬误》, 第 414 页。

34 例如, 可参阅 S. 苏沃洛夫在《爱因斯坦的哲学观点及其与他的物理学观点的关系》中所引用的讨论, 载于《苏联物理学进展》, 第 8 卷, 1966 年, 第 578—609 页。

35 引自 C. 布克达尔,《原子论中的怀疑论根源》。

36 A. 凯库勒,《论化学哲学中的一些要点》,《实验室》, 第 1 卷, 1867 年, 第 304 页。

37 A. 威廉姆森,《论原子论》, 载于《化学学会学报》, 第 22 卷, 1869 年, 第 328 页。

38 E. 米尔斯，《论原子论的统计学与动力学思想》，《伦敦、爱丁堡、都柏林哲学杂志和科学杂志》，连载 8，第 42 卷，1871 年，第 112—129 页。

39 同上，第 123 页。

40 同上，第 129 页。

41 M. 法拉第，《关于电传导与物质性质的推测》，《伦敦、爱丁堡、都柏林哲学杂志和科学杂志》，连载 3，第 24 卷，1844 年，第 136 页。

42 C. 赖特，《化学新闻》，第 24 卷，1874 年，第 74—75 页。

43 正如布鲁克在《原子论之争》（莱斯特，1967 年，第 145 页及以后）一书中所指出的，在 19 世纪 50 年代和 60 年代，反原子论阵营中的很多最直言不讳的成员都是孔德的追随者，包括贝特洛、威鲁伯夫和纳奎特。

44 玻尔兹曼，《通俗文集》，第 155 页。

45 C. A. 伍茨，《原子论》，巴黎，1879 年，第 2 页。

225

226

第 14 章　皮尔斯与自我校正论题的庸俗化

若科学将我们引入歧途，更多的科学将带领我们走上坦途。[1]

E. V. 戴维斯（1914 年）

本章有两个目的：首先且主要的是，确定并总结一个重要的，但仍被忽视的 19 世纪方法论思想传统的发展；其次，是要说明这一传统的历史的某些方面给我们提供了一个新视角，以评价当代科学哲学的某些特征。在下文的第一部分，我试图详细说明这一传统，证明其存在并指出其演进中的一些特征。在第二部分，我将简要指出这一历史如何为归纳逻辑近来的一些趋势提供新的解释。

一

如本章标题所示，使我感兴趣的传统与科学推理可以自我校正这一观点有关，而在这段历史中，查尔斯·桑德斯·皮尔斯的著作是非常突出的。[2]人们已经习惯将皮尔斯看作科学推理方法能够自我校正这一观点的奠基人和首要的倡导者。[3]这个历史性的断言完全是错误的。科学方法是自我校正的，科学在其发展中通过逐步接近的过程不可阻挡地逼近真理，这个学说至少可以追溯到皮尔斯之前一百年。而且，在我看来，皮尔斯的重要性并不在于他创造了这个学说，而在于他以微妙然而意义重大的方式对这个学说做的变革。如我将在下文所述，皮尔斯是19世纪和20世纪关于自我校正和向真理前进的讨论中最重要的逻辑和历史纽带。此外，他对前人所理解的自我校正学说进行了重大改革。要想理解该变化之巨大，我们必须回到18世纪中叶，来看一下自我校正的推理模式的思想是怎样和为何兴起的。

227 　　在18世纪30年代和40年代，一些哲学家和科学家们开始声称，作为它所运用的方法的结果，科学是一项自我校正的事业。〔此后，我将把这个观点称为自我校正论题（self-corrective thesis）或简称为 SCT。〕

　　自我校正论题的最早版本和其最近的版本一样，是与科学进步理论紧密相联的（SCT 断言，实际上科学确实在"进步"）。因此，关于智力进步的启蒙观点最早为自我校正论题提供了主旨和理论基础，这并不令人惊讶。折中的知识理论，对**启蒙思想家们**来说是独一无二的，它将人类精神的进步与道德的进步等同起来，这当然与自我校正学说有关。但是，不被这种表面的历史的说服力迷惑是非常重要的。进步的启蒙理论很可能为自我校正观点的发展提供了肥沃的土壤，但我们必须到启蒙思潮之外去寻找自我校正理论最初的促进因素。具体来说，我们应当到潜伏在方法论自身历史之下的某些张力和问题中去寻找。例如，我们必须认识到，自我校正论题是一个自古以来就主导着元科学思想的论题的一种弱化的形式。这个更普遍的论题可被称为**即刻及确定的真理论题**（thesis of instant, certain truth; TICT）：科学，只要它是真正的科学，采用的就是一种必然会产生正确理论的研究方法。实际上，17 世纪的每位方法论家（包括培根、笛卡尔、洛克和牛顿）都赞成 TICT。[4]TICT 的支持者们相信科学即使没有猜想和假说也能行，因为手边就有一个现成的"发现机器"（如胡克所说）[5]能不出差错地（而且通常是机械地）产生正确理论。在 TICT 的框架之下，进步的概念是清楚和毫不含糊的。根据这一观点，进步只能是**新的真理的积累**。用一个局部的真理来代替另一个，在这种语境之下是没有意义的。发展，只要它能够发生，就是通过增长而非损耗或修正。

　　然而，到了 18 世纪中叶，很多方法论家都相信 TICT 是站不住脚的。阐明一个一致的发现逻辑的困难，以及关于经验证据无法结论性地证明一个理论的怀疑性争论，共同挫伤了科学家对其精神产物的无可争辩的正确性的信心，并使假说（仅仅是可能的）变得可以接受了，自从科学革命的亢奋使假说变得过时以来，这是第一次。[6]

　　有两个主要的论述看起来破坏了 TICT：一个针对"**后验证明**"方法（如笛卡尔所言）；另一个针对排除归纳法。第一种论 228 述的主要论点是所谓的"肯定后件"在科学推理中的应用。看上去可能令人感到惊讶，17 世纪和 18 世纪的几位方法论家和科学家曾经主张，一个理论成功预言一个实验结果的能力是这个理论已得到证明的自明性证据。笛卡尔派（如雅克·罗霍特）和牛顿派（如布莱恩·罗宾森）很相似，经常陷入这种很随便的推理模式中。然而，到了 18 世纪 50 年代，这种推理形式的非结论性特点已经被莱布尼茨、孔狄亚克和戴维·哈特利等人指出来了。

类似地，（与培根和胡克相关的）运用排除归纳法的证明方法已经被孔狄亚克、牛顿和勒萨热的论述削弱了，他们认为不可能详尽无遗地列举出可用来解释一组事件的全部假说。鉴于我们不可能知道所有能解释某一领域的事实的合适假说，这三个人都断言我们永远都不能确定经受住了系统性的反驳尝试的假说是真的。

（科学推理模式的第三个备选方案——**枚举**归纳法，在古代就被亚里士多德和赛克斯都·恩披里柯质疑了，在近代早期又被培根、牛顿和休谟等人质疑。）

既然已知的"经验推理"模式无一可靠，那么 18 世纪的科学方法论家们就再也不能问心无愧地谈论科学理论的确定性和正确性了。（引人注目的例外是"先验主义者"，如兰伯特、沃尔夫和康德，但他们的观点是一种少数派意见。）

18 世纪晚期的几位方法论家做了一个折中，打算承认当时的理论有可能最终被证伪，并相信 TICT 过于野心勃勃。他们的理由是，如果没有现成和直接的真理，至少我们还可以希望**最终发现**真理。即使科学家的方法并不保证他在第一次尝试时能发现真理，他至少可以希望离真理更近些。即使科学的方法并非绝对无误，但它们也许能纠正科学家犯下的任何错误。自我校正论题由此诞生。在某种意义上，这是一种维持体面的策略，因为，它允许科学家想象其最终目标正如 TICT 所暗示的那样就是真理，尽管科学家现在不得不满足于追求对真理的逐步逼近而非真理自身。[7] 229

在自我校正论题出现的同时，一些方法论家正在背离培根式的科学推理模式，而向某种与猜想与反驳类似的模式靠近。[8] 科学不再被看作一门从实验中提炼或推导出理论的学科，而是一门理论被表达、检验、丢弃并被其他理论代替的学科。在这种科学研究模式的背景下陈述自我校正论题时，其主张如下：

（1）从长远来看，科学方法可以驳倒一个错误理论；

（2）科学拥有一种找到一个比被驳倒的理论更接近真理的替代理论 T' 的方法。[9]

这种观点既是历史学的也是科学哲学的，根据这种观点，在任何真正的科学领域中，理论的时间序列就是不断逼近真理的过程（当然，前提是科学采用了保证其自我校正的方法）。这种描述也有一定的直觉上的说服力。甚至在今天，这些说法仍旧很常见：托勒密的体系比亚里士多德的同心球体系更接近真理，哥白尼的日心体系比托勒密的体系"更接近真理"，而开普勒的椭圆体系则更加接近。

弄清楚人们认为自我校正论题能解决哪类问题是很重要的。像它之前的 TICT 一样，**SCT 被设计出来以便为科学知识提供一种认识论上的解决方案**。这个问题可以有多种形式：为什么我们要把科学当作一项认知事业来认真看待？为什么会有对科学所运用的方法的辩护？为什么我们更喜欢科学而非骗术或伪科学？不管我们怎样看待 SCT，我们必须至少承认它试图解决的可能是科学哲学的最重要问题，即自然科学的知识性主张及其方法的正当性问题。

对这个反复出现的问题，自我校正论题的拥护者提供了一个在当时极具创造性的解决办法。对他们来说，科学作为一项认知和智力上的事业，其合理性不在于结论的确定性甚至正确性，而在于其向真理的逐步演进。正如我在下文将要指出的，在 SCT 后来的演化过程中，存在一种不断增长的忽视这个辩护问题的普遍倾向，反而将自我校正命题看作解决相当不同的、重要性小得多的问题的方法。下文将对此做进一步阐述。

如果我已经阐明的条件大致指明了自我校正论题的内容，那么其理论基础是什么？启蒙哲学家有何理由相信科学运用了满足上述条件（1）和（2）的方法？SCT 的早期拥护者给出了一个答案，但不是很令人满意。他们将某些数学推理方法和科学方法进行类比，声称就像数学家们提出不正确的猜想然后通过机械的检验改善这些猜想以求得方程式的解一样，科学家可以阐述一个不正确的假说，然后通过将其结果和观察进行比较来改进它，必要时改变假说以使之同事实一致。很显然，这个类比是不完整的。毕竟，将科学方法与自我校正的数学技巧相比较，无法证明科学方法是自我校正的，除非这两种情况在适当的方面具有很强的相似性。很不幸，它们（至少看起来）没有那么强的相似性。尽管表明假说法满足条件（1）要相对容易，但并无办法能保证它满足条件（2）或甚至（2′）[10]。实际上，在这一时期，人们并未提出任何方法论的程序来用一个已知（或可以合理地认为）离真理更近的假说来取代一个遭到反驳的假说。这些方法论家们对数学近似法的印象如此深刻，以至于（在我们看来）他们并不担心科学检验和数学证明之间的巨大的逻辑鸿沟。通过讨论一些有代表性的自我校正论题的早期辩护者，可能可以清楚地说明这一点。最早研究这个问题的哲学家[11]是戴维·哈特利（1705—1757 年）和乔治·勒萨热（1724—1803 年），尽管他们是独立工作的，却几乎得到了同样的结果。我将依次讨论他们。

在哈特利的《人之观察》（1749 年）的"命题及同意的性质"一章中，他分析了科学家可以使用的方法的类型。哈特利坚持认为，只有在数学中，人们才能建立起可以严格证明的理论。[12]但在科学中，我们必须满足于某些不那么精确的事物。然而，哈特利从数学中得到了启示，他相信科学家可以利用某些方法，即使这些方法不能立刻产生真理，但从长远来看也会逐渐把科学家引向一个正确的理论。他提出了两种基于数学技巧的方法，都是自我校正的，并且从长远来看都被认为将会把科学家引向真理。231

（1）**试位法**。这种近似技巧被文艺复兴时期的数学家称为**"错误法"**，哈特利对其特征的描述如下：

> 算术家假设某个数字就是所要寻找的那个数字；把它当作那个数字来处理；在结论中发现其偏大或偏小，通过相应的增减来校正其第一个值的错误，从而解决这个问题。因此，这在任何种类的研究中都是有用的：对所有这些假设，不管有多大的可能性都进行尝试，尽力从它们中推演出真实的现象。如果它们在某种程度上不能令人信服，就立即否定

它们；如果能的话，就增加、删去、校正和改进，直到使假说与自然尽可能地协调一致。此后，它必须等待进一步的修正和改进，或彻底被反驳……[13]

早在两个世纪前，数学家罗伯特·雷柯德就像哈特利一样，对试位法能从错误中产生真理的能力印象深刻，如同这首愉快的打油诗所表明的那样：

> 猜猜这部杰作，
>
> 你或可偶遇真相。
>
> 从这问题出发，
>
> 虽无法从中得出真理。
>
> 这错误却是极好的基础，
>
> 借助它真理唾手可得。[14]

然而，哈特利将雷柯德的观点又向前推进了重要的一步，他主张这种方法在自然哲学中和在代数中一样奏效。

（2）**等式近似求解法**。就像试位法一样，这种牛顿式技巧也被哈特利看作一种"虽不精确，却能走向真理"的产生理论的方法。[15] 在这里，科学家从猜想等式的解开始。从这个应用于等式的猜想着手，"推出第二个值，比第一个更接近真理；从第二个到第三个，等等"。[16] 哈特利坚持认为，这种自我校正法的使用"实际上是科学中的所有进步的必经之路"。[17]

我认为在这两个方法中有两个重要之处值得注意。首先，二者都涉及做出论断（即假说），如果这个假说是错误的，它最终将被证伪。更重要的是，它们都提供了一种方法，一旦反驳了一个假说，就能机械地找到一个替代物，后者要比最初的假说更接近真理。这两个特点共同组成了我所谓的"强自我校正法"（strong self-correcting method，或 SSCM）的必要和充分条件。[18] 当且仅当一个方法满足如下条件时它是一个强自我校正法：（a）明确了反驳一个合适的假说的程序；（b）明确了用另一个假说来代替被反驳的假说的技巧，这第二个假说要比被反驳的假说更接近真理。[19] 本章主要关注哈特利之后的著者对强自我校正法的说明。

232

很不幸，哈特利本人并未表明我们应当如何将这种数学方法应用于自然科学。设想科学假说是可反驳的易如反掌（忽略迪昂的考虑），但要猜出他心目中用一个更接近真理的假说来取代被反驳的假说的法则是什么，这就困难得多了。[20] 哈特利简单地认为，人们理所当然地可以用一种直截了当的方式，把这些数学技巧引入自然科学的逻辑中。

哈特利的同时代人，乔治·勒萨热，尽管依赖稍有不同的数学类比，但做了一个与哈特利非常相似的论证。勒萨热把科学家的程序和一个进行长除法练习的职员的程序相比较。在除法的每个阶段，我们都要在商中产生一个比前一阶段的商更精确的数字。在每个步骤，我们都用除数乘以所假定的商来看它是否与被除数相等。如果不相等，我们就知道商是错的，而且我们有一个校正错误的机械程序，即用一个更接近正确值的商来代替错误的商。[21] 和哈特利一样，勒萨热认为还有其他近似的技巧，科学家可以从数学家那里借过来，包括"开方根、求等式的有理除数和其他一些算术运算"。[22] 此外，勒萨热的观点甚至在模糊性上都与哈特利的足够相似，无需单独考虑。

我在前文曾提到过，科学是自我校正的因而是进步的这个论题非常契合 18 世纪的进步观，因为理论具有越来越强的说服力，是人类在道德层面逐步完善的智力镜像。约瑟夫·普里斯特利在这些问题上公开承认自己是哈特利的信徒，他在科学的自我校正性质和其科学进步理论之间建立了明确的联系。他写道：

233

> 假说，在仅被视为假说的情况下，把人们引向很多不同的实验，以确定这些假说。这些新事实有助于修正产生这些事实的假说。理论因此得到修正，这有助于发现更多新事实，而这又使理论离真理更进一步。在这种进步的状态或逼近真理的方法中，一切继续……[23]

很显然，所有这些纲领性声明的弱点在于，它们仅坚称科学方法**是**自我校正的，却没有表明它们以何种方式自我校正。如果没有一个有说服力的理由来证明科学方法是自我校正的，我们在谈论科学的进步时就没有合理依据，逻辑学家和生理学家让·塞尼比尔很敏锐地强调了这一点："我们常常不知不觉地就离开了真理，甚至在我们相信自己正在向真理努力前进时也会如此。"[24]1805 年，皮埃尔·普雷沃斯特令人信服地说明了由哈特利和勒萨热建立起来的自我校正论题的模糊性。他主张科学程序必然不同于试位法之类的数学技巧。他注意到，在科学中，我们一般不具备能满足试位法条件的知识，因此我们不能对这一方法期望太高。普雷沃斯特尤其反对假说法的自我校正性质。在他看来，这种方法允许我们做的就是证实或反驳一个假说，它并没有提供一个用更好的假说来取代被反驳的假说的工具：

> 因此，当开普勒从圆周假设出发，为火星轨道尝试各种偏心圆之后，这些错误的假设根本就不能（实际上也不应该）把他引向一个答案。当他后来意识到圆周假说的弱点时，如果他完全是偶然地尝试了其他的曲线，他就有可能一直使用另外一种永远都不能使他达到目标的方法。[25]

我希望这些文字已经使下述情况变得一目了然：到了 19 世纪早期，至少在某些著者那里，证明科学知识（即不可错的、不容置疑的真理）的合理性问题已经被一种为科学辩护的方案所取代，这种方案声称科学所追求的方法会使它越来越接近真理。下述事实表明了这一方案在何种程度上迅速主导了方法论思想——赫歇尔、孔德和休厄尔的科学哲学都公开关注科学的进步及其对真理的逐步接近。[26]

19 世纪的科学家和方法论家都坚持认为科学是不断接近最终真理的事业。克劳德·伯纳德等人就是以类似的方式看待科学的。因此，欧内斯特·勒南这样描述伯纳德： 234

> 真理就是他的宗教：他从未有过任何幻灭或软弱，他从未怀疑过科学……近代科学的成果并不因其是通过反复摇摆而获得的就显得没有价值。[对伯纳德来说] 这些微妙的

近似、连续的改进，把我们引向对**真埋的更为接近的**理解方式，这正是人类心智的真实条件。[27]

类似地，热心的达尔文主义者 T. H. 赫胥黎相信"每门科学的历史进步都依赖对假说的批判，即逐步剥离其不真实或多余的部分……"[28]

人们认为科学进步的关键在于，它运用了一种在实质上具有自我校正特性的方法。只要有时间和足够的经验，科学就可以进步到所希望的任何阶段。在 19 世纪中叶，尤其是在孔德和休厄尔那里，通过自我校正取得进步的学说在很多方面都成了科学哲学的中心问题。科学被看作一项不断发展的、充满活力的事业，因此，科学哲学家们倾向于强调一些充满活力的、以发展为导向的因素，如不断扩大的范围和普遍性、更高的精确性和系统性，以及最重要的，向真理的进步。然而，在 19 世纪的绝大部分时间里，尽管科学方法的自我校正性质经常被引用并不断受到赞扬，它仍像在勒萨热和哈特利的时代一样没有得到确立。每个人都假定科学是自我校正的（因而是进步的），可是没人愿意费心去证明方法论家们提出的任何一个方法事实上都是自我校正的方法。

自我校正论题的重点一直是概念上的变化，是诸个理论的前后相继。自我校正论者有时忽略的是一种"进步"，这种"进步"来自理论不断提高的可能性（通常是通过成功的证实），而理论自身没有产生任何变化。这第二种进步——我们可以称之为"基于概率化的进步"——在 19 世纪颇受瞩目。赫歇尔、布朗、休厄尔、杰文斯，以及阿佩尔特（仅举几例）详细讨论了我们无需改变自己的理论就能获得对它的信心的方法。通过概率化获得进步的拥护者倾向于强调科学理论的连续性，他们对具有高确证潜力的实验的强调远超自我校正论者对证伪性实验的强调。如果自我校正论者对实验科学家的建议是"设计出能表明你的理论的缺点的实验"，那么概率论者的建议就是"设计出如果实验结果有利，就能最大程度地增加你的理论的可能性的实验"。拉普拉斯的连续法则和概率理论在归纳中的应用给"概率论者"留下了深刻印象，他们主张任何可靠的理论都经历了各种程度的确定性，从完全不可能到极为可能。（托马斯·布朗和约翰·赫歇尔这类著者将这种转变视作从"假说"到"理论"或"法则"的转变。）

如果认为这两种可供选择的科学进步理论——一种是自我校正理论，另一种是概率理论——是相互排斥的，那是不正确的。相反，这一时期最有名的几位方法论家（例如休厄尔和伯纳德）就同时采用了这两种理论，主张概率化导致了"局部的"进步，而"跨理论的"进步则是由自我校正法主导的。[29] 然而这两种方法确实代表了不同的侧重点，并在 20 世纪形成了科学哲学中两种截然不同的流派（卡尔纳普和凯恩斯是概率化进步学派的传人，而波普尔和莱欣巴哈则主要致力于自我校正引起的进步）。

在 19 世纪成为显学的关于科学进步的第三种理论是由穆勒和贝恩提出的。穆勒采纳了一种通过排除而进步的理论。一个假说被接受、检验、反驳并被另一个所代替。这看上去很像是标准假说法的另一种表述。但穆勒对它的解释却与自我校正论者大相径庭。穆勒不相信我们有任何充分的理由确信一个替代性假说会

235

比被反驳的前一个假说更正确。实际上，它有可能"更不正确"。但穆勒说，假说的序列之所以是进步的，是因为这个系列所留存下来的最后一个假说是正确的。穆勒坚持一种有限多样性的原则，他坚持认为，对于一个科学定律，只会有有限数量的备选假说，只要能明智地应用五条归纳准则就能将错误的竞争者排除掉。很显然，穆勒关于科学进步的说明在实质上既不同于自我校正论者，也不同于概率论者。

这三种科学进步理论在 19 世纪下半叶都找到了自己的追随者。然而，自我校正论者占了上风，而自我校正传统在 19 世纪晚期的发展正是我现在要讨论的。

236　　二

正如我们所见，在哈特利和勒萨热之后的一个多世纪里，方法论家们几乎众口一词地（穆勒是个最为引人注目的例外）支持自我校正论题，对塞尼比尔和普雷沃斯特提出的怀疑视而不见，未经论证就表明一般的科学方法，尤其是假说法，确实是自我校正的。然而，查尔斯·桑德斯·皮尔斯的著作使对这个问题的讨论发生了全新的转向，他对这个问题的看法是我想要详细讨论的。

众所周知，皮尔斯是自我校正论题的坚定捍卫者。然而，与其绝大多数前人不同的是，皮尔斯（通常都）意识到了 SCT 并非不证自明的真理，并且感觉到科学逻辑学家的任务之一就是表明科学为什么以及怎样成为一项自我校正的事业，在其历史发展中逐渐地，但坚定不移地越来越接近对自然现象的正确表述。[30]

在这方面，皮尔斯最重要的论断是，他坚持认为**所有科学研究在本质上都是自我校正的**。他写道："理性的这种奇迹般的自我校正的性质，属于任何一门科学……"[31]并且，科学研究的每个分支都展现了"自我校正的重要力量"。[32]科学是自我校正的，（在皮尔斯看来）原因在于它们利用了自我校正的方法。因此，皮尔斯有责任证明科学的所有方法都能自我校正并因而保证了朝向真理的进步。这些方法包括三个层面：演绎、归纳和逆因推理。

正是在这点上，皮尔斯的第一个严重问题出现了。虽然他有义务表明这三种科学方法都是自我校正的，但他忽略了演绎，也忽略了逆因推理，其讨论几乎完全局限于归纳。尽管如此，这是有一定道理的，因为在皮尔斯看来，归纳法在我们对理论所做的所有评价中都是有效的。只要归纳的步骤是自我校正的，演绎和逆因推理的任何自我校正方面的失败都可能得到改善。因此，皮尔斯的问题就从证明科学方法一般都是自我校正法（SCM）变成了证明归纳的不同方法都是自我校正的。问题中的"归纳"是指检验一个科学假说的整个机制。尽管在皮尔斯漫长的职业生涯中，"归纳"这个术语的准确含义经历了几次声名不佳的变化，但其最一般的含义在他关于这个问题的几乎全部讨论中是稳定的。

因此，大约在 1901 年，皮尔斯写道："我把通过实验……来检验一个假说的工作称作**归纳**。"[33] 1903 年，他实际上又重申了

237

这一定义，[34] 而在他后来很重要的关于"归纳的多样性和可靠性"的论文中（约 1905 年），他提出了大致相同的观点：

> 归纳唯一合理的程序，在于检验假说……首先从假说中获得提示，接受它有条件地做出的经验预言，然后试着进行实验……当我们到达归纳阶段，我们将获知我们的假说到底有多么接近真理……[35]

皮尔斯在若干场合都宣称在这种宽泛的意义上构想出来的归纳具有自我校正的性质。早在 1883 年，他就指出："我们［不应］对归纳法自我校正的趋势视而不见。这是其实质，也是其非凡之处。"[36] 二十年后，他重申了这一观点："［归纳］是一种获得结论的方法，只要坚持得足够长久，它必定会纠正它可能导致我们陷入的有关未来经验的错误。"[37] 在这二十年之间，皮尔斯很有规律地又回到自我校正论题。例如，大约在 1896 年，他评论道："归纳这种推理模式，将结论作为［接近正确的］近似结论加以接受，因为它产生于一种从长远看来一般都会导致真理的推理方法。"[38] 而两年之后，他又沾沾自喜地宣称，"归纳倾向于自我校正的事实，已经足够清楚"。[39] 至此，我所引用的皮尔斯的文本可能是由勒萨热、哈特利、休厄尔或其他十几位生活在皮尔斯之前的方法论家所写的。

皮尔斯意识到了，而其先驱未能意识到的是，被界定为对假说的检验的归纳是否倾向于是自我校正的这点，并非那么明显。他将之视为一个切实存在的问题，并曾多次试图解决它，尤其是在 1903 年的《洛威尔讲座》，以及著名的 "G" 手稿（约 1905 年）中。在其 1903 年的经典论文中，皮尔斯区分了三种归纳：**天然**归纳、**定性**归纳和**定量**归纳。**天然**归纳（与统计性的相反）与普适性假说相关，其证据基础是脆弱的，因为它们只是 "所有天鹅都是白的" 或 "所有德国人都喝啤酒" 之类的经验概括。天然归纳的特征更多在于其依赖的证据基础的性质，而非其结论的逻辑形式。进行 "所有 A 都是 B" 式的天然归纳的唯一要求就是 "没有［任何已知的］反例"。[40] 这种归纳对日常生活来说可能是不可或缺的，但在皮尔斯看来，它们在科学中无足轻重。另一方面，**定量**归纳的含义是：根据观察到的某些性质在假说的一个样本中的分布来推断这些性质在更大范围内的相对分布。定量归纳就是最直白的简单枚举归纳法。定量归纳法的结论总是一个类似于 "某个经验集合 S 中的一个成员 s，具有某种特性 P 的概率" 的陈述。[41] 不同于天然归纳，（据皮尔斯说）定量归纳在科学中有所应用，但程度有限。

238

"用途更广泛的" 是剩下的一种归纳——**定性**归纳。[42] 它多少有些类似于通常所说的假说—演绎法。在这里，科学家提出一种假说，从之演绎出预言，并进行实验来检验这些预言。如果所有被检验的预言都被证实，这个假说就会被初步采纳；如果任何一个预言被反驳，科学家就会修正假说，或直接放弃它并尝试其他假说。

皮尔斯接着论述说，这些归纳中的一种，即定量归纳，是自我校正的。他坚持说，"定量归纳，总是逐渐接近真理，尽管不是以一种统一的方法"。[43] 皮尔斯对定量归纳的自我校正特性的论述，是后来的莱欣巴哈和塞尔曼所做的论述的一个粗糙的版本。只要我们的采样程序恰当，并且时间也足够长，那么定量归纳引导我们所做的估计会越来越接近正确值。[44]（在阐述这一论点时，皮尔斯告诉我们，他与一百五十年前的哈特利和勒萨热一样，对"某些数学计算方法能够自我校正"的事实印象十分深刻。）[45]

忽略掉这一论证中常见的技术困难，[46] 我们不妨承认皮尔斯已经接近证明定量归纳是自我校正的了。无论如何，定量归纳确实能满足自我校正法的两个条件，即这种方法不仅考虑到对假说的反驳，而且还能机械地规定一种为被反驳的假说找到替代品的技术 [47]（只要满足一个重要限制条件，即这个假说被当作一个或然性陈述）。

但是，在科学上更重要的归纳法——假说法又如何呢？这种定性归纳很显然能满足自我校正法的第一个条件，只要坚持应用
239 假说法，就终将揭示出一个错误的假说事实上是错误的。但是，定性归纳没有提供任何能满足 SCM 的第二个必要条件的机制，倘若一个假说遭到反驳，定性归纳无法提供任何产生（有可能）比被反驳的假说更接近真理的替代物的技巧。它甚至都不能提供一个标准来评判替代性假说是否更接近真理。简而言之，皮尔斯没有给出令人信服的论据来说明定性归纳具有很强或很弱的自我校正能力。[48]

皮尔斯在一定程度上是清醒的，他充分意识到他并未证明定性归纳是自我校正的。他指出，定量归纳"总是逐渐接近真理……定性归纳却没有如此灵活。通常情况下，要么这种归纳证实了假说，要么事实表明必须对假说进行某种修改"。[49] 当然，事

实没有表明的是，应当怎样修改假说以使之更加接近真理。虽然"[定性]归纳的结果可能有助于提出一个更好的假说"，但却不能保证它们能产生一个更好的假说。[50]

1898 年，在一次特别坦率的题为《论求得真理的方法》的演讲中，皮尔斯承认，在"解释性科学"中，我们无法确定竞争性理论之间的对抗结果是否"合乎逻辑或公正"。[51] 很显然，皮尔斯将自己置于必须解决一个迅速蜕变的问题的境地。"所有科学方法都是自我校正的吗？"从前他对这个问题的回答是：至少所有科学的归纳法是自我校正的。现在他的回答变成了：即使在不同的归纳法中，也只有一种已知的方法是真正自我校正的。

皮尔斯一定已经察觉到了自己所处境地的尴尬之处。皮尔斯希望证明科学是一项渐进的、自我校正的事业，它日益接近真理——他身处其中的传统和其早期作品都表明了这点，毫无疑问这就是他最初的问题。但他发现自己只能证明这些科学方法中只有一个是自我校正的（而且，皮尔斯承认，还是不太重要的那一个）。

弄清皮尔斯的意图，这点的重要性我怎样强调都不为过。实际上，所有皮尔斯的最近的评论家们都认为他的出发点是回答休谟关于归纳的疑问。因此，他们都在讨论他对自我校正论题和枚举归纳法的说明，就好像这些论述都只是或主要是为了答复休谟。这是在用不合适的标准来衡量皮尔斯，除非我的分析在方向上是全然错误的。皮尔斯想要辩护的，不是枚举归纳法，而是**科学**；皮尔斯想要答复的，不是休谟，而是怀疑科学的批评者。（顺便补充一句，我们这个时代最荒唐的现象之一就是我们竟然

240

允许这个神话流传起来，即认为 19 世纪的科学哲学家和我们一样关注休谟。就我所知，19 世纪方法论的经典人物——孔德、赫歇尔、休厄尔、伯纳德、穆勒、杰文斯以及皮尔斯——都不曾把休谟关于归纳的主张看得比史学家的想象更重要。皮尔斯关于归纳和科学方法的 32 篇论文——这些充满了大量历史文献的论文——中只有一处提到休谟，而且还不是关于归纳问题，而是关于奇迹问题。)[52]

事态已经明朗，皮尔斯试图通过虚张声势与重复来弥合意图与实际表现间的鸿沟。就像一个世纪前，勒萨热和哈特利可以粉饰他们在说明数学上的近似法与科学方法之间的类比时的失败，皮尔斯也可以轻易地忽略对不同形式的归纳的区分，并假装（如上述引文所示）其论证已证明所有形式的归纳（以及由此推导出的所有科学推理）都是自我校正的方法。在他后来的著作中，[53]皮尔斯通常会宣称定性归纳（或者如他有时所称，"第二顺序的归纳"）是渐进的和自我校正的，但他从未走得更远，甚至都不曾假装对这一主张加以证明。

伦茨曾经说过，皮尔斯"关于广义归纳法的自我校正特性的评论，极难理解"。[54]我认为我们必须对皮尔斯提出比晦涩难懂更严厉的批评。皮尔斯的言论本身并不难懂，他很清晰地说所有形式的归纳都是自我校正的。真正难懂的**是**皮尔斯做出这一论断的原因。对于绝大多数归纳法都是自我校正的这点，皮尔斯没有给出令人信服的、哪怕是稍微有点说服力的理由。我认为，对于这一显而易见的疏忽，可以通过回顾皮尔斯最初的动机找到其原因。[55]

正如我之前所说，皮尔斯从一个非常普遍且有趣的问题开始：通过证明科学方法（包括所有种类的归纳法）的自我校正特性来证明科学推理的合理性。我已经指明，这是皮尔斯时代科学哲学的标准问题之一。由于无法为这个问题找到一个普遍性解答，皮尔斯转而处理一个较为有限的任务，即证明归纳的一个种类，即定量归纳，是自我校正的。在证明了定量归纳是自我校正的之后，至少他自己对此是满意的，但他紧接着就来了个特别关键的滑坡，甚至没有给出任何令人信服的论证。皮尔斯似乎自己都不愿承认，他已无法完成最初的目标，即证明所有科学方法都是自我校正的。皮尔斯表现得就像他关于定量归纳的论证已经表明所有其他类型的归纳都能自我校正一样。

皮尔斯确实处于困境之中。他已经发现自己只能证明定量归纳是自我校正的，他本可以走莱欣巴哈的老路，主张定量归纳是唯一的科学推理方式，所有其他合理的方法都可以还原为这种方法。但皮尔斯并不认同莱欣巴哈的观点，即复杂推理是简单枚举归纳的复合体。或者，他还可以完全放弃自我校正论题，承认科学所使用的方法并不是自我校正的。但如此一来，其科学哲学也就不再充实丰满了。面对这样的两难境地，皮尔斯很方便地忽略了其论证范围的局限性，并（可能是无意地）从直接法则的自我校正特性转向了作为一般论题的 SCT。皮尔斯在多大程度上愿意进行这个转向，从他的如下说法中可以看出："每种类型的研究，只要得到充分实施，都拥有自我校正和进步的重要力量。"[56]

他对自我校正论题的基本承诺，曾一度变得很清晰，即使是

241

在缺乏任何方法论依据的情形下：

> 回溯推理［即定性归纳］能抵达真理的唯一希望，在于
> 人类心智所产生的想法与有关自然定律的想法之间有着达成
> 一致的自然倾向。[57]

无法为其科学是自我校正的这一直觉找到合理的辩护，在其他方面意志都很坚定的皮尔斯不得不求助于伽利略的**自然世界**，求助于一种难以言说的信念，即心智有能力以某种方式发现真理，或其合乎情理的复制品：

> 我们最好完全放弃掌握真理的努力……除非我们相信人
> 类的心智拥有一种在诸多假说得到检验前就能猜对答案的能
> 力，寄希望于智慧的猜测能将我们引导到能支持所有检验的
> 假说那里……[58]

242　　与皮尔斯同时代的皮埃尔·迪昂也持有类似观点，他凭借一种"自然分类法"支持自我校正论题。迪昂以一种比皮尔斯明确得多的方式承认，他无法给出逻辑上令人信服的理由，说明科学史能使我们日益接近对自然关系的可信赖的描述。不过，他相信这确实会发生，而且每位科学家都知道 SCT 是正确的：

> 因此，物理理论从不会对实验定律给出说明……但它变
> 得越完整，我们就越能领悟到理论对实验定律的逻辑排序是

对本体论次序的一个反映，我们就越怀疑理论在观察数据之间证实的关系与事物之间的真实关系相一致……物理学家不会考虑这种信念……可是物理学家也无力将之从自己的理性中排除……因而屈从于帕斯卡辨认出的"理性所不知道的"心灵的一种直觉，他宣称，其理论所反映的真实秩序随着时间的流逝，会更加清晰准确。[59]

有多大把握能为科学逐渐接近真理这个观点找到一个方法论的原因？在这个问题上，迪昂不如皮尔斯那么乐观，他坚持认为方法论家无法证明自我校正论题，其唯一的辩护存在于迪昂所谓的"形而上学命题"之中。[60]

重新回到皮尔斯的观点，我怀疑他在另一个重要的层面上汲取了 SCT 传统的大部分力量。正如我试图表明的那样，这一传统曾致力于证明下述（及其他）观点，即一个非统计的假说被另一个取代是进步和自我校正的基本步骤。皮尔斯至少在某些场合彻底放弃了这个观点。他认为，尽管我们无法修正我们的假说，但在这种情况下，我们可以修正我们赋予这些假说的概率分布。以这种方式辩论时，皮尔斯将假说的概率分布过程视为自我校正的，而用一个假说取代另一个的过程甚至不再是自我校正过程的候选者。随着时间的推移，离真理越来越近的不是我们的**理论**，而是我们分配给理论的概率显示出的进步和自我校正。之前对这个问题的所有讨论都是为了证明，一系列假说的形式是：

A 是 *B*，

> A 是 C,
>
> A 是 D,
>
> 等等,

243　这是渐进和自我校正的，皮尔斯的定量归纳具有"最廉价的"自我校正形式，认为如下这种序列：

> A 是 B 的概率是 m/n,
>
> A 是 B 的概率是 m'/n',
>
> A 是 B 的概率是 m''/n'',
>
> 等等

是（或可以成为）自我校正的。皮尔斯根本无法处理一个（具有"A 是 B"的形式的）假说被另一个概念上不同的假说（比如说，"A 是 C"）取代的情况。[61]

　　在本书中细致地讨论最近的方法论家关于自我校正论题的观点是不合适的，因为这将把我们带回到 20 世纪。不过，我认为还是有必要谈谈最近的发展，因为它们与我在这里讨论的传统有着相当密切的关系。众所周知，汉斯·莱欣巴哈对 SCT 的讨论，在其《概率论》和《经验和预测》中最引人注目。在这两本书中，莱欣巴哈和皮尔斯一样，着手证明直接法则是自我校正的，简单枚举归纳法是自我校正法。和皮尔斯一样，莱欣巴哈仅依赖最不牢靠的论证就假定科学是自我校正的事业，因为（在这里莱欣巴哈与皮尔斯不同）所有科学方法都可还原为枚举归纳法。[62]

然而，很不幸，莱欣巴哈想把绝大多数科学方法还原为直接法则的分类的尝试，往好了说是程式化的，往坏了说就是无法令人信服的。因此，莱欣巴哈和皮尔斯一样，发现自己无法从总体上证明 SCT，只能满足于微不足道的安慰，即枚举归纳本身是自我校正的。

尽管如此，也必须指出，从莱欣巴哈的角度看，他举起了自我校正论题这一传统的大旗，但不像皮尔斯那样半心半意。莱欣巴哈意识到了这项实践的目标，并明白对直接法则的自我校正特性的探索具有极为重要的意义——只要能证明直接法则与科学推理更为微妙的形式之间的相关性。莱欣巴哈的计划未能成功，他从未成功地将科学方法还原为枚举归纳法，但他对这个问题的性质的直觉的可靠性并不因此而受到削弱。

然而，最近二十年，似乎出现了一种在处理这一问题时回归皮尔斯而非莱欣巴哈的倾向。很多当代科学哲学家可能忘记了自我校正问题最初是一个关于科学的问题，而非对休谟的问题的一个假定的解答，他们详细地探讨了枚举归纳是否具有自我校正的性质，却没有认真考虑科学方法是不是枚举式的。[63] 莱欣巴哈最杰出的信徒韦斯利·塞尔曼，也在很多场合中回避了这个特殊论题。[64] 人们会有这样一种印象（可能不太合理）：这些哲学家们过于关注皮尔斯的解决办法的技术和形式方面，以至于忽略了这个答案所要回答的问题本身。我怀疑，我们有时正在重复皮尔斯的错误，认为只要我们能证明**任何一个**扩张性推理是自我校正的，我们就可以轻而易举地证明它们中的绝大多数都是如此。

我在此所做的批评，无论多么用心良苦，仍然经常会被指责为不成熟和庸俗。毕竟，人们可以说，突破可能在任何时刻发生，而在这种情况下，莱欣巴哈和塞尔曼的著作就会成为科学推理的奠基之作，就好比罗素、弗雷格或康托的作品是数学的奠基之作一样。此外，应该指出，基础性研究，尤其在其初始阶段，与它们声称是基础的东西常常只有非常脆弱的联系。不过，尽管如此，人们仍有权利坚持认为公认的"基础性研究"必须符合某些适当性准则，并接受某些标准的检验。

我不想假装自己知道这些标准到底是什么。（这本身就是个重大的哲学问题。）但是，关于对归纳和科学推理的所谓务实的辩护，我有几点看法。第一，杰出的哲学家们探索这一方法已近一个世纪。在这段时间里，在表明直接法则与其他推理形式之间存在着某种联系这个问题上，他们并不比1872年的皮尔斯做得更好。第二，更令人不安的是，至少从20世纪30年代起，这种"务实的"方法就开始变得与那个最初使其变得有趣的主题（即科学推理可以还原为枚举推理）越来越不相关。这一主题在这个务实传统中的核心地位已经被对枚举归纳法本身的关注取代。在不知不觉中，**科学的合理性问题已被归纳法的合理性问题取代**。而且，由于前者与后者之间缺乏任何已确认的联系，这部分的
245 "科学哲学"已经放弃了其作为科学哲学的任何令人信服的主张。

如果我们与皮尔斯、勒萨热、哈特利、休厄尔和迪昂一样，相信科学是自我校正的、渐进性的事业，那么我们就应该致力于证明科学是如何以及为什么是这样的。如果我们更进一步——和皮尔斯、莱欣巴哈一样——相信对枚举归纳法的探究将会提供答案，那么我们应该更为勤勉地研究枚举归纳法在真正的科学

中的作用。我们必须避免未经论证就假定科学的进步这个古老
问题可以通过对直接法则的技术性研究而得到澄清，从而避免
掉入皮尔斯的陷阱。我们已经接受了皮尔斯的**替代性的**自我校
正——它只能处理概率的变化而非理论的变化，但并未公开讨
论传统意义上的完备的自我校正是否超出了我们的解释能力。我
们主要关注的应该是科学的自我校正的性质，而非一个"愚蠢的"
规则的自我校正的性质。[65]

注释

*　自本章初次发表以来，尼古拉斯·雷舍尔和伊尔卡·尼尼洛托已经对其
　　进行了详细讨论。应根据二人对本章核心主题所做的建设性批评对本章
　　进行评价。

1　《中西部季刊》，第 2 卷，1914 年，第 49 页。

2　关于皮尔斯的哲学，有着大量的诠释性和批判性文献。以下是明确讨
　　论皮尔斯的自我校正问题的文献：A.W. 博克斯，《皮尔斯的溯因推理理
　　论》，《科学哲学》，第 13 卷，1946 年，第 301—306 页。C. W. 程，《皮
　　尔斯和刘易斯的归纳理论》，海牙，1969 年；H. G. 法兰克福，《皮尔斯
　　的溯因推理概念》，《哲学学报》，第 55 卷，1958 年，第 593—597 页；
　　J. 伦茨，《作为自我校正的归纳》，收录于《查尔斯·桑德斯·皮尔斯
　　哲学研究》(摩尔和罗宾编)，马萨诸塞州安姆斯特，1964 年；E. 梅登，
　　《皮尔斯论概率》，同上书；F. E. 雷利，《C. S. 皮尔斯所论之科学方法》，
　　博士论文，圣路易斯大学，1959 年。虽然我承认自己受益于上述所有这

些研究，但所有这些著者们都没有在我所提出的历史框架之内讨论皮尔斯研究自我校正论题（SCT）的方法，这样说是公平的。

3　例如，可参阅博克斯的《皮尔斯的理论》。甚至连皮尔斯本人都试图留下这种印象，即他是阐明科学推理的自我校正特性的第一人。例如，他在 1893 年写道，"你在我能想到的任何一本书中都找不到"关于"推理的自我校正倾向"的观点。C. S. 皮尔斯，《皮尔斯文集》（哈特肖恩、威斯等编），八卷本，剑桥，哈佛大学出版社，1931—1958 年，第 5 卷，第 579 页。并非质疑皮尔斯的诚实，但我们确实有一些理由来怀疑他的说法。皮尔斯多次提到了许多著者的作品，我在下文将引用这些作为皮尔斯的前辈的著者的作品。（例如，见同上书第 5 卷，第 276 页注释，他在书中非常博学地讨论了勒萨热和哈特利的科学哲学，而两人都曾强调过科学推理的自我校正的特性。）

246

4　这一点需要某种限定条件。众所周知，我们可以从所有这些著者的作品中发现他们似乎放弃了 TICT 的不可证伪论，而代之以一种更谦虚的"或然论"。（第 4 章讨论了很多相关的文本。）不过，如果让这些对可错论的妥协模糊了下述事实，即所有这些人物都持有这种经典看法——科学是根据正确原理证明知识，那么这将是一个严重的误判。培根、笛卡尔、洛克和波义耳都把不可错视为科学的目标；直到该目标实现，他们才肯满足于——但也只是暂时的——纯粹或然性的信念。然而，他们的长期目标是用真正的知识取代这种纯粹的意见。

5　见罗伯特·胡克在其遗作中对"归纳逻辑"的说明，收录于《罗伯特·胡克遗作集》（R. 维勒编），伦敦，1705 年，第 3 页及以后。

6　见第 4 章。

7　一个半世纪之后，马克思·普朗克雄辩地表达了这一典型的 18 世纪观点："不是拥有真理，而是成功追求真理使得研究者受益和受到鼓舞。"（《理论物理学导论》，第 4 版，莱比锡，1944 年，第 208 页）

8　有一些，但绝不是全部。迟至 18 世纪 90 年代，像托马斯·里德这样的哲学家仍在主张一种严格意义上的归纳方法论。（参见第 7 章）

9　为忠于历史，指出下述情况是很重要的：某些 18 世纪和 19 世纪早期的方法论家一方面将自我校正论题作为一个一般主题加以接受，同时却对上述（2）所表达的思想感到不快。SCT 坚持如下观点，即存在着找到替代选择的机械性步骤。一些方法论家否认了这点。然而，他们坚持的却是（2′）：科学拥有毫不含糊地确定一个替代性的 T' 是否比受到反驳的 T 更接近于真理的技巧。

例如，威廉姆·休厄尔反对隐含在（2）中的论断，即科学家拥有任何能自动纠正假说的算法。然而，他相信对一个（受到反驳的）理论及其替代者来说，要决定二者当中哪一个（用休厄尔的话来说）"离真理"更近，一般来说是可能的。在后文，我将把（1）和（2）这对论断称为**强**的自我校正命题（SSCT），并将（1）和（2′）称为**弱**的自我校正命题（WSCT）。

这里还应指出另一个重要的限定条件。尽管我所讨论的所有人物都在谈论着"离真理更近""更加接近真理"等等，但尚不清楚是否存在一个有关真理是什么的共识。例如，对某些著者来说，真理的概念似乎是工具性的（能够"解释现象"的就是真的），而对另外一些著者来说，真理的概念则是对应性的。不过，对于自我校正和接近真理问题的绝大多数讨论似乎都是在独立于不同的真理概念和标准的情况下进行的。

10　见上文注 9。

11　关于勒萨热和哈特利具有优先权的这个主张，和所有关于历史优先权的主张一样，必然是暂时的。R. V. 桑普森在《理性时代的进步》（伦敦，1956 年）一书中宣称布莱士·帕斯卡相信科学是"累积的、自我校正的"和逐步发展的。我在帕斯卡的著作中未能找到这种论断，而且（很不幸）桑普森也没有为其解释提供任何证据。类似地，查尔斯·弗兰克

247   尔（《理性的信念》，纽约，1948年）也毫无证据地主张，"对帕斯卡来说……科学方法是逐渐进步的，因为它是公开的、累积的和自我校正的"（第35页）。在出现实质性的证据之前，我认为现有的历史证据支持哈特利和勒萨热具有优先权这一主张。不过，本章的论点并不依赖优先权问题。

12 戴维·哈特利，《人之观察》，伦敦，1749年，第1卷，第341—342页。

13 同上，第1卷，第345—346页。大体上，试位法定律是这样运算的：如果想为形式为 $ax + b = 0$ 的一个方程式求解，可以假设一个解 m，作为 x 的值。在方程式左边用 m 替代 x 的结果为 n，由 $am + b$ 得出。x 的正确值则由下述公式确定：

$$x = mb/(b-n)$$

试位法定律是人们最早掌握的简单方程求解定律之一。

应当补充的是，在18世纪，"试位法定律"这个术语通常并不特指上述法则，而是指我们所说的双设法，涉及两个猜测而非一个。罗伯特·胡克有一个关于后一定律的有趣讨论，见《哲学实验与观察》（杜伦编），伦敦，1726年，第84—86页。

14 R. 雷柯德，《诸艺之本》，伦敦，1558年，Z4叶。

15 《人之观察》，注12，第1卷，第349页。

16 同上，第1卷，第349页。这点可能值得注意，即哈特利坚持一种道德进步和自我改进的理论，它与科学中的进步和自我校正相对应。他写道："我们拥有一种使我们的智力结构与我们的环境相适应、纠正错误认识，并完善正确认识的能力。"（同上，第1卷，第463页）

17 同上，第1卷，第349页。我们应该注意到，这些不同的"近似法"所产生的结果有很大差异。其中一些方法，如牛顿的一般方程根近似法，并不一定能得出正确结果。通过使用这种方法，我们可以不断地改进估计值，但它并不能保证我们能精确地求得正确答案。不过，哈特利提到的其他方法，尤其是试位法，不仅能纠正错误的猜测，而且能立即用正确解取而代之。当应用到科学领域时，这个差异变得极为重大。如果我们的科学方法模型是试位法定律，那么就可以想象科学很快就能到达所有错误理论都被正确理论取代的阶段，而且科学知识将既是静态的，又是非猜测性的。另一方面，如果我们的研究模式是通过近似法为方程求解，那么科学可能将永远处于变动之中，根本无法保证它能抵达终极真理。

哈特利及其绝大多数 19 世纪的后继者，似乎都在这两种非常不同的模型之间摇摆不定。

18 当然，关于"自我校正"的说法稍微有点误导，因为它并不是在校正自己，而是校正了此前应用这种方法时所产生的解释。不过，既然语言学的传统认可了所有的混淆方式，而且谈论具有自我校正特性的方法也是一种惯例，我也就如此照搬，希望读者对这条告诫心中有数。

19 一个方法将是弱自我校正的（WSCM），如果（a）符合上述条件，且如果（b）在不指明"更真实"的替代方案的情况下，能够确定给定的替代方案是否更真实。（还可参见上文注 6） 248

20 准确地说，这个批评是孔狄亚克在 1749 年反对下述观点时提出来的，即科学家可以借用数学家的近似法。（参见其《体系论》，巴黎，1749 年，第 329—331 页。）一代人之后，J. 塞尼比尔也提出了这一批评。（参见其《论观察的艺术与做实验》，日内瓦，1802 年，第 2 卷，第 215—216 页。）

21 如勒萨热所言："对这些特定假设的校正，得自为验证其正确性而进行的小规模乘法运算，其主要目的就是使这些假定值更接近［真正的］数值；但最后的部分除法除外，因为正是在这里，此前运算中所允许的不精确的值最终被否定。"G. H. 勒萨热的论文《论方法的几篇小作》，在其去世后发表于皮埃尔·普雷沃斯特的《哲学文集》中，巴黎，1804年，第2卷，第253—255页。有关段落大约写于1750年后，出现在第261页。（我在第8章对勒萨热的著作进行了更为详尽的讨论。）

22 同上，第2卷，第261页。

23 约瑟夫·普里斯特利，《电学史》，伦敦，1767年，第381页。

24 "我们时常不加怀疑地偏离真理，我们以为自己在追求真理，但却偏离了它。"（《文集》，第2卷，第220页）

25 普雷沃斯特，《哲学文集》，巴黎，1804年，第2卷，第196页。不过，普雷沃斯特相信存在着科学家们可以运用的自我纠错的方法。

26 例如，可以参阅休厄尔的《发现的哲学》（伦敦，1860年）中关于进步的几篇论文，以及奥古斯特·孔德的《实证政治体系》（四卷本，伦敦，1875—1877年）的序言。在约翰·赫歇尔的讨论中，也有类似的观点，但更为模糊（《自然哲学导论》，伦敦，1831年，第224段及以后）。

27 E.勒南，《克劳德·伯纳德》，收录于《克劳德·伯纳德著作集》（勒南编），巴黎，1881年，第33页。黑体为我所加。

28 T.H.赫胥黎，《休谟》，伦敦，1894年，第65页。

29 当然，我的标签是过时的。但它们所指的概念并非如此。

30 关于皮尔斯对自我校正论题在科学史上的运用的讨论，参见其《来自科学史的教训》（约1896年），收录于《皮尔斯文集》，第1卷，第19—49页，尤其是第44页，第108段。

31 《皮尔斯文集》第5卷，第579页。

32 同上，第5卷，第582页。

33 同上，第6卷，第526页；还可参见第2卷，第755页。

34 同上，第7卷，第110页。

35 同上，第2卷，第775页。

36 同上，第2卷，第729页。

37 同上，第 2 卷，第 769 页。

38 同上，第 1 卷，第 67 页。

39 同上，第 5 卷，第 576 页。其他相关段落包括：1868 年（修订于 1893 年），"我们不能说归纳的普遍性是真实的，只能说从长远来看，它们接近真理"（第 5 卷，第 350 页）。1898 年，"一个适当的归纳研究可以校正其自己的前提"（第 5 卷，第 576 页）。1901 年，"［归纳］启动了一个长远来看必将接近真理的进程"（第 2 卷，第 780 页）；"坚持不懈地对问题进行归纳，必将接近真理（虽然不太合乎规则）"（第 2 卷，第 775 页）；"归纳法必然会接近真理"（第 6 卷，第 100 页）。1903 年，"对［归纳］的辩护如下：尽管在研究的任何阶段，结论可能多少都有些错误，但进一步应用该方法必将纠正这个错误"（第 5 卷，第 145 页）；"假设我们确定归纳推理的结论是正确的……如果坚定不移地坚持这种方法，其结果必将使推理者抵达事物的真相或使其结论在变化中接近作为其极限的真相"（第 7 卷，第 110 页）；"……如果这种推理模式［即归纳］使我们偏离了真理，但仍旧稳步前进，那么它终将通向真理"（第 7 卷，第 111 页）。也见于《皮尔斯文集》，第 2 卷，第 709 页。

40 同上，第 2 卷，第 756 页。

41 同上，第 2 卷，第 758 页。

42 同上，第 2 卷，第 77 页及以后。

43 同上，第 2 卷，第 770 页。

44 当然，前提是这个研究中的序列**存在着**某种限制，皮尔斯意识到这种限制是必不可少的。

45 同上，第 5 卷，第 574 页。皮尔斯的例子与哈特利和勒萨热的例子完全相同。这里也许应该补充一点，皮尔斯对哈特利的《人之观察》有第一手的了解，并在其《文集》中多次提到。此外，他也了解勒萨热的著作，至少是第二手的资料，并在其《文集》第 5 卷中进行了引用。

我对皮尔斯的思想发展历程所知甚少，无法断言皮尔斯关于自我校正法的想法毫无疑问来自哈特利和勒萨热，但是，考虑到皮尔斯对哈特利的了解，以及他们在最初处理这个问题时所展现出的明显相似之处，这种猜想似乎是合乎情理的——哈特利可能促使皮尔斯细致地考虑自我校正问题。

46 有关直接法则的大量技术性文献，参见塞尔曼的《科学推理的基础》一书的参考书目（匹兹堡，1967 年）。

47 当然，这个替代物是否比被替代物更接近真理，这是另一个问题。但至少定量归纳可以明确给出一个替代答案，因此是一种（潜在的）强自我校正的方法。

48 这一点，即定性归纳不是（或至少没有表现出是）自我校正的，被皮尔斯的几个评论者忽略了。例如，程写道："说一个定性归纳是自我校正的，意味着要么说一个特定假说可被一个新假说替代，要么说该假说的范围是可以调整或限制的……"（《皮尔斯和刘易斯的归纳理论》，第 73 页）。
程在论述这点时，用了"自我校正"的一个很不恰当的含义。一个假说是可替代的或"可调整的"仅仅意味着我们拥有丢弃或改变它的技巧。如果定性归纳是自我校正的，那么我们至少需要进一步保证，它的替代答案或修改后的表述是一种进步。皮尔斯不曾提供过这一保证，甚至有时会否认我们能获得它。

49《皮尔斯文集》，第 2 卷，第 771 页。

50 同上，第 2 卷，第 759 页。

51 同上，第 5 卷，第 578 页。

52 这 32 篇文章的标题列在程的《皮尔斯和刘易斯的归纳理论》的附录一中。讽刺的是，程本人在讨论皮尔斯的著作时，似乎将其明确地指认为对休谟的回应。

250

53《皮尔斯文集》，第 7 卷，第 114—119 页。

54 J. W. 伦茨《自我纠错的归纳》，收录于《皮尔斯研究》（E. 摩尔和 R. 罗宾编），第 152 页，注 2。程指出"皮尔斯并未阐明归纳的自我校正过程意味着什么……"，他与伦茨的观点不谋而合（《皮尔斯和刘易斯的归纳理论》，第 67 页）。

55 只要看看下面三种表述，就可以大致了解自我校正论题的主要变化，第一个，是典型 18 世纪的；第二个，是 19 世纪的；以及第三个，是皮尔斯的：

SCT_1：科学的方法是，对于一个受到反驳的假说 H，存在着一个产生"更正确的" H' 的机械程序……科学是渐进的（即越来越接近真理）。

SCT_2：科学的方法是，给定一个受到反驳的假说 H，我们总能确定一个替代性的 H' 是否"更正确"……科学是渐进的。

SCT_3：枚举归纳法是这样一种方法：给定一个受到反驳的 H（以及可获得的证据），我们可以机械化地得出一个替代性的 H'，它可能比 H 更正确……科学是渐进的。

在 SCT_1—SCT_2—SCT_3 这个序列中，前提变得越来越明确，越来越有理有据，但付出的代价就是，前提在推理上对结论的支持变得越来越弱。

56 《皮尔斯文集》，第 5 卷，第 582 页。

57 同上，第 1 卷，第 81 页。皮尔斯坚持认为"这是一个主要的假说……即人类的思维与真理相似，它能从有限数量的猜想中找到正确的假说"（同上，第 7 卷，第 220 页）。

58 同上，第 6 卷，第 531 页。另参见第 1 卷，第 121 页。

59 皮埃尔·迪昂，《物理学理论的目标与结构》（维纳译），纽约，1962 年，第 26—27 页。

60 同上，第297页。迪昂对自己的立场进行了总结："物理学进步到此种程度，它变得越来越近似于其理想终结时的自然等级。物理学无力证明这一断言是有根据的，但若非如此，指导物理学发展的趋势将仍是无法理解的。因此，为找到一个凭证来确立其［作为自我校正方法的］合法性，物理学理论不得不求助于形而上学。"（同上，第298页）

61 我怀疑，归纳的自我校正的这种"廉价"形式源于拉普拉斯的连续法则，以及这一法则在19世纪的概率论中所引起的讨论。

62 莱欣巴哈写道："科学研究的方法可以被视为一系列的［枚举］归纳推理。"（《经验与预测》，芝加哥，1938年，第364页）

63 参见G. H. 冯·赖特，《归纳的逻辑问题》，第2版，牛津，1965年，第8章。不过，值得称道的是，在皮尔斯的评论者中，几乎只有赖特意识到了皮尔斯对自我校正的研究的范围的有限性。他是这样表述的："皮尔斯认为归纳能够自我校正地接近真理，这个想法对除统计归纳之外的其他类型的归纳推理……并没有什么直接的意义。"（同上，第226页）

251

64 例如，见W. 塞尔曼，《归纳的辩护》，收录于《当前科学哲学论题》（H. 菲格尔和G. 麦克斯韦编），纽约，1961年，第256页；以及W. 塞尔曼，《归纳推理》，收录于《科学哲学选读》（B. 布罗迪编），新泽西，恩格尔伍德克利夫斯，1970年，第615页。

65 卡尔·波普尔在其《猜想与反驳》（伦敦，1963年）中提出了一种截然不同的对自我校正论题的表述。与皮尔斯、莱欣巴哈和塞尔曼的方法不同，波普尔的方法并未试图将枚举归纳法当作科学推理的基石。更确切地说，它依赖于证明：根据关于内容增长的方法论惯例，假说法是弱自我校正的。（我认为这一证明并未成功。）在当代科学哲学家中，波普尔也许是唯一一个系统地面对了SCT所引起的问题的人。他对真实性的讨论固然不完整，但他已经意识到了这个问题的严重性。从这方面及其他方面来看，波普尔可能比任何其他在世的科学哲学家都更接近19世纪的方法论传统。

252

文献注记

　　本书的各章包含了具体引用的所有著作的索引。当然，还有大量关于方法论史的学术著作，我没有将其包括在内。对于大多数的此类文献，可在我的这篇文章中找到一个指南：《从柏拉图到马赫的科学方法理论：一个文献综述》,《科学史》，第7卷，1968年，第1—63页。

人名索引

A

Aaron, R., 亚伦 69

Ampère, 安培 151, 209

Apelt, 阿佩尔特 10, 180, 195, 234

Apollonius, 阿波罗尼奥斯 81

Aquinas, 阿奎那 81—84

Aristotle, 亚里士多德 21—24, 37,
　39, 41, 46, 51—54, 76, 81,
　90, 96, 98, 108, 158, 159,
　183, 185, 228—229

Aronson, S., 艾若森 18, 137

Avenarius, 阿芬那留斯 219

Averroes, 阿维洛伊 76, 78

Avicenna, 阿维森纳 76

Ayer, A. J., 艾耶尔 156

B

Bacon, F., 培根 4, 10, 23 ff., 33
　ff., 77, 79, 84—86, 90—99,
　104—108, 114, 124, 128, 141
　ff., 151, 160, 164, 178, 183,
　186, 192, 227—229, 246

Baden Powell, 巴登·鲍威尔 151

Bailey, 贝利 157, 161

Bailly, F., 贝利 13, 119

Bain, 贝恩 235

Barrow, 巴罗 57

Berkeley, 贝克莱 7, 59, 87, 104,
　112—113

Bernard, 伯纳德 7, 10, 161, 234,
　235, 240

Bernoulli, D., 贝努利 17, 104, 119, 209

Berthelot, 贝特洛 225

Berzelius, 贝采利乌斯 219

Birch, 伯茨 52

Black, J., 布莱克 7, 124

Blackmore, J., 布莱克摩尔 222—223

Blake, 布雷克 49, 85

Blanché, R., 布兰奇 163, 178

Boerhaave, 布尔哈夫 10, 12, 75, 209

Boltzmann, 玻尔兹曼 187, 202, 218 ff.

Boole, 布尔 194—195, 200

Boscovich, 博斯科维奇 12—14, 18, 119, 179

Boyle, 波义耳 9, 20, 22, 25, 28, 33—75, 79, 84, 85, 132, 136, 169, 179, 183, 246

Bradley, J., 布拉德雷 223

Bradley, 布拉德雷 88

Braithwaite, R., 布莱斯维特 223

Brewster, D., 布鲁斯特 159, 161

Brock, W., 布鲁克 224

Brodie, 布罗迪 205, 219

Brougham, 布鲁厄姆 139

Brown, T., 布朗 16, 87, 124, 138, 234, 235

Brush, S., 布拉什 222, 223

Buchdahl, 布克达尔 7, 15, 19, 32, 49, 50, 84, 85, 223, 224

Buffon, 布丰 12

Bunsen, 本生 193

Burks, A., 博克斯 245

Burtt, E., 伯特 25, 49

Butterfield, H., 巴特菲尔德 49

Butts, R., 罗伯特·巴茨 163, 177—179

C

Cantor, G., 康托 135, 139, 140

Cantor, 康托 244

Carnap, 卡尔纳普 7, 177, 192, 195, 197, 200, 235

Cassirer, 卡西尔 152, 208, 209

Charleton, 查尔顿 50, 52, 54, 57

Cheng, C., 程 245, 249, 250

Cheyne, G., 切恩 103, 104

Clavius, 克拉维乌斯 79

Cohen, I. B., 柯恩 104, 107, 136

Cohen, 柯恩 14., 187

Comte, 孔德 10, 128, 139, 141—
162, 188, 189, 207—209, 213,
219, 221, 223, 225, 233, 234,
240, 248

Condillac, 孔狄亚克 10, 17, 18,
112, 113, 228, 248

Condorcet, 孔多塞 17

Copernicus, 哥白尼 20, 21, 25,
79, 122, 229

Coronel, 科罗内尔 82

Cotes, 柯特斯 12, 57

Cournot, 库诺特 195, 209

Cowley, 考利 48, 57

Craig, 克雷格 155

Cranston, M., 克兰斯顿 55, 71

Croll, 克罗尔 118

Crombie, A., 克龙比 84, 85

Cudworth, 卡德沃斯 50

Cullen, W., 库仑 124

Cusa, 库萨 82

D

D'Alembert, 达朗贝尔 10, 17,
106, 112, 179, 187

Dalton, 道尔顿 152, 153, 213

Darwin, G., 达尔文 118, 234

Davis, E., 戴维斯 226

Delvolvé, 德尔沃维 161

DeMorgan, 德摩根 88, 194, 195,
197, 200

Descartes, 笛卡尔 7, 9, 19—22,
25, 27—58, 60, 67, 68, 71,
73—75, 79, 82—85, 95, 96,
114, 122, 126, 132, 136, 167,
169, 174, 179, 183—185, 216,
227, 228, 246

Dewey, 杜威 184, 185

Diderot, 狄德罗 10

Digby, 迪格比 50

Doppler, 多普勒 206

Drobisch, 德罗比施 195

Ducasse, C., 迪卡色 7, 178

Ducasse, P., 迪卡色 85, 161

Duhem, 迪昂 7, 15, 82, 84, 85,

183，191，202，205，207，208，
219，232，242，245，250

Duval-Jouve，杜瓦尔－朱韦 158，161

E

Edelstein，埃德尔斯坦 15

Einstein，爱因斯坦 219

Emerson，爱默生 104

Epicurus，伊壁鸠鲁 51

Erasmus，伊拉斯谟 85

Euclid，欧几里得 96，121

Euler，欧拉 10，13，113，119，137

F

Faraday，法拉第 152，220，222，224

Farr，法尔 118

Fatio，法蒂奥 119

Fechner，费希纳 209，216，222

Foucault，傅科 128

Fourier，傅立叶 208，209

Fowler，福勒 175，180

Frankel，C.，弗兰克尔 247

Frankfurt，H.，法兰克福 245

Franklin，富兰克林 12，104，107，

112，212

Frege，弗雷格 244

Fresnel，菲涅耳 128，130，131，152

Fries，弗莱斯 195

G

Galen，盖仑 76，78，85，90，114

Galileo，伽利略 20—26，84，174，
207，241

Gassendi，伽桑狄 22，25，51

Gibson，J.，吉布森 69

Gilbert，吉尔伯特 49

Glanvill，格兰维尔 28，33，44—
48，55，56，58，66，67，175

Goldsmith，O.，戈德史密斯 103

Gregory，D.，格里高利 88

Gregory，J.，格里高利 88，107

Grosseteste，格罗斯泰特 79

Gysi，L.，吉西 50

H

Hacking，I.，哈金 72—85

Hales，黑尔斯 12

Hall，A.R.，霍尔 51

Hall，M. B.，玛丽·博厄斯·霍尔，
43，49，51，55

Hamilton，W.，威廉·哈密顿 88，107

Hanson，N. R.，汉森 181，182

Harré，R.，哈瑞 55

Hartley，哈特利，12—15，17，18，
95，105—107，112—118，122—
127，129，131，132，135—
139，149，179，187—189，228，
230—234，236—238，240，
245—247，249

Harvey，哈维 49

Hayek，F.，哈耶克 157，161

Helm，赫尔姆 205，219

Helmholtz，亥姆霍兹 7

Hempel，亨普尔 7

Herapath，海拉帕斯 209

Herschel，J.，赫歇尔 7，10，11，
14，15，87，93，127，129—
131，133，135，136，139，140，
158，178，188，191—194，200，
233—235，240，248

Hesse，黑塞 25

Hiebert，E.，希尔伯特 204，205，

222，223

Hippocrates，希波克拉底 185

Hobbes，霍布斯 20，22，25，27，
43，50，51，54

Hooke，胡克 9，22，42，48，56，
57，66—68，71，79，84，85，
90，192，227，228，246，247

Hume 休谟，7，10，15，17，47，
59，72—85，86—89，93，100—
104，112，113，148，187，188，
192，228，240，244，250

Hutton，赫顿 124

Huxley，T.，赫胥黎 234，248

Huygens，惠更斯 9，22，69，75，
91，122，208

J

Jeffreys，H.，杰弗里斯 223

Jevons，杰文斯 88，175，180，
183，192，195—200，234，240

Johnson，F. R.，约翰逊 49

Johnson，S.，约翰逊 102

Jones，R. F.，琼斯 28，49，52

K

Kames，凯姆斯 92，100，106—108，139

Kant，康德 7，10，15，17，26，102，104，146，148，185，207，228

Kargon，R.，卡巩 54，57

Kavaloski，V.，卡瓦洛斯基 139

Keill，开尔 10

Kekulé，凯库勒 205，220，224

Kelvin，开尔文 118，205

Kepler，开普勒 79，122，174，229，233

Keynes，凯恩斯 73，192，195，200，235

Kirchoff，基尔霍夫 193

Knight，D.，奈特 161

Koyré，科瓦雷 20，21，25，51

Kuhn，T.，库恩 52

L

Lambert，兰伯特 15，17，192，228

Lamprecht，S.，兰普雷克特 48

Laplace，拉普拉斯 17，193，196—198，235，250

Laudan，L.，劳丹 140，161，253

Leibniz，莱布尼茨 7，20，22，104，179，183，185，228

Lenz，伦茨 240，245，250

LeSage，勒萨热 12—15，17，18，112—114，118—123，126—131，135 ff.，187，188，228，230，232—234，236—238，240，245—249

Leslie，J.，莱斯里 124

Lévy-Bruhl，莱维－布律尔 160，161

Leyden，莱登 66

Littré，赖特 141，161

Locke，洛克 7，16，18，20，22，28，33，56，59—71，77 ff.，104，161，179，183，185，188，227，246

Lodge，洛奇 118

Lyell，莱伊尔 6，16，93

M

Mach，马赫 7，17，20，104，183，

202—225，253

Maclaurin，麦克劳林 10，104

Madden，F.，梅登 7，54，85，245

Mandelbaum，曼德尔鲍姆 15，19，
51，59，60，69，84，85

Marcucci，马库西 163

Martin，B.，马丁 17，95，107，
138，161

Maupertuis，莫佩尔蒂 10

Maxwell，J.，麦克斯韦 118，119，
137，152

Mendelsohn，M.，门德尔森 17

Mendelssohn，S.，门德尔松 51

Meyerson，迈耶森 157，160，161

Michell，米切尔 193

Mill，J.S.，穆勒 9，10，15，18，
88，93，96，127，128，133，
134，140 ff.，157—164，169，
172—177，180，192—195，200，
206，209，235，236，240

Mills，米尔斯 205，220，224

Mittelstrass，米特尔施特拉斯 15，
19，25，84，85

Molière，莫里哀 127

More，H.，莫尔 50

Mueller，I.，缪勒 161

Musschenbroek，穆森布罗克 10，
104，112

N

Nagel，内格尔 7，187

Naquet，纳奎特 225

Newton，牛顿 7，9，10，12，15，
16，19 ff.，33，48，54—59，67—
75，86—110，112，114，116，117，
120，122—126，132，137—139，
145，151，161，166，167，169，
170，172，174，179，183，186，
188，192，227，228，231，247

Nickles，T.，尼克尔斯 191

Nicolson，M.，尼科尔森 48

Nifo，A.，尼福 82

Niiniluoto，尼尼洛托 84，85，245

Nye，M.J.，奈伊 223

O

Occam，W.，奥康 178

Oldenburg，奥登堡 105

Olson，R.，奥尔森 14，18

Ostwald，奥斯特瓦尔德 202，205，219

P

Papot，帕博 159

Paracelsus，帕拉塞尔苏斯 51

Pardies，I.，帕蒂斯 91

Pascal，帕斯卡 242，246，247

Peirce，C. S.，皮尔斯 73，114，126，158 ff.，175—183，186—188，192，197，199，226—251

Pemberton，彭伯顿 10，103，104，108

Petzval，J.，匹兹瓦 206

Planck 普朗克，202，221，246

Plato，柏拉图 18，50，142，185，253

Poincaré，彭加勒 7，158，205，206，219

Poisson，泊松 128

Pope，A.，蒲柏 103

Popkin，R.，波普金 84，85

Popper，K.，波普尔 7，104，126，134，139，158，162，166，176，177，180，181，185，195，200，235，251

Power，H.，亨利·鲍尔 33，47，48，56—58，179

Preston，普雷斯顿 118

Prevost，普雷沃斯特 14，15，17，18，119，120，137，233，236，248

Price，D. J.，普利斯 50

Priestley，普里斯特利 10，108，113，136，138，187，188，232，248

Prior，M.，普莱尔 65

Ptolemy，托勒密 90，114，229

R

Ramsey，拉姆齐 155

Randall，J.，兰德尔 84，85

Rankine，兰金 161，162，219

Recorde，R.，雷柯德 231，247

Reichenbach，莱欣巴哈 24，181，186，187，192，195，200，235，238，241，243—245，250

Reid，里德 10，14，17，18，86—110，113，114，124—127，129，136—139，146，161，162，181，

246

Reilly，F.，雷利 245

Renan，E.，勒南 234，248

Rescher，N.，雷舍尔 245

Ritchie，A.D.，里奇 159

Robinson，B.，罗宾森 106，112，

136，228

Rohault，罗霍特 57，58，228

Russell，B.，罗素 244

S

Sabra，萨布拉 15，19

Salmon，W.，塞尔曼 182，238，

244，249，251

Sampson，R.，桑普森 246，247

Saveson，J.，萨维森 48

Schmitt，C.，施密特 84，85

Seaman，F.，西曼 222，223

Seidenfeld，T.，塞登费尔德 84

Senebier，塞尼比尔 14，17，18，

233，236，248

Sextus Empiricus，赛克斯都·恩披

里柯 76，228

Shea，W.，谢伊 26

Simon，W.，西蒙 162

Sprat，斯普莱特 28，57

Sprigg，G.，普里格 51

Stallo，J.，斯特罗 202，205，219

Stewart，D.，杜加尔德·斯图亚特

10，11，14，15，18，87，93，

107，108，139，179

Stewart，J.，斯图亚特 88

Stove，D.，斯道夫 85

Strong，J.，斯特朗 200

Swoboda，W.，斯沃博达 206，222

Sydenham，西登哈姆 69

T

Tuomela，图奥梅拉 84

Turnbull，G.，特恩布尔 106

V

Van Helmont，范·海尔蒙特 51

Voltaire，伏尔泰 10，104

von Wright，G.，冯·赖特 250

W

Walzer, R., 沃尔泽 84, 85

Westaway, F., 韦斯塔韦 49

Westfall, R., 韦斯特福尔 43, 51, 54, 55

Whewell, 休厄尔 10, 11, 14, 15, 20, 88, 127, 129—136, 139, 140 ff., 157—160, 162, 163—180, 187 ff., 200, 233 ff., 245—247, 249

Whitrow, G. 惠特罗 104

Williamson, 威廉姆森 220, 224

Wilson, B., 威尔森 112

Wolff, C., 沃尔夫 17, 220, 228

Wright, C., 赖特 160, 224

von Wright, G., 冯·赖特 250

Wurtz, 伍茨 221, 225

Wyrouboff, 威鲁伯夫 225

Y

Yolton, J., 约尔顿 69

Yost, R., 约斯特 56, 60, 63, 64, 69, 70

Young, T., 杨 128, 131, 139, 152

Z

Zahar, E., 扎哈尔 140